系统成功学导论

李晓明 著

中国财富出版社

图书在版编目（CIP）数据

系统成功学导论/李晓明著 .—北京：中国财富出版社，2014.1
ISBN 978 - 7 - 5047 - 4972 - 7

Ⅰ.①系…　Ⅱ.①李…　Ⅲ.①成功心理　Ⅳ.①B848.4

中国版本图书馆 CIP 数据核字（2013）第 263164 号

策划编辑　寇俊玲　　**责任印制**　何崇杭
责任编辑　曹保利　彭佳逸　　**责任校对**　杨小静

出版发行　中国财富出版社
社　　址　北京市丰台区南四环西路 188 号 5 区 20 楼　　**邮政编码**　100070
电　　话　010 - 52227568（发行部）　　010 - 52227588 转 307（总编室）
　　　　　010 - 68589540（读者服务部）　　010 - 52227588 转 305（质检部）
网　　址　http://www.cfpress.com.cn
经　　销　新华书店
印　　刷　北京京都六环印刷厂
书　　号　ISBN 978 - 7 - 5047 - 4972 - 7/B・0379
开　　本　710mm×1000mm　1/16　　**版　　次**　2014 年 1 月第 1 版
印　　张　16.75　　**印　　次**　2014 年 1 月第 1 次印刷
字　　数　328 千字　　**定　　价**　56.00 元

作者简介

李晓明，1969 年 8 月出生，湖南省沅江市人。天津大学管理学博士，“系统成功学”理论创立者。曾先后在企业、政府、高校工作多年，现为苏州大学商学院教师。

李晓明博士是对“成功”理论长期保持密切关注，并对“成功”问题进行了系统研究的国内学者。在长达 20 多年不间断的知识积累与理论研究过程中，他以锲而不舍的执着精神、严谨治学的为学态度、求真务实的研究作风，对“成功”问题进行了深入而系统的研究，并创立了自己独具特色的“系统成功学”理论体系。

他对有关“成功”问题的理论研究成果即“系统成功学”理论体系，主要体现在他所先后出版的三部理论专著中。这三部理论专著依次为：

(1)《人的基本需求与自我成长》；

(2)《个人成功论》；

(3)《系统成功学导论》。

在这三部有关“成功”的理论研究专著中，作者全面而系统地论述了他所提出的“系统成功”思想。上述三部理论专著既相互独立，并自成体系；同时又相互联系、相互补充、相互衔接。它们组合起来，构成了一个完整的个人成功学理论体系。

系统的个人成功必须全面回答以下三个基本理论问题：

(1) 成功为了什么?

(2) 成功是什么?

(3) 怎样获得成功?

以上三个问题，实际上构成了系统的个人成功理论的基本内容。其中，“系统成功学”系列专著的第一部——《人的基本需求与自我成长》，主要着眼于解决个人成功理论的第一个基本理论问题——“成功为了什么?”；“系统成功学”系列专著的第二部——《个人成功论》，主要着眼于解决个人成功理论的第二个基本理论问题——“成功是什么?”；“系统成功学”系列专著的第三部——《系统成功学导论》，则是对个人成功理论上述三个基本理论问题的综合性回答。因此，《系统成功学导论》既是作者对其个人成功理论研究成果的一次总结、提炼与整合，也是对个人成功学理论体系的一次尝试性建构。

前　言

一

所谓成功，就是行为主体根据自己的使命要求与主观价值判断，并在综合考虑自身能力与环境条件的基础上，通过确定目标、坚持目标，并最终实现目标的过程。所谓成功学，就是研究行为主体追求成功这一现象及其内在规律的科学。追求成功的行为主体分为两类：个人与组织，相应地，成功学也包括个人成功学与组织成功学。一般情况下，人们所讨论的成功学通常是指个人成功学。本书的研究也属于个人成功学范畴，而暂不涉及组织成功学。

个人成功理论的发展经历了两个阶段：人学思想阶段与成功思想阶段。人学思想是个人成功理论发展的第一阶段。所谓人学思想，就是对人是什么、人的本质、人性、人的存在、人的需要、人的价值、人生目的与意义等进行哲学思辨所形成的理论。人学思想的发展为成功思想的萌芽与发展奠定了基础。虽然中西方人学思想都源远流长，但只有到了近代，以个人成功为主题的专业化理论探究才正式开始。也只有当成功思想出现之后，个人成功理论的发展才真正进入一个以专业化探究与学科化发展为特征的时期。成功思想首先从西方开始萌芽，经过近一个世纪的发展，目前已经取得了丰硕成果。

虽然人学理论成就卓著，成功思想也取得了诸多成果，但以往的成功理论普遍存在着强调某一个或某一类成功因素而忽视其他因素的倾向性，更缺乏对所有因素的系统整合。诚然，就某一个或某一类成功要素进行深入研究十分必要。然而，如果不对个人成功及其相关因素进行系统思考，将势必难以构建一个科学的理论框架；用这种片面的理论来指导个人获取成功人生的实践，将势必难以取得理想的效果。这或许正是个人成功学理论体系至今仍然无法成型的内在根本原因。

毫无疑问，个人成功应该是一种系统成功。系统成功是一种建立在短期成功与长期成功高度统一、局部成功与整体成功有效耦合基础上的成功。一般情况下，当人们讨论个人成功时，往往意指个人取得了某一局部性事项或阶段性任务上的成功，而不是指个人获得了整体性的成功或全过程的成功。诚然，个人取得局部性成功或阶段性成功也十分重要。然而，如果这种局部性成功或阶段性成功不能实现相互耦合，并有效整合成一个有机统一的整体的话，那么，它对于系统成功的促进作用将是十分有限的。

当然，系统成功是一个十分复杂的问题，它是内、外各种因素综合作用的结果；获取系统成功更是一项十分复杂的系统工程，需要个人对自己的整个人生进行系统思考，并在此基础上做出系统规划、付出系统努力。

二

个人成功理论必须回答以下三个基本理论问题：

(1) 成功为了什么?

(2) 成功是什么?

(3) 怎样获得成功?

以上三个问题，实际上构成了个人成功理论的基本内容。个人成功理论关于“成功为了什么”的问题的回答，解决的是个人追求成功的目的与使命的问题。只有首先回答这一问题，个人成功理论才能获得一个理论上的逻辑起点；个人成功理论关于“成功是什么”的问题的回答，解决的是个人追求成功的实践本质的问题。只有搞清楚了这一问题，个人成功理论才可能具备进一步研究的基础，进而可以确立起一个理论上的分析框架；个人成功理论关于“怎样获得成功”的问题的回答，解决的是个人追求成功的实践策略的问题。只有有效地解决这一问题，个人成功理论才可用于指导个人获取成功的现实实践。

“成功为了什么?”简言之，个人成功就是为了要成长成为一个“人”，一个人性完善且自我健康的“人”。人的本质规定性集中体现为个人要成长成为一个“人”。成长是人性的基本诉求，成长性是人的本质特性。既然“人”本身就是人的最高本质，那么，成为“人”就应该成为衡量人的一切的尺度，并应将它确立为人的终极性价值追求。人的一切活动都是为了满足人的这一本质需要，个人成功就是为了实现对人的本质的回归。个人成长成为一个“人”，就是顺应人性的根本要求，就是为了获得“人”的本质，就是为了实现人的存在价值，并完成自己的人生使命。总之，“成长成为一个人性完善且自我健康的人”为个人确立了一个生活的基本准则。这一准则建立在人性的生成与发展基础之上，并体现了人的终极性关怀；它为个人幸福与心灵成长所不可或缺，并能带给个人以生命的方向、准则和动力。个人追求“成长成为一个人性完善且自我健康的人”，实际上，就是要在自己平淡的一生中追求生命的圆满、生活的幸福与存在的价值。每个人一辈子似乎都在不停地期待、追求与创造，其实，个人一生中最应该期待的，应该是生命的圆满；个人一生中最应该追求的，应该是自我存在、自我幸福与自我

实现；个人一生中最应该创造的，应该就是自我本身。

那么，到底怎样才能“成长成为一个人性完善且自我健康的人”呢？首先，个人必须持续地追求自我成长；而要实现自我成长，个人又必须努力寻求自身需要的合理而有效的满足；与此同时，个人还必须努力追求自我存在、自身幸福与自我实现。这样，我们就得到了系统成功的目标体系：

个人成功＝{自我成长，需要满足，自我存在，自我幸福，自我实现}

“成功是什么？”从内涵上讲，个人成功可从狭义与广义两个方面来进行定义；从层次上讲，个人成功可从技术层面与价值层面两个方面来进行诠释。

所谓狭义的个人成功，就是指个人实现了自己的预定目标，这也就是人们通常所理解的“成功”；所谓广义的个人成功，就是指个人获得了系统的成功，亦即个人获得了一个成功的人生。

所谓技术层面的个人成功，就是要对个人成功进行技术层面的系统思考，从而形成个人成功的系统观。对个人成功进行技术层面的系统思考，就是要将成功的三个基本环节——目标确定、目标坚持、目标实现视为一个有机统一的整体，并对其进行系统思考；并在此基础上对它们做出系统规划、采取系统行动。所谓价值层面的个人成功，就是要对个人成功进行价值层面的系统思考，从而形成系统的个人成功观。系统的个人成功观包括以下两方面基本内涵：首先，系统的个人成功是成功。这也就意味着，系统的个人成功建立在技术层面成功的基础之上——达到自己预定的目标。个人只有获取技术层面的成功，他才可能实现价值层面的成功。当然，技术层面成功只是价值层面成功的必要条件，而非充分条件。其次，系统的个人成功是系统意义上的成功。这也就意味着，系统的个人成功不是局部性的成功，而是整体性的成功；不是单项指标意义上的成功，而是指标体系意义上的综合性成功；不是暂时性的成功，而是个人整个人生的成功。系统的个人成功观，也就是成功的人生观；个人追求系统成功，也就是要追求一个成功的人生。由此可见，技术层面成功是个人成功的基础，价值层面成功是个人成功的灵魂。

“怎样获得成功？”这是个人成功理论必须回答的第三个基本理论问题。为了获得系统成功，首先，个人必须在确立目标、坚持目标的同时不断夯实个人成功的现实基础——经济基础、社会基础与自我成长；其次，个人要以目标为导向持续地完善自我；最后，个人必须努力营造一种有利于个人成功的助益性的人际关系。

三

本书从构建一个系统成功理论体系出发，从人的需要入手，对系统成功的基本问题、基本原则、基本内容、研究视角、现实环境等进行层层推演，最后形成了一个完整的个人成功学理论体系。

本书共分七章。第一章对系统成功理论的研究对象进行了界定；对个人成功理论的发展脉络进行了梳理；在此基础上，提出了系统成功学理论体系，并对个人系统成功学层次、个人系统成功学理论基础、个人系统成功学研究方法等进行了探究。第二章研究人的需要，包括需要的内涵、特点、内容，需要满足的原则与价值，需要的合理满足、无法满足与不健康满足的后果等。第三章全面解答了系统成功的三个基本理论问题：成功为了什么、成功是什么、怎样获得成功。第四章提出了系统成功的基本原则，包括目标确定的基本原则、目标坚持的基本原则、目标实现的基本原则。第五章探究了系统成功的基本内容——健康、婚恋、事业、亲子；对个人如何取得这四个方面的成功，并且如何保持这四个方面之间的相互协调、相互耦合进行了研究。第六章从人的内在基本诉求出发提出了个人成功的三个基本研究视角：自我存在、自我幸福、自我实现，从而揭示出了个人成功的内在动力机制，进而厘清了个人成功的内在逻辑。第七章从系统的环境观出发，深入揭示了环境的价值，进而形成了系统成功的环境观。

李晓明

2014 年 1 月

目　录

第一章　绪　论

每一个正常人都渴望成功，都希望自己能够拥有一个成功的人生。虽然个人成功十分重要，然而，时至今日，一个科学、成熟的个人成功学理论体系仍未完全建立起来。

第一节　正常人假设

任何一门科学都有其特定的研究对象。系统成功学的研究对象是正常人，亦即系统成功学研究的是正常人的成功。正常人假设是系统成功理论的基本假设。

那么，到底什么是正常人呢?

第一，正常人是一个心智健全的人。心智健全是个人是否正常的基本标准。显然，一个心理不健康、智能低下、自我认知错乱的人不能算一个正常人。当然，正常人也存在一些生理或心理上的缺点，但他们不存在实质性的或根本性的生理或心理缺陷，如他们不是神经病患者、精神变态者、精神分裂者、偏执狂、脑损伤病人、心智薄弱或过度热心者、返祖或异于常人的基因变异或变态者等。对于存在上述实质性或根本性的生理或心理缺陷的人，我们称之为非正常人，亦即异于常人的人。当然，并不是说非正常人无所谓成功。非正常人也有权利追求自己的成功。如，对于非正常人来说，争取成为一个正常人，就是他们最迫切希望取得的“成功”。

第二，正常人是一个具备完整人性的人。正常人拥有完整且基本健康的人性。显然，失去基本人性的人，无论其体貌特征如何“正常”，都不能算一个正常人。

第三，正常人是一个具有维持自我真实、完整与和谐的能力的人。只有保持自我真实，才可能维持自我完整；只有确保自我真实、完整，才可能实现自我和谐。正常人的理性与情感能够和谐相处，并共同维持着人性的真实与完整，而非正常人的理性与情感常常处于剧烈冲突之中。

第四，正常人是一个具有自我完善与自我成长能力的人。任何生物有机体都具有自我修复、自我调整和自我完善的能力。人类除了具有机体上的自我修复、自我调整、自我完善能力之外，还具有趋向健康的自我成长能力。正常人的理性与本能高度契合，理智与情感相互协作并殊途同归地共同指向同一目标：基于需要满足前提下的健康自我形成。意动和认知的长期对抗是自我病态的产物，而正常人的非理性冲动并不反理性，而是亲理性。一般情况下，当需要满足受阻时，人的心理就会产生某种不适应感或不平衡感。只要能将这种心理偏差控制在一定限度之内，自我成长就不会偏离健康成长的正常轨道，正常人就具有自我调整以确保自我成长不偏离正常轨道的基本能力。

第五，正常人是一个具有强烈的认知欲望和基本健全的认知能力的人。正常人能有效地感知现实，并对认识世界保持着与生俱来的兴趣。正常人的自我成长的过程，同时也是其认知能力不断发展的过程。对于正常人而言，探索未知世界本身就充满乐趣；而非正常人通常不是这样，如，临床研究表明，强迫性神经病患者就常常表现出固守熟悉事物，害怕不熟悉的、无规则的意外事物和无秩序状态的倾向性。

第六，正常人是一个具有健康价值取向的人。正常人与非正常人的一个重要区别在于，正常人崇尚真、善、美、自由、公平、正义等存在性价值观，并常常以此为据来构筑其自我价值体系。存在性价值是超越一切人种、民族、阶级和宗教信仰等，并为全体人类所共同接受的人类普适价值。正常人的价值诉求能够与人类的崇高理想在最高价值层次上实现相互耦合。

第二节　个人成功学综述

成功理论的发展分为两个阶段：人学思想阶段与成功思想阶段。人学思想为成功理论的发展奠定了基础；然而，只有当成功思想出现之后，成功理论的发展才进入到了一个以专业化探究与学科化发展为特征的发展时期。成功思想的成熟是成功理论形成的标志。

一、人学思想阶段

人学是从整体上研究人的存在、人的本质与人性、人的活动与发展一般规律，以及人生价值、目的、道路等基本原则的科学。由于中西方在社会发展与文化背景等方面存在巨大差异，从而导致中西方人学思想在研究路径与发展思路上

也存在巨大差异。

(一) 西方人学思想

西方人学以自我反思与认识人自身为发端，以对人性的探索与追问为主线，以抽象的“人”的自我实现为旨归，形成了独具特色的人学研究思路。为了揭开人性之谜，西方人学思想家们苦苦思索了几千年，也激烈争论了几千年。从古希腊神话到自然人性论；从古代本体论到近代认识论，再到现代与后现代的语言哲学的转向；从古代理性论到中世纪的神性论，再到近代理性人论与现代非理性人论等，西方的人学思想家们一直试图建立一个更加符合社会现实需要的人性模型。概括起来，西方人学思想的发展大致历经了四个阶段：西方古代人学思想、西方近代人学思想、马克思主义人学思想、西方现代人学思想。

1. 西方古代人学思想

西方人学思想家很早就提出了“认识你自己”的口号。在这一古老格言的启蒙下，西方自然哲学开始了对人的问题的真正哲学意义上的思考。但是，西方自然哲学主要是从自然原因和物质方面来认识并思考人本身的，它所探索的主要是人的自然本性。

西方人学存在着视理性为人的本质的传统。古希腊是西方理性人性的萌芽期。以苏格拉底、柏拉图和亚里士多德等为主要代表的古希腊哲人首先提出了人的理性本质，从而开创了西方理性人论的先河。苏格拉底突出强调人的理性本质，“人是一个对理性问题能给予理性回答的存在物”。他认为，认识自己，就是要认识自己的灵魂。人的灵魂是神圣的，因为它是人类理性与智慧的所在地。柏拉图同样将理性存在视为人的最高规定。他认为，理性在灵魂中起着统率作用，理性通过对人体器官的控制来调节人的情绪、欲望和感觉。亚里士多德则明确提出“人是理性动物”的命题。他认为，人能根据理性原则而理性地生活，理性把人与动物区别开来，并且支配着人的欲望，区分善恶与正邪，它是灵魂用来理解和判断的部分，并且主导着人的非理性部分。按照理性，人天生就是政治动物趋向与社会共同体，能够感知善恶与公正，并以追求完满与最高的善为目的。理性使人能够思辨，这也正是人的最大快乐，因为它能实现对生命和存在的有限性、认识的局限性的超越，从而达到人生的一种永恒境界。古希腊人学积淀起了人类理性自觉的深厚传统，它为西方人学思想的最终生成，进而转向现实世界提供了最重要的逻辑前提。

这种从古希腊时期所开创的理性主义传统即使到了黑暗的中世纪也未曾改变过。在宗教神学统治与压迫下的中世纪，人的理性被夸大为神性，进而出现了神性论。在基督教看来，上帝是智慧的化身，是绝对的理性，是绝对真理的代表；

而人类只是因为偷吃了智慧之果才成为了“人”。

2. 西方近代人学思想

西方近代人学使西方人学传统中的理性主义在近代历史条件下完备起来，并且实现了系统化。西方近代人学的基本特点是：以理性主义为方法论原则，从人的理性本质和理性力量出发，为人的天赋人权和个性自由、为人性的自私或善良、为社会正义原则和基本规范进行合法性论证。

文艺复兴和启蒙运动将西方的理性人学思想推至巅峰。倡导人文精神、强调知识理性，成为这一时期最显著的人学特点。文艺复兴时期和近代启蒙时代的思想家们无不推崇人的思想权利，他们用人的理性代替上帝的智慧，用古希腊的理性精神反对中世纪人们对君主与宗教神祇的绝对盲从。他们主张将一切都置于人的理性法庭中来进行审判，主张用人的头脑来判断是非，坚持理性是判断、仲裁人的一切行为乃至所有社会事务的尺度或准绳。以笛卡儿、康德、黑格尔等为主要代表的近代西方哲学家们的人学思想就充分体现了这种风格。在他们的理论逻辑中，确立理性至上原则就是要为自然欲求与本能冲动设定一个天然的合理秩序。法国哲学家笛卡儿运用理性主义原则和普遍怀疑的方法，以“我思故我在”这一哲学命题为人学基点，对人的存在做出了全新的解析。他强调理性的绝对权威，认为在任何时候、任何条件下都永远只能听从于理性。笛卡儿和斯宾诺莎等则力图从数学理性出发来全面论证“理性人”的合法地位，并认为理性是人自然具有的一种天赋能力，是人的最高本质，是人的存在与发展的最后根据。他们认为，理性具有一种自我规定、自我运演的人格属性。因此，理性的地位是至高无上的。理性在取代上帝的同时又拥有了上帝的原有功能。康德认为，人的本性是理性存在物，它能按先天的理性原则去行动。自由理性是人的最高本质。康德不仅将人看做是自身的目的和最高价值，而且还把人看做是世界的“立法者”与终极理想目标。黑格尔将近代理性人学推至了顶峰。他将人的理性客观化、绝对化，从而极大地提高了理性的地位，空前地夸大了理性的作用，使得理性成为了独立自存与自行发展的“无人身的主体”。他甚至将理性看做整个宇宙的创造者，而人反而成为了从属于理性的东西。

3. 马克思主义人学思想

马克思主义哲学从现实人的生活实践出发，它在深入挖掘社会现实背后的人的全面发展与人类解放的深层次根源的基础上，提出了自己独具特色的人学思想，并为西方人学思想的发展作出了自己的杰出贡献。

马克思主义人学思想以社会实践为基础，以实现人的全面发展为基本宗旨。马克思主义关于人的全面发展的学说，是在实践基础上对人的本质的全面展开与

实现。他认为，人的全面发展是人在劳动、社会关系、需要、能力、个性等诸方面的全面、自由而充分的发展。人的发展实质上是人的本质力量的发展，因为“人”是什么决定着人将会怎么样。由于“人的本质并不是单个人所固有的抽象物。在其现实性上，它是一切社会关系的总和。”因此，个人应该注重社会实践与现实生活，并从社会实践与现实活动出发来问询人的本质，并思考个人的自我发展。

马克思主义人学思想还从历史发展的纬度阐释了人类个体的自由与全面发展同实现全人类解放的辩证关系。他指出，“每个人的自由发展是一切人自由发展的条件”，只有实现了每个人的全面发展，才能实现全人类的彻底解放。马克思主义人学注重从外在社会关系、经济、政治制度等外在因素和劳动、需要、能力等人自身因素两个方面来研究人的全面发展，并且强调只有从这两个方面来实现人的全面发展，才能最终实现全人类的自身解放。

4. 西方现代人学思想

19 世纪以来，以叔本华、尼采等为主要代表的西方思想家开始强调人的意志、本能、心灵、情感等非理性因素，从而将西方人学思想带入一个非理性探索与争鸣的时代。德国哲学家叔本华和尼采所开创的唯意志主义思想力图用一种本能化和意志化的人性观来取代传统的理性主义人性观。从唯意志主义到生命哲学，从精神分析到人本主义，从存在主义到法兰克福学派，形成了一个群星荟萃、学派纷呈、涵盖面广、分析深刻精微的理性批判运动，最终汇成了一股非理性主义的现代人学思潮。时至今日，这种非理性论的现代人学思想仍在发展之中。

西方现代人学思想主要围绕“生命”或“存在”范畴来思考人的本性问题，围绕人的本能欲望来证明人的非理性存在，围绕个体的主观存在及其自我意识来审视人的生存境遇与自由选择问题。“非理性人”是西方现代人学所描绘出来的新形象。所谓非理性人，就是不受外在条件制约的完全自由、真实的人。现代西方人学思想认为，人首先是一种生命的存在，而不是一种理性的存在。同传统人学思想相比，现代人学思想从内容到形式都有了很大的变化。首先，西方现代人学理论具备了经验科学的基础。西方现代人学理论对于人性的研究不再仅仅只是停留在抽象的逻辑思辨层面，而是进入实证研究的经验层面；其次，西方现代人学更加注重人的自然性和本能性，更加关心人的生命存在，并在人性的生物学研究方面积累了大量的成果；最后，西方现代人学突出人的开放性和不确定性，强调人是一种面向世界的无限开放的自由的存在，并且反对用某种实体或属性来界定人的本质。

总之，西方人学以对人的本原性探究为逻辑起点，以对人性的探索与追问为基本主线，旨在完成对人的生存与发展的终极关怀。“理性—神性—理性—非理性”，世易时移，研究主体在变，人性假设在变，但西方人学关怀人的生存与发展的主旨却从未改变。西方人学所提出的各类人性模型，体现了西方哲人对人的问题的不懈思考和对解决人的终极关怀问题的执着精神。他们为世界人学思想的发展和人的终极关怀问题的解决贡献了自己宝贵的思想，也提供了一种成熟的人学研究思路。

（二）中国人学思想

中国人学从追问“天—人”关系入手，以道德为主要范式，注重对人性、人格修养、人生理想、人生价值等问题的探究，关心个人在现实政治社会中的发展，整体上呈现出内省式的理论研究特点。

先秦是中国人学发展的肇始期。春秋战国时期，社会动荡、政治多元，表现在思想领域上就是学派林立、百家争鸣。以儒、道、墨、法等为主要代表的诸子百家，对人性、人生、人与人之间关系，以及“天—人”关系等进行了富有智慧的思考，并描绘出了各自心目中的理想人生。如，儒家强调为人以仁、修身以礼，崇尚内圣外王；墨家倡导兼相爱、交相利、尚贤事能；道家宣扬自然无为，希望通过无为而实现无不为；法家主张礼、法并用，实现爱民、富民，等等，从而开创了中国人学思想注重道德修为，成就理想人格，关心人和社会发展的先河。

自汉代以来，在董仲舒“罢黜百家、独尊儒术”的口号下，儒家逐渐占据了中国思想领域的统治地位。尽管儒家人学理论经历了汉、唐时期同道、佛人学思想的碰撞与融合，然而，自宋代以降，弘扬和完善儒学，批判佛、老学说，又成为了思想的潮流。沉寂了六百年之久的儒学得以复兴，儒学的统治地位又重新得以牢固确立，儒家思想中蕴含的人学价值取向更是被提升为为人处世的基本准则。

纵观以儒家思想为主要代表的中国人学思想，大体呈现出以下基本特点：

1. 中国人学思想是一种“天—人合一”的整体性思想

中国人学是一种天—人整体之学，中国哲人的最高价值理想就是要实现“天—人合一”。佛、道把天—人关系化解为人与外在世界的关系。但这种“天—人合一”的理想少有积极的社会内容，个人生命的意义只需直接在内与外的关系中即可确定，只需通过主体精神对外在世界与自身肉体的超越即可实现。这种超越的结果就是“天—人合一”的境界，就是主体精神的绝对自由。其实质，就是要摆脱世俗世界对自我的羁绊。儒家的“天—人合一”价值理想则是要实现自

然、社会与个人的全面和整体的和谐。儒家认识到社会是人类整体生存的唯一方式，因而社会在天—人关系中占据着重要地位。儒家认为，人类生存的终极意义在于实现天—人之间的和谐，而天—人和谐的核心内容就是要实现社会内部的自然和谐。儒家把决定社会和谐的关键因素归结为“亲亲”（仁）和“尊尊”（礼）。追求“亲亲”和“尊尊”的动态平衡是儒家的基本价值取向，坚信“亲亲”和“尊尊”的动态平衡的现实性是儒家的价值信念。在儒家看来，个体生命的意义必须以人类生存的终极意义为前提，个人只有自觉地以社会价值信念作为自己的精神支柱，并能自觉担当起将现实社会导向全面和谐的理想境界这一神圣使命，才能算是一个“君子”，才具有崇高的价值。个人可以通过对现实社会的自觉担当而获得一种超越个体与现实的精神升华，并且从中体验到一种精神快慰与自我满足。这也就是理学家们所津津乐道的“孔颜之乐”。

2. 强调道德修为是中国人学思想的最大特点

中国哲学着重从人的发展意蕴中探求人性的价值，通过对人的行为的伦理规范来实现对人的生存与发展的理性界定，并致力于思考人之所以为人的本质、价值、规范等各种规定性，最终实现从生存于自然状态的人发展成为具有高尚伦理境界的人，亦即从“现实”的人发展成为“实现”的人。

在中国的传统思想中，总是以伦理道德作为区分人与动物的标准，并将伦理看做是人性的最根本的东西，认为人只要具备了德行就能获得幸福。古人认识到了人与自然及动物之间存在着本质区别。为了把人从自然及动物界中提升出来，他们提出了做“人”的标准和人生追求的理想境界——“为天地开心，为生民立命”，且身体力行，就能成为为后世所敬仰的“圣人”，并为万世所师表。总之，对于“人是什么”这一问题的回答，中国古代思想家大都以伦理道德来区分人与动物的标准，并将伦理道德视为人最根本的东西。孔子曰：“仁者，人也。”他认为，“仁”是人的最高道德本质，是人之所以为人的根本依据。为人而不仁，便失去了做人的根本，失去了人生的价值和意义。那么，怎样才能成为一个有道德的人呢？儒家提出要“克己复礼”方能“为仁”。那么，到底如何才能“克己”呢？儒家进一步提出要“吾日三省吾身”，如，反思自己是否“为人谋而不忠乎？与朋友交而不信乎？传不习乎？”等。总之，一个有道德的人才是一个真正的“人”，违背了伦理道德就不成其为“人”，就会沦为衣冠禽兽。

儒家的道德思维是一种切己或涉己的思维，其实质就是要解决个人思想、意识、情感、行为等是否“应当”的问题。所谓“为己”是指个人应当自我约束，为自己立法，而非为他人立法。在任何时候、任何情况下都要想一想，自己应当或不应当如何。事事处处联系自身的思想、行为进行反思，就是时时、处处涉己。为学与切己、自反相结合，是儒家道德思维的一个鲜明特色。为了贯彻道德至上的价值，中国人学思想家们提出了衡量个人成功的价值标准，他们将个人成功区分为三个层次：立功、立言、立德。其中，立德被置于成功人生的最高境界。

此外，以儒家为主要代表的中国古代人学思想将价值信念指向人的社会生存，将人生价值归结为社会价值与道德价值，并以对现实社会的自觉担待来衡量个人生命的意义。这一思想充分体现了儒家对人类共同命运的关怀，它对现代人如何重建自己的精神家园具有重要的借鉴意义。

3. 中国人学思想强调通过为学来达到成为道德人的目标

成为一个“人”必须有一个为学的过程，在儒家看来，为学就是学做人，真正的学问就是学做人的学问。学做人意味着道德的完善、人格的确立，以及精神境界的升华。儒家将儒学称为“圣人之学”，它所关注的焦点就是如何成就德性以完善道德人格。儒家虽然并不排斥智性，甚至主张“尊德性而道问学”、“必仁且智”等，但始终坚持以德为先，以仁为本。

儒家从孔子开始，就将为学的重点指向自我。《论语·宪问》曰：“古之学者为己，今之学者为人。”“古”象征着孔子心目中的理想社会，而“今”则代表了当时的现实社会。孔子所谓“为己”，亦即自我完善与自我实现；所谓“为人”，亦即迎合他人以获得外在赞赏。孔子以“为己”否定“为人”，意味着他主张完善自我以成就理想人格。达到这种理想的人生境界，正是儒家的基本价值取向。

“为己”思想由孔子首先提出后，作为儒家思想的基本前提一直为后期儒学流派所继承与发展。传统儒家从先秦孔、孟、荀等到宋明朱子、王阳明等一直坚持“学者为己”的为学宗旨。“为己”之学反映了儒家对主体自我的肯定，体现了儒家对人的内在精神世界的关切。应当特别指出的是，儒家的“为己”并非是指为了一己之私利，而是说，自我是道德修为的主体和核心，也是为学的起点。儒家所言之学强调修己成圣的优先性与根本性。儒家认为，要外王必先内圣，要实现“天—人合一”与社会和谐必先实现个人的道德修为。这种道德修为或为己之学，就是切己、涉己之学。

为己之学不仅在思维上是切己的，而且在实践上也是涉己的。既然道德修为是为己之学的基本内容，那么，这种为学的过程首先必须是一种价值认同或道德认识的过程，而非是一种对事实的认识过程。后者要尽量避免主观性的参与才能达到对客观真理的接近，而前者恰恰要结合主体的需要、情感、意志、行为等才能进行。因此，为学的首要任务就是要实现个人对道德人生的体认与确信。个人在体认并确信“道德为人之根本”的为学原则的基础上，接下来便是要践行自己

的道德人生。显然，要在学习中有所成就，要使自己的人格境界有所提升，只能依靠个人自己的作为与努力。故孔子曰："君子求诸己，小人求诸人。"人生的意义和价值在自身之内而非自身之外，如何实现这种价值也是自己的事而非别人的事。总之，做人——成为道德人的责任完全在于自己，自我修炼不是一个能不能的问题，而是一个为不为的问题。

4. 中国人学存在着重公利而轻私欲、重社会需要而漠视甚至压抑个人需要的倾向性

中国人学思想从伦理人性的角度出发，要求人们把追求个人幸福同"重公义而轻私利"紧密结合起来。如，孔孟倡导"杀身成仁""舍生取义"，实质上就是要以牺牲个人幸福来换取社会整体利益的完整。荀子认为人性"恶"，个人追求幸福的欲望是"恶"的，而要"化性起伪"，就要通过道德法度来促使个人改变这种"恶"的本性，若此，则"涂之人"皆可成"禹"。宋明理学则将个人幸福与社会整体利益对立起来，并将两者完全割裂开来，进而以所谓"理欲之辩"的形式劝诫人们放弃个人幸福以服从所谓"天理"，通过自我的道德修炼、通过压抑自我感性欲望等来做一个有"道德"之人。

中国人学这种以道德人生为旗帜并为社会规定一种道德理想的主张固然有利于社会的整体稳定，但一味强调"存天理，灭人欲"却有悖于基本人性。特别是当这种思想为统治阶层所利用后，它就蜕变成为了统治阶层用来扼杀普通民众追求合理欲望与正当权益以换取自身幸福的思想统治工具。

总之，以儒家为主要代表的中国人学思想虽然对人的问题的探讨和研究具有丰富而深刻的文化内涵，但中国人学思想对人的问题的诠释更多地表现为一种感性说教，并且常常因武断而流于肤浅，最终妨碍了中国人学思想的进一步发展。尤其是中国人学理论将学理研究与政治主张混为一谈，不仅曲解了中国哲学所内蕴的人文精神，而且还存在着被现实政治所利用或歪曲，最终沦为统治阶层奴役劳苦大众的精神统治工具的结构性缺憾。

二、成功思想阶段

虽然中、西方人学思想源远流长，但只有到了近代，以个人成功为主题的专业化理论探究才正式开始。

（一）西方成功思想

成功思想首先从西方开始萌芽。经过近一个世纪的发展，目前，西方成功思想已经取得了丰硕的成果。

1. 卡耐基的成功学理论

使“成功”成为一种专门理论、一门新兴学科的始作俑者是美国的戴尔·卡耐基，他也因此而被誉为当代成功学的先驱。

卡耐基出身于一个贫苦的农民家庭。由于从小家境贫寒，少年时代的卡耐基便面临着一条艰难的求学之路。1904 年，他读完高中后考入密苏里州华伦斯堡州立师范学院。毕业后，他说服纽约的一个基督教青年会的会长答应晚间租给他一间房子，以此作为他为商界人士开设实用演讲培训班的场所。自此以后，他便走上了一条呕心沥血却又矢志不渝的成人教育事业的艰辛之路。

卡耐基在美国享有“成人教育之父”的美称。他的许多著作，如《人性的优点》《人性的弱点》《美好的人生》《快乐的人生》《伟大的人物》《语言的突破》等，畅销美国、风靡欧洲，进而影响全世界。他运用心理学理论对社会上某些成功者之所以取得成功的普遍规律进行了卓有成效的分析与探究。他将演讲术、推销术、为人处世术、智力开发术等融为一体，并采取全新的教育方式将自己的成功学思想传授给自己的学员，并获得了良好的经济效益与社会效益。

2. 拿破仑·希尔的成功学理论

拿破仑·希尔是卡耐基成功理论研究事业的直接继承者。他花费了 20 多年的时间，先后走访了美国 504 位成功之士，其中包括钢铁大王安德鲁·卡内基、总统罗斯福等，最终形成了自己独具特色的成功学理论。就像当年卡耐基的著作一样，他的许多著作，如《成功规律》《思考致富》《成功学教程》《人人都能成功》《成功到永远》等，也成为风靡世界的畅销书。

希尔将自己归纳总结所得到的成功法则简称为 PMA 计划。他认为，成功的关键在于要有积极的心态（positive mental attitude）。所谓心态，是指人的情绪和行为的固有倾向性。他认为，积极的心态是正确的心态，而正确的心态总是具有某些正性的特点，如忠诚、正直、希望、乐观、勇敢、创造、慷慨、容忍、机智、亲切、通情达理等。具有积极心态的人总是怀有较高的目标，并且希望通过自己的不断努力来达成自己的目标。最后，他总结出了个人走向成功的 17 条定律。

3. 乔瑟夫·摩菲的潜意识成功学

乔瑟夫·摩菲博士是继戴尔·卡耐基、拿破仑·希尔之后，在世界范围内影响较大的另一位成功学研究者。摩菲博士是精神法权威，他以自己的亲身体验探讨了个人成功的内在依据。他认为，潜意识在个人成功中起着关键性的作用。个人只要能活用自己的潜意识，就能获得自己想要的理想生活，并依照自己的所思所绘实现自己的人生构想。

摩菲的潜意识成功学从全新的视角恰到好处地回答了长期以来困扰人们的一系列不可思议的问题，它为人们参与激烈的社会竞争，进而获得诸如事业、财富、婚恋、健康等方面的成功提供了一种全新的思路。

4. 斯腾伯格的成功智力理论

罗伯特·斯腾伯格（Robert J. Sternberg）针对传统智力理论与智力测验所存在的诸多不足，提出了成功智力理论。斯腾伯格的智力理论分为两个发展阶段：三元智力理论与成功智力理论。

（1）三元智力理论。1985 年，斯腾伯格提出了三元智力理论。他认为，智力分为三种搜集和加工信息的方式，正是人们在信息加工方面的差异才导致了人的智力的差异。三元智力理论包括以下三个亚理论：

①成分亚理论（Componential Sub-theory）。成分亚理论是一种信息加工模型，它由三个基本要素构成：元成分、操作成分和知识获得成分。元成分控制信息加工的过程，构造策略、支配操作成分和知识获得成分，并将它们协调成一个指向目标的程序；操作成分执行元成分所构建的计划；知识获得成分进行选择性编码、联结新信息、选择性地比较新旧信息，以使个人掌握新信息。

②经验亚理论（Experiential Sub-theory）。个人应付新事物的能力和信息加工的自动化程度高度依赖于个人经验。只有面临新任务、新情境或在特定任务或情境的自动化操作过程中，个人的智力才能更好地展现出来。自动化加工与新异刺激加工相互作用：自动化加工可将多余资源分配给新异刺激加工，而个人对新异刺激的有效适应又能使自己产生在新任务与新环境经验中的自动化加工。

③情境亚理论（Contextual Sub-theory）。个人所处社会文化环境决定了智力行为的内涵，因而，不同的社会文化环境应有不同的智力行为标准。该理论明确了具有智力特征的情境行为内容。一般情境智力行为包括适应现实环境、选择更恰当的环境、改造现实环境并使之更适合个人能力与兴趣及价值取向等。

三元智力理论较好地描述并解释了个人的智力差异。成分亚理论明确了构成智力行为的心理机制，它将智力与个人的内部世界联系起来，回答了“智力行为是如何产生的”问题；经验亚理论将智力与内外世界联系起来，回答了“行为何时是智慧的”问题，表明在某项任务或情境中智力与经验存在联系；情境亚理论将智力与外部世界联系起来，回答了“智力行为在何处才显示出智慧”问题。三者结合起来，便构成了一个有机统一的整体——个人通过内部心理机制（成分亚理论）去解决有利于更好地适应、选择和改造环境的任务（情境亚理论），而这些任务又必须处于经验连续体的特定位置上（经验亚理论）。

（2）成功智力理论。在三元智力理论的基础上，斯腾伯格进一步提出了成功智力理论，力图从智力行为的机能本质上把握智力的精髓。他强调智力不应只涉及学业，更应指向现实世界的成功。所谓成功智力，就是能导致个人以目标为导向并采取相应行动来达成目标的智力，主要包括以下三方面内容：

①分析性智力（Analytical Intelligence）。分析性智力是指有意识地规定心理活动的方向，以便找到问题的有效解决办法。分析性智力是唯一与传统智力有所交叉的部分，但它并不等同于传统的学业智力。分析性智力不仅涵盖了传统学业智力的基本内涵，而且还指向广泛的现实生活。传统学业智力以解决结构良好问题的能力来衡量智力，而成功智力以解决结构不良好问题的能力来衡量智力。

②创造性智力（Creative Intelligence）。创造性智力是一种超越已获知识与信息而产生新异思想的能力。在传统 IQ 测验中，创造力一度同智力相割裂。一般认为，如果 IQ 分数高，那么，智力就没有问题。但现实证明，IQ 出色者并不一定能在现实生活中取得成功。事实上，成功者往往并非那些学业成绩出众的“天才”。正是认识到创造力之于成功的重要性，斯腾伯格首次明确地将创造力纳入智力范畴，并且强调创造力不仅是成功的必要条件，而且是智力的主要内核。创造力不仅是形成思想的能力，而且还是一个使成功智力三方面分析性、创造性和实践性都得到均衡发展与运用的过程。

③实践性智力（Practical Intelligence）。实践性智力是指个人在实践中获取经验知识和背景信息、定义问题实质并解决问题的能力。斯腾伯格将解决实际问题的能力视为实践性智力的核心，认为经验知识是成功智力的一个主要方面。实践性智力能帮助人们适应、选择与塑造周围环境，并将分析、思考的结果用一系列富有创造性的操作方法加以具体实施。斯腾伯格的突出贡献正在于他将“实践性智力”作为智力的一个要素提出来，并将它同“分析性智力”与“创造性智力”区分开来。

成功智力的三个方面是一个相互联系、相互作用、相互影响的有机整体，只有当三者相互协调、相互平衡时才可能产生最佳智力效果。具有成功智力的人不仅具备这些能力，而且还善于思考在什么时候、以何种方式来有效运用这些能力。一般来说，成功智力较高者通常具有以下特点：能自我激励；学会了控制自己的冲动；知道什么时候应该坚持；知道如何充分发挥自身能力；能将思想转变为行动；以成果为导向；完成任务并能坚持到底；都是带头者；不怕冒失败的风险；从不拖延；接受合理的批评和指责；拒绝自哀自怜；具有独立性；善于寻求克服困难的办法；能集中精力达成自己的目标；既不对自己要求过高，也不对自己要求过低；具有延迟满足的能力；既能看到树木，也能看到森林；具有合理组织的自信与实现目标的信念；能均衡地进行分析性、创造性和实践性思维等。

5. 安东尼·罗宾的成功素质理论

安东尼·罗宾（Anthony Robbins）是西方著名的成功学大师。他认为，成功绝非偶然，成功者与不成功者的主要区别就在于是否具备某些成功素质。他把成功素质归纳为以下七个方面：

（1）热情。热情对于成功十分重要。热情源于个人有一个值得付出并能激起个人兴趣的长驻心头的目标。目标给予个人开动成功列车所需的动力，并驱使他追求成长或更上一层楼，从而释放出其内在潜能。

（2）信念。世上每一本宗教典籍都在诉说着信仰和信心如何给人带来力量。个人信念往往决定着个人的未来。

（3）策略。所谓策略就是组合各种才能的计划。万事俱备并不能绝对确保个人成功，除此之外，个人还必须拥有一套最佳组合计划。达成目标的方法很多，到底哪一种更好、更有效，要看个人做事的策略。

（4）价值观。正确的价值观能让人分辨是非黑白，并明白人生真谛。成功者始终清楚自己的基本原则。有些人之所以经常事后懊悔，往往由于他们没有明确的价值观。

（5）活力。成功者必定具有活力，而欠缺活力的人几乎不可能进入卓越之林。

（6）凝聚力。几乎所有成功者都有一种凝聚众人的非凡能力。这种能力能将一群不同背景、不同信仰的人聚合起来，建立共识，并采取统一行动。那些能成就大业者都具有聚合众人的能力。固然，偶尔也会有个别鬼才发明出影响世界的东西来，但如果他们终生只孤零零地守在实验室，虽然他也可能在某些方面做出成绩，但他失去的东西会更多。

（7）善于传送信息。个人传送信息的方式会影响个人一生。只有那些善于与人沟通，并具有传送见解、需求、快乐与信息能力的人，才可能成为最后的成功者。

6. 成功“商”束理论

所谓成功“商”束理论，是指某一类成功理论的集合。这类成功理论具有共同的特点：它们都突出或强调自我素质的某一要素对于个人成功的极端重要性。由于这类理论通常都以“智商”为参照对象，并都冠以某某“商”为名，故我们将它们合称为成功“商”束理论。

（1）情商（EQ）理论。情商，即情绪商数（Emotional Quotient，EQ），是由多位美国心理学家发展出来的一个概念。目前，情商理论仍处于发展之中。

美国心理学家彼得·萨洛维（Peter Salovey）和约翰·梅耶（John Mayer）

是情绪智力及情商理论的权威研究者。1990 年，他们共同提出了“情绪智力”的概念，并将“情绪智力”描述成一个由以下三种基本能力所组成的结构：①准确评价和表达情绪的能力；②有效调节情绪的能力；③将情绪体验运用于驱动、计划与追求成功的动机、意志和行为过程的能力。1993 年，彼得·萨洛维和约翰·梅耶将“情绪智力”结构进一步修改为：①区分自己与他人情绪的能力；②调节自己与他人情绪的能力；③运用情绪信息去引导思维的能力。1996 年，他们将“情绪智力”结构再一次修改为：①情绪的知觉、评估和表达能力；②思维过程中的情绪促进能力；③理解与分析情绪并获得情绪知识的能力；④对情绪进行成熟调节的能力。

美国心理学家丹尼尔·戈尔曼（Daniel Goleman）是情商理论研究的另一位著名学者。他在《情感智商》一书中引用大量资料企图证明情商（EQ）比智商（IQ）对个人发展更为重要。他引用当代神经生理学和脑科学的最新研究成果，论证了人类自身情绪是可以认知和控制的，从而为情商理论奠定了可靠的生物学与生理学基础。他将情商归纳为以下 5 个方面：①自我觉知能力；②自我管理能力；③自我激励能力；④识别他人情绪的能力；⑤处理人际关系的能力。

（2）逆商（AQ）理论。“逆商”即逆境商数（Adversity Quotient，AQ），又称挫折商。它是由美国学者保罗·史托兹（Paul G. Stoltz）在 1997 年所出版的《挫折商：将障碍变成机会》一书中首次提出来的。具体包括以下四项内容：

①控制感（Control）。所谓控制感是指个人面对逆境时感知自己能有多大控制力，哪些事情是自己可以解决的，亦即个人对自我能力的自信及意志力的坚定性。控制感赋予个人以信心和勇气，使得个人身处逆境而仍能保持精神振奋，并不断向上攀登。

②起因与所有权（Origin and Ownership）。所谓起因与所有权是指如何解释逆境的起因，自己在多大程度上应该承担逆境的后果。让人陷入困境的原因包括内因与外因。内因是由于自身软弱无能或过分相信命运所造成的抑郁消沉、悲观自责、自怨自艾、自暴自弃等；外因是指合作伙伴因配合失误、时机尚未成熟或外界不可抗力等因素所带来障碍。逆商低者遇到逆境时往往会不恰当地责备自己，认为“全是自己的错”；逆商高者则能客观分析自己的失利原因，勇于承担一切后果，并能及时纠正自己的错误，最后做到从哪里摔倒就从哪里爬起。他们很少自我责备，将成功看成是自己努力的结果，而将逆境归因于外部。诚然，一定程度的自责是必要的，然而，比自责更为重要的是要勇于担当。

③影响范围（Reach）。所谓影响范围是指逆境在多大程度上会影响到个人生活的其他方面。逆商高者能将逆境所造成的负面影响限制在某一范围之内，并将

这种负面危害所造成的损失减至最小；而逆商低者倾向于扩大逆境的影响范围——将一般的挫折想象成灾难，暗示自己无力应付现状，并且寄希望于别人把自己从逆境的泥潭中救出来。

④忍耐性（Endurance）。所谓忍耐性是指个人认为逆境及其起因将会持续多长时间。逆商高者将逆境及其原因看成是暂时的，他们精力旺盛、精神乐观，并且不断强化自己采取行动的动机；逆商低者常常认为逆境会持续很长时间，而现实也就真的会因此而朝向他们所想象的方面发展。

逆商理论是在情商理论的基础上提出来的。逆商理论的提出者认为情商理论缺少有效的测度，并且没有一个确定的学习方法，因而令人难以理解与掌握。与情商理论相比，逆商理论的优点在于“逆商”概念比“情商”概念更加清晰，价值取向也更加鲜明，并且更具可操作性。

（3）财商（FQ）理论。财商（Financial Quotient，FQ）的概念是由美国作家罗伯特·T. 清崎（Robert Toru Kiyosaki）于 1999 年 4 月在其《富爸爸，穷爸爸》一书中首次提出来的。所谓财商是指个人认识并驾驭金钱的能力，主要包括两方面内容：一是正确认识金钱及其规律的能力；二是正确运用金钱及其规律的能力。财商是个人理财的智慧，它反映的是个人作为“经济人”在经济社会中的生存能力，它是个人所具有的会计、投资、市场营销和法律等能力的综合体现。财商对于个人成功至关重要。显然，一个人即使仅仅只是为了生存也需提高自己的财商。清崎认为，一个人认为自己只有工作才能创造财富的思想在财务上是一种不成熟的思想。当然，这并不意味着他不聪明，而仅仅意味着他没有学到挣钱的学问。

清崎认为，人有三种思维模式：穷人的思维模式、中产阶级的思维模式和富人的思维模式。大多数有关财富的书都是写给中产阶级看的，而《富爸爸，穷爸爸》是第一本介绍富人思维模式的书，也是第一本揭示富人秘密的书，而这些秘密在学校里是学不到的。他指出，富人财商高，穷人财商低。首先，在“财务自由”观念方面，富人与穷人、中产阶级存在天壤之别。富人具有“财务自由”的观念，并最终获得了“财务自由”；而穷人和中产阶级缺乏“财务自由”的观念。富人让钱为自己工作；而穷人与中产阶级让自己为了钱而工作。其次，富人具有明确而科学的“资产”与“负债”观念；而穷人与中产阶级缺乏明确而科学的“资产”与“负债”观念。富人懂得只有能不断为自己挣钱的财产才叫资产，而凡是让自己不断花钱的都叫负债。如，一般人认为房产是资产，实际上，只有当房产能为自己挣钱时它才是资产，否则，就只能算负债。穷人与中产阶级往往并不懂得这个道理。

(4) 德商(MQ)理论。德商，即道德商数(Moral Intelligence Quotient，MQ)，是指一个人的道德水平与人格品质。1997年，哈佛大学教授罗伯特·科尔斯(Robert Coles)在其《孩童的道德智商》一书中，把一个人的德性水平或道德人格品质概括为德商。德商的内容包括体贴、尊重、容忍、宽恕、诚实、负责、平和、忠心、礼貌、幽默等各种美德。他提出"品格胜于知识"。同年，美国《时代周刊》和《新闻周刊》等杂志介绍了科尔斯的著作，由此，德商正式进入人们的视野，并开始受到重视。

2005年，美国学者道格·莱尼克(Doug Lennick)与弗雷德·基尔(Fred Kiel)在他们出版的《德商：提升业绩，加强领导》一书中将德商定义为"一种精神及智力上的能力，它决定我们怎样把人类普遍适用的某些原则(正直、责任感、同情心和宽恕等)应用到个人的价值观、目标及行动中去"。德商强调个人对自己进行有效的自我激励与自我约束。自我激励是指有效激发自己良好思想、欲望、感情、言语和行为，以确保自己能形成正确的人生观、价值观等；自我约束是指有效控制或克制自己不良思想、欲望、感情、情绪、言语、行为和习惯等。德商高意味着个人的自我激励和自我约束能力强。

(5) 灵商(SQ)理论。灵商(Spiritual Intelligence Quotient，SQ)，又称灵感智商、心灵智商，是指个人对事物本质的灵感、顿悟能力和直觉思维能力。2000年，英国发展心理学家达纳·佐哈(D. Zohar)和伊恩·马歇尔(I. Marshall)合作出版了《SQ：Connecting with Our Spiritual Intelligence》一书，正式提出了灵商理论。他们认为，人对意义的探求是人的生命的基本动机，正是这种基本动机的存在促使个人不断进行自我心灵的创造。当这种对意义的深刻需求得不到满足时，个人就会体验到一种精神上的浅薄感与空虚感。对于绝大多数人来说，如果这种需求长期得不到满足，就会出现一种心灵上的危机。

达纳·佐哈和伊恩·马歇尔认为，"智商"电脑也有，"情商"在高等哺乳动物中也存在，而"灵商"只为人类所独有。因此，灵商是三种"商"中最重要的一种"商"。灵商是一种存在于自我内心深处的智力，一种我们不仅能够认识现存价值，而且能够创造性地发现新价值的智力，它与超越自我的智慧或意识精神结合在一起。事实上，灵商并不依赖于特定的文化或价值观念，从根本上讲，它并不跟随现存价值，而是创造首先拥有价值的可能性。灵商与人类寻求意义的需求相联系，它是21世纪人们头脑中最应该优先考虑的问题。灵商决定着个人渴望意义、探求意义、开阔视野以及构建自我价值体系的能力，它既是个人采取行动时信念和价值观发挥作用的基础，也是个人确定自我生活方式的基础。关于灵商的具体内容，达纳·佐哈和伊恩·马歇尔一共列举了八点，它们是辨别一个人

是否具有高度发展的灵商的具体标示物：

①灵活变通的能力（Flexibility）；

②高度的自我意识（Self-awareness）；

③面对和利用苦难的能力（The ability to face and use suffering）；

④被想象和价值所激励的能力（The ability to be inspired by a vision）；

⑤倾向于发现不同事物之间的联系的能力（全局性思考）（The ability to see connections between diverse things（thinking holistically））；

⑥使损失或伤害降至最小化的欲望和能力（The desire and capacity to cause as little harm as possible）；

⑦探求根本性问题的倾向性（The tendency to probe and ask fundamental questions）；

⑧打破陈规陋习的能力（The ability to work against convention）。

（二）中国成功思想

自近代以来，中国成功理论研究的焦点开始从构建虚幻的社会理想人的道德人生转向探求真实存在的社会现实人的自我成功。中国成功理论研究也就相应地从人学思想阶段转到了成功思想阶段。

1. *厚黑学理论*

中国近代最著名的成功学理论首推李宗吾的厚黑学。1934 年，四川学者李宗吾（1879—1944）出版了《厚黑学》一书。他提出，个人成功主要取决于以下两点：脸皮厚与心子黑——“喜怒哀乐不发，谓之厚；发而无顾忌，谓之黑。”他对厚黑学的论证是从三国演义开始的。他认为，曹操的成功在于心子黑。曹操心子之黑无人可及：杀吕伯奢、孔融、杨修、董承、伏完，又杀皇后皇子，悍然不顾，并且明目张胆地说：“宁可我负人，毋人负我。”而刘备的成功全在于脸皮厚。刘备脸皮之厚无人可及：依曹操、吕布、袁绍、刘表、孙权，东奔西走，寄人篱下，恬不知耻。而且生平善哭，遇到不能解决之事就对人痛哭一场，于是立马转败为胜。孙权虽心黑不及曹操，脸厚不及刘备，但他兼具心黑与脸厚，因而能够做到与曹、刘比肩而立。后来，曹、刘、孙相继而亡，司马氏乘时崛起。司马懿是集厚黑之大成者：欺人孤儿寡母，心黑可比曹操；又能受巾帼之辱，脸厚更甚刘备，所以他能得天下。三国归晋，实在是“事有必至，理有固然”。

虽然李宗吾揭示了厚黑之于个人成功的重要性，但其本意并非倡导“脸厚心黑”。相反，他是要把那些以不正当手法取得成功的人们的所谓“成功秘技”大白于天下，以令其无所遁形。他崇尚“图谋公利”，认为“用厚黑学以图谋一己之私利，是发卑劣之行；用厚黑学以图谋众人之公利，是至高无上之道德。”“用厚黑以图谋一己之私利，越厚黑，人格越卑污；用厚黑以图谋众人之公利，越厚黑，人格越高尚。”由此可见，厚黑只具工具价值，其本身并无善恶之辩。“厚黑是办事的技术，等于打人的拳术。”厚黑是中性的，坏人可用，好人也可用。“厚黑学，如利刃，用以诛叛则善，用以屠良则恶。善与恶，何关于刃？故用厚黑以为善，则为善人；用厚黑以为恶，则为恶人。”

美籍华人朱津宁进一步发展了厚黑学理论。她将“厚”比喻为“厚盾”，将“黑”比喻为“利矛”。厚脸用来保护自己免遭他人责难与非议的伤害。脸厚者能把自我怀疑撇在一边，拒绝接受别人试图强加在自己头上的“紧箍咒”，并认为自己就是尽善尽美之人。黑心用来跟别人和自己搏斗。黑心者无情而超然，但不邪恶；他目光不短浅，也无不必要的同情心；他将自我注意力全部集中于自己的目标上，并有胆量面对失败。总之，有了“厚”“黑”这两样武器，个人就能获得成功。

“厚黑”的实践者运用自己力排他人责难、奚落与诽谤的本领，同时履行着自己认为正当的职责。厚脸、黑心斗士最大的勇气就是不动情感、泰然自若。这意味着他不会胆怯，敢于拼搏，并能摆脱由失败所引发的消极情绪。真正的厚、黑者是一位十全十美、无与伦比的斗士，他的武器为内心智慧所引导，这种智慧是在他接受生活挑战与寻求精神平衡中陶冶而成的。

厚黑之道没有人种肤色之分，也无宗教之别。这一规则不偏爱或拒绝谁，它对任何人一视同仁。随着个人对厚、黑之道实践的深入，他将能逐渐消除崇高的精神世界与谋生的世俗世界之间的冲突，并使两者趋于和谐。这使得他能够从容应对日常生活中的各种挑战，最终获得精神世界与世俗世界的丰硕成果。

朱津宁认为，厚黑的自然之途非世人所能操纵，也超越了狭隘的世俗标准。当人按照宇宙的意志行事时，他的一举一动都是正当的，并且皆能受益。他不会自认为公正、善良，也不会过度渴望心满意足，更不会谋求他人的赞同。行动时，他迅捷、胜任、不受情感左右；退让时，他泰然自若、任凭世人品头论足；求胜时，他卓有成效，表面上似乎残酷无情，实则毫无恶意。无论行动与否，他总是依然故我。此时，他真正成为了一位地地道道的、名副其实的厚脸、黑心的实践家。

2. 中国式成功“商”束理论

受西方成功“商”束理论的影响与启发，我国学者也提出了类似的并具中国特色的成功“商”束理论。

（1）心商（MQ）理论。心商（Mental Intelligence Quotient，MQ）是指一个人维持心理健康、缓解心理压力、保持良好心理状况与活力的能力。1997 年

12 月，我国著名心理学家王极盛教授出版了国内第一本有关“心商”理论的著作《心商 MQ——学生最新成功法宝》，较为系统地阐释了心商理论。

心商包括心理健康和心理压力调适两方面内容。心理健康是指个人在心理和社会适应能力等方面的健全状态，包括和谐的人际关系、正确的自我评价和情绪体验、正视现实、人格完整等。随着生存环境的恶化以及工作和失业等外在压力的增加，人们的心理压力越来越大。为此，维持心理健康已经成为个人获取成功的最重要基础与前提。健康的心态表现为开放自己、接受他人；对生活和事业充满热情；与人交往开朗、豁达；不因成就而狂妄，不因失落而气馁，不因欲望而狂躁，不因嫉妒而困扰，而是将一切都视为人生财富。心理压力调适能力是衡量个人心商高低的另一重要标准。心商高者善于调整自我心态，能及时将不利于事业发展和生活幸福的消极心态消弭至最低程度；能很快从负面心态中解脱出来，以便从容应对自己面临的困难或挫折；同时，善于将自己所面临的压力转变为获取成功的动力。

（2）志商（WIQ）理论。所谓志商（Will Intelligence Quotient，WIQ）就是个人确立自己的志向与人生目标的能力。1997 年，北京师范大学心理学教授许燕在《21 世纪》杂志上发表文章——“21 世纪家庭教育主业：志商、情商、智商”，首次提出了“志商”的概念。她指出，一个人如果缺乏远大的目标，将势必无法获得全面发展。墨子曰：“志不强者则智不达。”这深刻揭示了志向对于个人智力发展所能产生的巨大促进作用。当拥有远大的志向时，个人就会围绕自己的志向确立自己的人生奋斗目标，进而内生出实现目标的动力与能力。因此，志向和目标是改变人生的最好“工具”。人生因理想而伟大。实际上，个人的失败往往并不是因为自己没有才干，而是由于自己缺乏远大的志向与明确而清晰的人生奋斗目标。

（3）意商（WQ）理论。意商，即意志商数（Will Quotient，WQ）。1999 年，中央党校教授崔自铎发表了一篇论文——“人的意商：一个全新的概念”，首次提出了“意商”的概念。他认为，在智商和情商之外，还存在意商。意商是对人的意志的一种量度，亦即意志强弱水准的量的规定性。他从理论、现实与历史三个方面阐明了意商存在的根据。从理论上讲，人的意识包括认知、情感、意志三个基本要素；从现实上讲，人的各类实践活动无不证明一个基本事实，即人的认知、情感、意志在人的意识活动中始终共存、互促，并且相互制约；从历史角度看，对意志问题的研究很久以前便进入了哲学家和心理学家的视野。既然意志始终存在，那么，对意志的量度——意商也同样存在。他认为，对于意商的研究不仅具有理论意义，而且具有实践意义。但是，他并没有在文中给出意商的具体度量方法及其衡量标准，只是指出，“其详情，需要通过心理学家去说明。”

(4) 胆商（DQ）理论。胆商（Daring Intelligence Quotient，DQ）是对个人胆量、胆识或胆略的量度，它体现了个人的冒险精神。2001 年，中欧国际工商学院的刘吉教授第一次提出了“胆商”的概念。他认为，胆商是指一个人在做决断时敢于拍板的勇气。人们经常强调智商与情商对于个人成功的重要作用，但实际上，如果没有胆商的协助，成功将会变得十分困难。胆商高者敢作敢为，敢于冒险。看准时机，果敢决定，这对于一个创业者来说尤为重要。实际上，它是创业者成功的必备素质。胆商低者常常优柔寡断，行动上前怕狼、后怕虎，结果只会贻误大好时机。当然，胆商高者也并非是无知的莽撞者，而是建立在一定知识水平基础上的勇敢者。只有将胆识建立在渊博的知识与丰富的实践经验的基础之上，才能真正成为个人成功的助推器。

(5) 健商（HQ）理论。健商，即健康商数（Health Quotient，HQ）。2001 年 3 月，加拿大华裔医学专家谢华真教授在加拿大出版了《健商》（*Health Quotient*）一书，首次提出了“健商”的概念。作为“HQ”（健商）这一健康新理念的首创者，谢华真教授也因此而被尊称为“HQ 先生”。他认为，健商是一个建立在最新医学成果与健康知识基础之上的全面的、崭新的、有科学根据的健康理念。一个人的健商代表了他所具备的健康意识、健康知识、健康能力与水平，也代表着他的健康智慧，以及他对健康的态度。他提出，健商包括以下五大基本要素：

①自我保健。个人要把健康的钥匙牢牢掌握在自己手里，而不是将一切都交给专家。每个人都应通过良好的生活方式、乐观向上的信念，以及对自己身体固有的自我康复能力的信任来控制疾病，从而让自己的健康水平达到最佳。

②健康知识。要想提高自己的健商，就要不断地学习健康知识。健康知识能帮助个人提高自己对健康内容、保健制度、健康维护、健康监测的风险因素与工具等方面的认识。个人所拥有的健康知识越丰富，就越能对自己的健康做出明智的判断。

③生活方式。生活方式是指与个人的生活、价值观与情感友谊相关的生活习惯。好的生活方式能为个人健康加分，而不好的生活方式将有损于个人健康。

④精神状态。健康的心理表现为个人形成了高情商，具有较强的自尊意识，能克服忧虑、焦躁、愤怒、压抑等不良情绪，能接受自己的身体意象，并且欣赏自己的特质。那些在精神上感到满足的人往往也是最健康、最长寿的人。

⑤生活技能。个人通过重估自己与环境的关系、改善生活方式、掌握健康的奥秘与方法等，就能不断提高自己预防疾病发生、判断自我健康状况并恢复自我

健康的能力。

上述五大要素之间相互依存、相互平衡，哪一个方面太低都将影响个人的健商水平。谢华真认为，健商是一种全新的健康文化，其核心是自我保健。当个人了解了怎样保健，并拥有了丰富的健康知识之后，他就能把握自己的健康，而不会过分依赖各种医疗手段；当自己出现病痛时也不至于惊慌失措、如临大敌。

（6）创商（CQ）理论。创商，即创造力商数（Creativity Quotient，CQ）。2004年，我国学者李放在吸收前人研究成果的基础上，提出了一种新的商数理论——创商理论。所谓创商，就是指一个人的思维能力、开放能力、创新能力与创造能力。创商的核心即所谓“OIC”——开放＋创新＋创造，具体体现为以下三个链系：

①核心问题链：开放性解决问题＋创新性解决问题＋创造性解决问题；

②核心思维链：开放思维＋创新思维＋创造思维；

③核心能力链：开放能力＋创新能力＋创造能力。

创商的培养目标，就是通过开发大脑的思维潜能来提高个人的开放能力、创新能力和创造能力。其具体开发途径为：大脑神经链建构＋观念链再造＋思维链内化＋能力链外化。实际上，创商是对智商和情商的一种深化与外化，它是衡量个人智力和情绪智力在发现问题与解决问题过程中应用与转化程度的标准，同时也是个人行动能力与成功能力的标志。

三、个人成功理论评述

（一）中西方成功理论差异

由于中、西方成功理论分别植根于中、西方文化，因而不可避免地存在着文化上的差异。这就如同中、西方文化各自具有其自身的优、缺点一样，中、西方成功理论也必然存在各自的优、缺点。

1. 理论特色差异

西方文化具有实验性、科学性与可统计性等特点，这一点在西方成功理论研究上也得到了体现。西方成功理论注重外在形式的规范性和方法的科学性，它是一种通俗理论、操作理论和实用理论，具有注重实践，注重外界影响，以及“先行后知”的理论特色。西方成功理论主要集中于如何有效处理日常事物，它对人们的现实生活具有极强的指导意义，是一种较为完整的行为理论。特别是近代西方成功理论以心理学为理论基础，以注重生活实践、解决现实问题为基本导向，发展出了一套较为完善的行为操作方法，如，如何创业、如何处理好人际关系、如何与人沟通等。西方成功理论非常注重现实案例研究，通过研究成功者所具有的某些共同优点、品质，失败者所面临的某些共同问题以及问题背后的原因等，形成了一套可用于指导个人获取某一方面成功的具体方法。这种研究细致入微，具体到生活中的每一个细节，如，创业历程中的故事挖掘，成功人士的生活态度，成为合格推销员的具体方法等。

中国文化强调内省，这一点在中国成功理论研究上也得到了体现。中国成功理论强调内因在成功中的作用，强调个人内省与自悟；相对而言，较少涉及具体的操作方法。这就使得中国成功理论给人一种玄妙深奥的感觉，甚至觉得它有点脱离人们的现实生活。因而，普通大众很难一时理解并接受这种近似玄奥的东方文化的精髓。如，佛家注重内在的自我解放和自我解脱，以求达到智慧的圆通。为达此目的，佛家提出出家、修行、与世隔绝等法门，以期阻断一切烦恼的根源。虽然佛佗反复强调，出家只是方法而非目的，其最终目的还是入世，是大乘佛法，是度人救人，但人们还是无法理解并接受这些主张。以至于佛家大师们常常慨叹“慈行本是度人舟，无奈众生不上船！”

2. 研究重点不同

西方成功理论偏重于成功方法研究，而缺少对于人的深层次心灵的追问以及相应的理论思辨，这就使得西方成功学虽然在操作方法上非常透彻，但其思想性略显不足。在这种成功理论的指导下，人们知道“如何获取成功”，却不十分清楚“成功到底为了什么”。以至于人们终日忙碌于争取成功，却总是难以打开通向智慧人生的大门。

中国成功理论重点关注自我内部，却存在忽略外在影响的不足。在入世过程中，中国成功理论重视内因的主观能动作用，并将注意力集中在解决思想问题上，却忽视了对外在可见的行为操作方面的研究。由于操作性过弱而思想性太强，以至于中国成功理论近似于“玄学”，并常常因此而被人误解、篡改，甚至被遗忘。此外，中国成功理论注重自我理想而轻视现实生活。显然，离开了现实生活，“修身、齐家、治国、平天下”均成了无源之水、无本之木。虽然理想很重要，但理想一旦与现实生活相脱离，或者理想过于高远，就会让一般大众觉得“成功”遥不可及。相对而言，西方成功学注重现实生活，注重实用性，因而更加贴近普通大众。

3. 研究方法不同

在研究方法上，西方成功理论注重有形的实验研究和现实案例研究，中国成功学注重无形的思想建构和对理想人格的描述。西方成功理论注重实证检验，崇尚对生活持一种进取、开拓、冒险、探索的开放性态度，而中国成功理论注重感觉、联想，崇尚对生活持一种智慧、内省、自持的封闭性的保守态度。中国成功

理论常常将看似毫无联系的事情内在地联系起来，并对它们进行宏观思考，然后得出内省式的结论。然而，这种经过智慧思考所得出的结论由于未经现实生活的充分检验，因而常常令人难以完全信服。

4. 实践性差异

西方文化具有“先行后知”的特点，故行长于思。西方文化注重在实干中积累经验，并不断总结、提炼。由于西方文化强调积累与继承，故西方文化往往分门别类，并且形成了渐次发展的学科门类体系。体现在成功理论研究方面，就是西方成功学注重实践与现实生活，并就如何应对现实生活中的具体问题总结出了一套行之有效的操作方法与行为方略，因而很容易被一般民众所接受或认可。

中国文化具有“先知后行”的特点，故思长于行。虽然中国文化设计出了精妙绝伦的思想框架，但由于实践性不够，因而难以表现出其对于现实生活的指导价值。体现在成功理论研究方面，就是中国成功学注重无形的内在思想与精神生活。由于中国成功学思想过于深奥、庞杂，因而容易被人误解，并且容易陷入一种仁者见仁、智者见智的混乱状态。然而，这种历经了几千年而不衰的思想体系确实隐藏着顶层的人生智慧，它是经受住了历史变迁考验的人类思想的精髓。

总之，中国成功理论就其思想性而言领先于西方，而就其实践性而言又落后于西方。

（二）成功理论研究存在的不足

成功理论需要回答以下三个基本问题：成功为了什么？成功是什么？怎样成功？虽然以往的成功理论对上述三个基本问题都做了研究，并且部分地回答了其中的某些问题，但缺乏对这些问题的系统研究，更没有形成一个完整的理论体系。

1. “成功为了什么”是成功理论必须首先回答的第一个基本理论问题

在没有回答这个问题之前，其他一切相关研究都难以顺利进行。显然，如果个人不知道自己成功到底为了什么，那么，他就无从确定自己的目标。即使个人一时获得了某一方面的成功，他也不会深刻理解这种成功对于自己到底意味着什么。然而，时至今日，无论中国成功理论还是西方成功理论都未能就这一问题给出一个令人满意的答案。尤其是西方成功理论偏重技术层面的成功方法研究，而缺乏对个人成功进行价值层面的系统思考。

2. “成功是什么？”这是成功理论必须回答的第二个基本理论问题

从技术层面上讲，成功就是达到自己想要的目标。这样的回答基本上不存在什么争议。然而，到底什么才是自己真正想要的目标？确定个人目标到底需要考虑一些什么因素？需要遵循一些什么原则？等等。对于这些问题，无论中国成功理论还是西方成功理论都至今未能给出一个令人信服的答案。

3. “怎样获得成功?”这是成功理论必须回答的第三个基本理论问题

对于这一问题的回答，以往的成功理论普遍存在着强调某一个或某一类因素而忽视其他因素的倾向性，更缺乏对所有因素的系统整合。诚然，就某一个或某一类成功要素进行深入研究是十分必要的，但是，如果不对个人成功以及决定个人成功的相关因素进行系统思考，就无法建构起一个科学的理论体系。用这种片面的成功理论来指导个人获取成功人生的实践，将势必难以获得理想的效果。

第三节　系统成功学概论

个人成功应该是一种系统的成功。系统成功是一种建立在短期成功与长期成功高度统一、局部成功与整体成功有效耦合基础上的成功。

一般情况下，当人们讨论个人成功时，往往是指个人在某一局部性事项或阶段性任务上取得了成功，而不是指个人获得了整体性的成功或全过程的成功。诚然，个人取得局部性成功或阶段性成功也十分重要。然而，如果这种局部性成功或阶段性成功不能实现相互耦合，并且有效地整合成为一个有机统一的整体的话，那么，它对于系统成功的促进作用将是十分有限的。

系统成功是一个十分复杂的问题，它是内、外各种因素综合作用的结果。获取系统成功更是一项十分复杂的系统工程，需要个人对自己的整个人生进行系统思考，并在此基础上做出系统规划，付出系统努力。

一、系统成功学理论体系

任何行为主体都渴望成功，并且都会追求成功。所谓成功，就是行为主体根据自己的使命要求与主观价值判断，并在综合考虑自身能力与环境条件的基础上，通过确定目标、坚持目标，最终实现目标的过程。成功学就是研究行为主体追求成功这一特殊现象及其内在基本规律的科学。追求成功的行为主体分为两类：个人与组织。相应的，成功学也包含个人成功学与组织成功学。一般情况下，人们所讨论的成功学是指个人成功学。本书的研究属于个人成功学范畴，而暂不涉及组织成功学。

系统成功学就是将行为主体追求成功这一现象视为一个系统问题进行研究，亦即系统成功学研究的是行为主体追求系统成功的外在现象及其内在基本规律。系统成功学包含以下两个理论分支：

(一) 个人系统成功学

所谓个人系统成功学，就是将个人成功视为一个系统问题来进行研究，亦即个人系统成功学研究的是个人这一特定行为主体追求系统成功这一现象及其内在基本规律。同时，个人系统成功学还研究如何将系统的个人成功的内在基本规律应用于个人追求系统成功的实践，以帮助个人获得更多的成功，并最终获得一个成功的人生。

(二) 组织系统成功学

所谓组织系统成功学，就是将组织成功视为一个系统问题来进行研究，亦即组织系统成功学研究的是组织这一特定行为主体追求系统成功这一现象及其内在基本规律。同时，组织系统成功学还研究如何将系统的组织成功的内在基本规律应用于组织追求系统成功的实践，以帮助组织获得更多的成功，从而确保组织能够实现从优秀到卓越，并最终实现基业常青。

二、个人系统成功学层次

个人成功包括技术层面的成功与价值层面的成功两个方面，相应地，个人系统成功学分为技术层面的个人系统成功学与价值层面的个人系统成功学两个层次。

(一) 技术层面的个人系统成功学

所谓技术层面的个人系统成功学，是指从技术的角度研究个人如何有效地确立目标、坚持目标，并最终实现自己的目标。技术层面的个人系统成功学是一种成功的系统观，亦即要求从系统的角度去看待个人的每一次成功，并从技术层面探讨成功的内在基本规律。相对于价值层面的个人成功问题，技术层面的个人成功问题是一个相对简单的问题，主要涉及成功的技术方法、技术手段与技术路径等。

技术层面的个人成功学通常采用以实证研究为主、以规范研究为辅的研究方法。其核心问题是研究如何以更高的效率、更低的成本，并在更短的时间内去实现个人预定的目标。

(二) 价值层面的个人系统成功学

所谓价值层面的个人系统成功学，是指从价值的角度研究个人成功到底为了什么、个人成功到底是什么，以及个人到底怎样才能获得成功。价值层面的个人系统成功学是一种系统的成功观，亦即要求从系统的角度去看待个人的整个人生的成功。相对于技术层面的个人系统成功研究，价值层面的个人系统成功研究由于涉及个人的主观价值判断，因而更为复杂，也必然存在更多争议。价值层面的个人系统成功问题是一个更为复杂的问题，它涉及人的本性、人的自我成长及其内在基本规律、人的需要及其满足、人的健康自我及其形成、人的自我价值体系建构及其调整，等等。价值层面的个人系统成功学的研究重点是什么才是有价值的目标，它的衡量标准是什么，以及个人如何设计、坚持并实现自己的有价值的目标等。

价值层面的个人系统成功学通常采用以规范研究为主、以实证研究为辅的研究方法。其核心问题是目标的价值性以及不同目标之间的耦合性。显然，如果目标本身没有价值，那么，即使个人已经获得了技术层面的成功，这种成功也不能算是一种有价值的成功；如果各类成功之间不能实现相互耦合，那么，再多的成功也不足以促成一个成功的人生。

总之，个人系统成功学既是一种成功的系统观，又是一种系统的成功观。技术层面的系统成功学是一种成功的系统观，它是所谓的“小的成功学”；价值层面的系统成功学是一种系统的成功观，它是所谓的“大的成功学”。人生是一个漫长的过程，在此过程中，个人需要确立、坚持并实现许多目标。为了能够实现自己的目标，并能将所有目标耦合成为一个有机统一的整体，以便最终促成一个成功的人生，个人既需要技术层面的“小的成功学”的指导，也需要价值层面的“大的成功学”的指导。

三、个人系统成功学理论基础

个人系统成功学是建立在相关学科研究成果基础之上的一门交叉性学科，它具有边缘性、交叉性、复杂性、开放性等特点。具体来说，个人系统成功学的形成建立在以下相关理论基础之上：

（一）哲学

人的问题一直是哲学关注的核心问题，人学思想一直是哲学的基本内容。因此，个人成功问题首先是一个哲学问题，研究个人成功首先需要对个人成功进行哲学层面的思考。如，研究个人成功，首先必须对人的本质、使命、存在及其存在价值等问题进行哲学思辨。

（二）系统科学

系统科学是个人系统成功学研究最重要的理论基础。人是一类复杂的生命系统，个人成功更是一个十分复杂的系统问题，因而需要以系统科学理论为指导来对个人成功问题进行系统分析。

（三）生命科学

人是一类特殊的生命，人的生命历程本质上是一个生命有机体形成、发展、成熟与死亡的过程。个人成功与人的生命历程高度耦合，并且需要充分尊重人的自然生命规律。显然，生命科学的研究方法与研究成果对于个人成功学研究具有极为重要的借鉴意义。

（四）社会学

人是一类高级社会性动物，社会性是人的最本质属性。个人获取系统成功的过程，本质上就是个人求得自我社会化存在并实现自我社会化成长的过程。因而，个人系统成功学研究需要借鉴社会学的相关研究方法，并且需要充分吸收社会学的相关研究成果。

（五）管理学

行为主体追求系统成功的过程是一个行为主体自我决定、自我导向、自我控制与自我管理的过程，因而，管理学的研究方法与研究成果可为个人系统成功学研究提供必要的理论支持。

（六）行为科学

成功是行为主体的成功，或者说，成功是行为主体充分发挥自我行为的综合效能所导致的一种必然结果。从根本上讲，个人成功决定于个人的行为能力，因为个人获取成功的过程是一个自我决定、自我导向、自我控制与自我管理的过程，个人成功是个人充分发挥自我行为能力的一种必然结果。因此，行为科学，尤其是心理学，是个人系统成功学所必不可少的理论基础。事实上，心理学自诞生之日起，就被赋予了以下三项基本使命：一是治疗人的精神或心理疾病；二是帮助人们生活得更丰富、更充实、更有意义；三是发掘并培养具有非凡才能的人。亦即心理学自诞生之时起，就肩负着帮助个人获取成功的神圣使命。

四、个人系统成功学研究方法

理论上，系统成功学可以借鉴所有相关理论的研究方法来研究行为主体的成功问题。一般来说，个人系统成功学最常用的研究方法有以下几种：

（一）规范研究与实证研究

个人成功问题既是一个主观价值判断问题，又是一个现实实践问题，因而需要同时进行规范研究与实证研究。

1. 规范研究法

规范研究方法的基本特点是涉及主观价值判断。个人成功问题首先是一个主观价值判断的问题，因此，规范研究法是个人系统成功学的一个最常用的研究方法。

2. 实证研究法

实证研究法主要用来检验理论研究成果的科学性，并对理论研究成果进行诠释。显然，任何成功理论都需要进行实证检验，因此，实证研究法也是个人系统成功学所必不可少的一个研究方法。

（二）演绎研究与归纳研究

对个人成功的任何理论研究都需要进行严格意义上的逻辑思辨，因此，逻辑研究法是个人系统成功学研究的最基本方法。逻辑研究法主要包括归纳研究法和演绎研究法。

1. 归纳研究法

归纳法是从观察、实验和调查所得到的事例或数据中概括出一般原理的一种思维方法。如，希尔在走访了众多成功人士的基础上，归纳出了个人成功的 17 条定律，他所采用的研究方法就是典型的归纳研究法。归纳研究法的基本特点就是从部分到整体。归纳推理有三种基本方式：完全归纳法、简单枚举法、判明因果联系的归纳法。

2. 演绎研究法

演绎法是与归纳法的研究思路完全相反，却又相辅相成的一种思维方法。演绎法的基本特点是从整体到局部层层推演。个人系统成功学从构建一个系统成功理论体系出发，从人的需要入手，对系统成功的基本问题、基本原则、基本内容、研究视角、现实环境等进行层层推演，最终形成了一个完善的个人成功学理论体系，就是遵循了演绎推理的基本逻辑。

（三）系统研究与案例研究

虽然系统成功学理论研究需要综合运用规范研究法与实证研究法、演绎研究法与归纳研究法等，但系统成功学最常用，也是最基本的研究方法还是系统研究法与案例研究法。

1. 系统研究法

对于成功问题的研究通常存在两种基本思路：一是将成功视为一个“物体”，先对它进行解剖、分解、放大，然后再进行研究；二是将所有相关事物联系起来进行整体性分析。其实，这两种研究思路都很重要。系统研究法就是要综合运用这两种基本研究思路——既对成功问题或成功过程进行分解，同时又不隔断系统内部各要素之间的内在联系；既对成功系统进行要素分析与结构分析，同时又对成功问题或成功过程进行整体性研究。

2. 案例研究法

个人成功既是一个理论性问题，同时，又是一个实践性问题。现实生活中的各类成功案例既是系统成功理论研究可以利用的基本素材，同时又是佐证系统成功理论是否科学、合理的最直接、最可靠、最现实的实证检验依据。

第二章　人的需要

需要满足是个人成功的原始驱力。需要是人的一切行为的内在驱力，人的生命活动都是围绕着人的需要来展开的。因此，个人成功理论首先必须研究人的需要。需要理论是系统成功学的基本理论。

第一节　需要概述

任何存在着的生命体都有其自身需要。完全没有任何需要的生命是不存在的，也不可能存在。生命存在的过程，也就是生命体不断寻求自身需要满足的过程。生命体的需要能否得到有效满足，直接关乎生命能否存在，以及生命存在的质量与状况如何。因此，对于生命体来讲，需要满足与生命存在，是一个问题的两个方面。

一、需要的内涵

所谓人的需要，就是人的自我内在诉求。当人有某种需要时，人的心理就会浮现出获取某种需要满足物的意图或欲望，进而会引发人的生理与心理的一系列相应变化。如，当人需要食物时，人的血糖会低于正常水平，于是，人就会感到不安、烦躁、多汗、胃痛等，进而会产生进食的欲望，并导致觅食行为的发生。人的需要的内在依据，就是人的各项基本需求；人的需要的外在表现，就是人的各类欲望。

（一）基本需求

基本需求是人的需要的本质或本源。所谓基本需求，是指人与生俱有的最基本的内在诉求。说它最基本，就是说，基本需求的有效满足直接关乎个人的自我存在与自我成长。如果基本需求能得到有效满足，个人就能实现自我存在与自我成长；否则，自我存在与自我成长就会面临严重障碍。

（二）欲望

人的需要的一个基本特点，就是会在内在基本需求的基础上生发出许多外在欲望。欲望的形成需具备两个基本条件：一是感到缺乏什么；二是期望得到什么。欲望的产生通常与某种特定的对象相联系。一般情况下，人的欲望与人的现实能力与现实条件相适应，只有当个人具备了获取特定对象物的现实能力或现实条件时，他才会产生获取该对象物的现实欲望。

根据欲望产生的来源，可将人的欲望分为以下两类：基于内在基本需求的欲望（内在欲望）与基于外在刺激的欲望（外在欲望）。相对而言，人的内在欲望容易满足，人的外在欲望难以满足。然而，大多数欲望都是由外在刺激物所诱发的。如果个人一味屈从于这类欲望，将势必陷入某种“人为物役”的可悲境地。因此，个人必须懂得合理节制欲望。

二、需要的特点

需要是人的一切行为或活动的内在驱力。深入探究需要的特点，对于全面而准确地理解人的行为与活动，对于有效获取个人成功，都至关重要。

（一）人的需要存在确定的生物学基础

人的需要是内在的，因而必然存在确定的生物学基础。基因控制着人的生命现象，而人的一切生命活动均与人的内在需要直接相关。如，睡眠或有规律的休息是正常人的基本需要。研究表明，生物的睡眠与其生命内核——基因有着千丝万缕的联系。通过对果蝇基因的研究发现，至少有两种基因调节并控制着果蝇的睡眠，它们分别涉及睡眠的周期和时间，分别被称为“周期基因”与“无时间基因”，它们是果蝇的生物时钟的基本构成成分。人的大脑内部也有控制睡眠的神经专区，如果这些功能专区遭受破坏，人的睡眠就会出现异常，进而导致人的整个生理机能都无法正常运行。

（二）人的需要的社会生产决定性

需要与社会生产相互依存、相互影响、相互促进。一方面，需要是促进社会生产发展的内在动力；另一方面，需要又为社会生产所决定。人的需要来自于社会生产，并决定于社会生产。作为自然存在之物，早期的人类也与其他生物一样完全依靠自然物来满足自身需要。但随着人类的不断进化，现成的自然物已越来越难以直接满足人类的需要了，许多自然物都必须经过劳动加工才能变为人所需要的物品。为此，人类必须在遵循自然尺度的前提下将人的尺度运用到自然物中去，并赋予它们以满足需要的特定形式与价值。需要是社会生产的起点，也是社

会生产的归宿。有需要才会有生产劳动，需要的内容决定着社会生产的内容、过程与方式等；同时，社会生产也在不断扩大并丰富着人的需要及其实现条件。人类正是通过社会生产来满足自身需要，进而维持着自身的存在与发展的。

（三）人的需要的丰富性与无限性

人的需要满足物主要是由人类自己生产出来的，这就为人类需要的发展开辟了广阔的可能空间。人类虽然受到自然条件的限制，但人类能够超越这种限制。人对环境的适应性建立在人对环境的能动改造的生产劳动实践基础之上。正因为人不像动物那样被动地适应环境，而是通过对环境的能动改造来让环境服务于自我需要，从而使得人类能够在不同的环境下生存与生活。随着生产劳动实践的发展，人类会将环境中越来越多的领域纳入自己的对象性范畴之内，进而变成自己的生活资料与生产活动的材料、对象或工具等，从而使得需要的内容变得越来越丰富，需要的范围变得越来越宽广。

需要的丰富性和无限性主要体现在：首先，人的需要的量的丰富性。相对于其他动物，人具有无限多样的需要和需要对象。除了自然物质需要外，人还有精神需要与价值需要。即便是物质需要，其内容也远比动物的物质需要丰富得多。人类可将各种自然物改造成为自己所需要的物质产品。其次，人的需要的质的无限性。人对需要的质量要求是无限的。当低层次需要满足以后，又会出现更高层次的需要。即使对于同一需要对象，人对其质量的要求也是无限的。最后，人的需要发展的无限性。人的需要是社会生产的函数，它必将随着社会生产的发展而发展。人类的社会生产是一个无限发展的过程，这就决定了人的需要也必然是无限发展的。反过来，需要的发展又会促进社会生产的进一步发展。需要发展的无限性同样会在质和量上表现出来。从量上，表现为生活资料的数量日益扩大、种类日益增多；从质上，表现为生活消费品的档次不断提高和翻新、生产劳动和社会关系变得越来越适合于人的本性要求。总之，社会生产发展的无限性决定了人的需要发展的无限性，而人的需要发展的无限性又为社会生产的无限发展提供了持续动力。人类的进步就是在这种社会生产与自身需要的矛盾运动中得以实现的。

（四）人的需要的自我调节性

人的需要具有自我调节性。动物的需要是一种本能需要，并且，动物的需要一般会保持固定不变；而人的需要是变化发展的，人类可以根据外在环境条件与自我内在要求而对自身需要进行有意识的自我调节，亦即人是一类能够有目的、有选择地满足自身欲望的，并且具有高等智能、主观能动性和意识能力的特殊动物。正是人的需要的这一特点决定了人的存在必然会不同于动物的存在。

（五）人的需要的社会性与历史性

人的需要是社会历史发展的产物。社会生产是一个不断发展的历史过程，这就决定了人的需要也必然具有社会历史性。人类历史是人类不断认识、适应并改造世界的历史，而人类认识、适应并改造世界的根本目的就是为了满足人类自身的需要。社会生产状况不同，人的需要及其满足方式也会不同；人的需要不同，人类对客观事物的改造也会不同，继而认识环境的广度和深度也会不同。随着需要的发展，人类认识、适应与改造环境的能力将会不断提高。正是需要的发展促成了人类的认识与实践活动的发展，以及认识、适应与改造环境能力的提高，从而推动着人类的不断发展与进步。

人的社会性以及人的自由、自主与自觉活动同人的需要直接相关。源于需要的社会生产活动推动着人的本质力量持续增长，事实上，需要的每一次满足都将对人的本质力量形成一次有效的确证、充实与促进。正是人的本质力量的不断增长才使得人能够从自然、社会的束缚中解放出来。而随着人的自由的不断扩大，人的社会生产将变得越来越自主、越来越自觉。伴随着社会生产的发展，人的需要将会不断向前发展。

（六）人的需要满足对自我成长的决定性

人的需要满足对自我成长具有决定性的影响。人的自我成长内在基本趋向就是要形成一个健康的自我，而需要满足是健康自我形成的基本前提。事实上，任何一次需要合理而有效的满足都是一次促进自我健康成长的良好机会。总之，致力于寻求自身需要合理而有效的满足以形成一个健康的自我，既是自我成长内在基本趋向，也是人性的内在基本诉求。

三、需要与成功

需要是生命的内在驱力。为了获取自身需要的满足，个人会有意识地确立目标、坚持目标，并努力实现自己的目标。目标确立的过程是一个围绕自身需要满足而在自我主导下的复杂的自我决策的过程；目标坚持的过程是一个对自我进行有效管理的复杂的自我完善的过程；而目标的实现不仅意味着个人实现了需要满足的目的，而且还将会对个人的自我成长产生积极而有意义的促进作用。正是个人在为追求自身需要合理而有效的满足而不断确立目标、坚持目标、实现目标的过程中，个人成功地实现了自我存在，成功地获取了自我幸福，并成功地达到了自我实现。

（一）需要与目标确定

需要是个人确立自我目标的根本依据。个人能否成功以及成功本身的意义，

主要取决于个人确立目标的依据——需要是否合理，并具有现实价值。

1. 个人所确立的目标必须合理

为确保目标合理，个人确立目标的依据——需要首先必须合理。需要合理意味着需要本身必须具有正当性，并且需要的满足方式也必须具有正当性。如果需要的满足方式不具正当性，那么，需要本身的正当性也会受到影响，最终将会影响到需要的满足。需要正当意味着需要本身必须是人的实际需要；需要满足方式正当意味着需要的满足方式必须对内无损于自我健康，对外不违于环境要求。总之，只有当需要及其满足方式都是正当的，需要的满足才会变得无可挑剔，并且不会受到严重影响或干扰。

2. 个人所确立的目标必须具有现实价值

目标具有现实价值意味着个人所确立的目标必须耦合于个人的系统成功；同时，又能得到环境的许可、支持或鼓励，至少不会与环境发生过于剧烈的冲突。人的需要必须通过环境才能获得满足，只有环境才能提供给个人以生存与成长所必需的满足物，离开了环境支持，人的一切需要均不可能得到正常满足。此外，个人永远不会仅仅通过内视来发现自我，个人的自我探求必须借助于一定的外在条件。个人需要的觉醒与发展的过程，实际上也就是个人社会化成长的过程。需要满足的外部依赖性决定了个人需要将不可避免地要受到环境的影响与制约，甚至受到环境的遏制、修改或扭曲。为此，个人在确立自我目标时，必须对需要及其满足的现实条件进行认真评估。

（二）需要与目标坚持

追求自身需要的合理而有效满足是个人持续坚持自我目标的内在根本动力。需要让人的生命活动或现实生活有了明确的目的性。正是在需要的驱动下持续地坚持自己的目标，才使得个人的现实生活有了良好的秩序，并且使得个人在目标坚持的中变得越来越坚强、越来越健康。没有明确需要的生命是苍白的，这样的生命必将缺乏活力，这样的生活自然漫无目的。人的软弱无能往往就同生活没有目标联系在一起。没有目标，人就会如同茫茫大海上随风飘荡的一叶孤舟，随时都有被生活的巨浪打翻或吞噬的危险。生活没有目标和方向，个人的言行举止将会很容易受到情绪的影响，哪怕一件微不足道的小事也足以让他感到烦恼、恐惧或忧虑；其自我承受力将会如同墙上草，任何风吹草动都足以让它备受摧折；干任何事情都可能左顾右盼，前怕狼后怕虎。缺乏坚强的毅力和顽强的斗志，个人最终必将难逃失败的命运。

（三）需要与目标实现

当个人所确立的目标是以自我需要为依据时，目标的实现也就意味着个人已经成功地实现了自身需要满足的目的。而只有当个人需要能够得到合理而有效的满足时，个人才可能成功地实现自我存在；只有当个人的现实需要能够得到合理的满足时，个人才可能体验到生活的乐趣与生命的意义；只有当个人的高级需要，尤其是个人的价值需要得到充分满足时，个人才可能从中体验到一种自我实现感。因而，每一次目标的实现，或者说，每一次需要的满足，都是一次现实的个人成功，都能促进自我的进一步成长，并对个人追求下一次成功提供现实的激励与直接的强化，最终将可能促成一个成功的人生。

第二节　人的基本需求

基本需求是需要的内在依据，它指明了人的需要的范围。从根本上讲，人的各类欲望都源自人的内在基本需求。

一、基本需求的性质

基本需求是人与生俱有的最基本的需求。作为人的生命活动与自我成长背后的决定性因素，基本需求具有以下基本性质：

（一）基本需求的基本性

基本需求是人最基本的需求，基本性是基本需求的最基本性质。说基本需求是最基本的需求，也就是说，如果它们得不到有效满足的话，将会产生十分严重的后果。人的许多生理、心理与精神疾病往往都源自基本需求长期无法得到有效满足或者获得了不健康满足。如，性需求长期受挫的人往往忌妒心极强；长期缺乏安全感的人往往难以信任他人，也难与他人合作；情感基本需求的长期匮乏将诱发严重的心理疾病；尊严基本需求长期受挫将导致个人出现敌意、暴力，甚至反社会倾向，等等。

（二）基本需求的终极目的性

人始终无法摆脱基本需求的终极性支配。虽然不同文化背景下人的基本需求满足方式不同，但基本需求的基本性与终极目的性对于所有人完全相同。人的欲望表现形式虽然各不相同，但深入分析某一具体欲望时，往往都可追溯至更为基本的需求目的。亦即日常生活中的一般性欲望通常只是达成目的的手段，而非终极性目的本身；只有基本需求才是不能被进一步深入追究的终极性需求。一个存在于意识中的欲望与它下面所潜藏着的无意识目标（基本需求）之间的关系是一种“手段—目的”的关系。

(三) 基本需求的整体性

基本需求是一个完整的人的需求，而非人的某一个部分的需求。当基本需求发挥作用时，受到需求驱动的是整个的人，而非人的某一部分。基本需求满足也是整个人的满足，而非人的某一部分的满足。如，食物平息了整个人的饥饿感，而非肚子的饥饿感。事实上，当个人感到饥饿时，他不仅在肠胃方面有所变化，而且在其他所有方面都有所变化：他的感知改变了（他比其他任何时候都更容易发现食物）；他的记忆改变了（他比其他任何时候都更容易回忆起一顿美餐）；他的情绪改变了（他比其他任何时候都更容易感到紧张与激动）；他的意识内容改变了（他更倾向于考虑获取食物，而不是解一道数学题），等等。基本需求对机体支配的整体性将有助于自我的整体性发展。

(四) 基本需求的层次性

不同基本需求之于人的基本性不同，它们在整体上会表现出一定的层次性。其次，基本需求对于人的支配程度同人的现实存在状态密切相关，不同存在状态下各类基本需求对于人的支配程度不同，从而表现出一定的层次性。同时，各基本需求的自身发展也表现出一定的层次性，并且，各基本需求的发展同人的存在状态高度耦合。

(五) 基本需求满足动机的复杂性

由于人的各基本需求同时存在，并且都需要获得最低限度的满足，因而，一般情况下，个人受到多种基本需求满足动机的驱使。各基本需求满足动机之间往往相互影响、相互渗透，从而导致了基本需求满足动机的复杂性。如，一个对食物有欲望的人可能只是部分地为了填饱肚子，更多的却是在寻求安全感；一个寻求性爱的男子可能也不仅仅只是出于发泄性欲，更多的却是想获得一种男人的尊严，或者希望从对方那里获得某种情感支持或精神寄托，等等。正是基本需求满足动机的复杂性导致了不同的人对于同一基本需求满足行为会表现出多样性。

(六) 基本需求的类本能性

基本需求是人与生俱有的最基本需求，人的本性在基本需求方面得到了最充分体现。人对基本需求的满足欲望不仅受人的内在生物性本能的驱使，而且还受到人的社会本性的约束。亦即人的基本需求满足动机不是一种纯粹的动物性本能，而是一种近似动物性的本能，我们称之为类本能。越是低层次基本需求，其需要得到满足的生物性本能冲动越强烈，其受到社会本性的约束越微弱，因而，其寻求满足的表达方式越直接，并且越是难以被遏止或改变。

二、基本需求的内容

在人的所有需要中，可以称得上基本需求的只有以下九项，它们依次为：食、衣、住、性、安全、情感、尊严、偏好和自我实现。

(一) 食

人只要活着就必须获取食物，食物需求是人的第一基本需求。人对食物的需求同动物对食物的需求一样，二者之间并无本质区别，这是人与动物的最大共性。从食物需求上，人的生物本性得到了最集中体现。

(二) 衣

人对衣物的需要也是人的最基本需要。人类不像其他动物那样仅仅依靠自身皮毛与生命活动调整（如冬眠或迁徙）就能适应自然环境的温差变化。人的毛发已退化而失去了其原有的保暖御寒功能，人必须借助于衣物的保暖御寒才能适应外界气温的变化，从而维持机体的正常生理机能所必需的恒温条件。衣物需求是人与动物区分开来的重要标志。正是从衣物需求开始，人与动物分别步入了两条截然不同的发展轨道。

(三) 住

确保睡眠所需的安全与稳定的住所是人的第三项基本需求。人类必须保持充足的睡眠才能维持机体的正常生理机能。研究表明，母腹中的胎儿每天的睡眠时间超过 20 小时，0～1 岁的婴儿每天需要 18～20 小时的睡眠。随着年龄的增长，人每天所需睡眠时间逐渐减少，但一般成年人每天仍需 8 小时左右的睡眠方能维持正常的生理状态。如同充足的营养一样，必要的睡眠也是维持生命有机体正常存在的最基本保障。

(四) 性

生存与繁衍是一切生物所面临的最基本问题。生存是个体意义上的生命延续，繁衍是物种意义上的生命延续。人类实现基因延续的内在驱力已内化成为了一种本能的需求与冲动——性需求与性冲动。性需求是实现生命延续的最基本方式，性冲动是生命活力的最原始体现。在性需求方面，人既具有与其他动物类似的本能性冲动，也存在与其他动物不一样的地方。动物的性冲动是一种纯本能性冲动，并且耦合于自然选择的优胜劣汰机制；人的性需求除了具有生物的本能性冲动之外，还体现了人的高级社会本性。人类性冲动的原始驱力是由人的生物本性所决定的，而性对象与性活动方式的选择则更多地体现了人的社会本性。此外，人的性需求满足除了受到本能驱动之外，它还是幸福生活的主要来源和自我

成长的内在驱力。

（五）安全

安全需求源于外部威胁的存在。任何动物都具有安全意识，正是安全意识的存在才使得动物具备了逃脱天敌捕杀的预警能力，从而使得动物能够在险象环生的自然环境中保持生存与繁衍。人类除了具备类似于动物的本能的安全意识之外，人的安全需求还受社会因素的影响。人的威胁感既有先天的，如，研究表明，人类基因里就存在害怕蛇的基因片段；也有后天习得的，如，有过生病打针经历的儿童可能从此害怕看医生；而经历了一次严重心脏病发作的成人也往往对剧烈运动心有余悸。人生活中的威胁因素很多，这就决定了安全需求是人类最常体验到匮乏感的一类基本需求。

安全基本需求是最具综合效应的一类基本需求。安全基本需求与其他基本需求密切相关，并且常常伴随着其他基本需求一道出现，亦即其他基本需求的匮乏常常会给人带来不安全感。

（六）情感

情感需求（包括情感接受与情感付出两个方面）是人的一项基本需求。在漫长的自然进化过程中，人对于情感的需求以及表达和理解情感的能力已内化成为了人类的某种内在生理与心理机制。

虽然情感需求属于心理或精神层面的一类需求，但情感需求并非纯粹的心理或精神活动，而是需要感官的接触刺激与语言的互动交流相配合才能完成。如，初生儿就是通过与母亲的肌肤接触才获得了情感满足。事实上，婴儿的任何部位与母亲接触都能在其心理激起阵阵的情感涟漪。除肌肤接触之外，婴儿获取情感满足的另一重要方式是通过与母亲眼神的交流。人类先天具有表达和理解情感的能力。最基本、直观也是最深刻的情感交流当属母婴之间的情感互动。母婴间的情感互动在满足婴儿情感需求的同时，也培养出了婴儿的情感交流能力，唤醒并促成了婴儿的社会化成长。新生儿出生后仅几个小时就能模仿成人的基本面部表情；6～9 周后的婴儿在见到使自己高兴的刺激时会露出微笑。开始时微笑并无分别，渐渐地，微笑开始具有选择性，即开始表现出社会性微笑（social smile）。18 个月后，社会性微笑变得更加频繁。如果微笑没有得到回应，微笑的次数就会减少。婴儿区分情绪的声音表达的时间比区分面部表情的时间更早。4 个月大的胎儿便对父母的声音表现得特别敏感。研究表明：父母经常用语言与胎儿交流或每天定时给胎儿播放优美音乐能有效促进胎儿的健康发育，这就是所谓“胎教”。出生 5 个月大的婴儿即能明确区分快乐和悲伤的声音；6 个月大的婴儿即能体验对陌生人焦虑；8 个月大的婴儿即能体验分离焦虑；一岁大的婴儿即能通过观察他人而获得某种情绪线索；两岁大的婴儿开始表现出共情的能力，对他人的情绪做出相应的情绪反应，并懂得安慰或关心别人。总之，无论哪种类型或形式的情感支持，无论浅层次的情感互动还是高层次的分享彼此一体的深刻的精神体验，都充分体现了人的生物本性与社会本性。

情感需求的觉醒与发展建立在获取信任、依恋与归属感的基础之上。在自我成长早期，特别是婴儿期，个人必须与抚养者（特别是母亲）之间建立起一种亲密的信任、依恋与归属关系。只有当这种关系初步形成之后，孩子才会感到安全；只有当孩子感到足够安全时，他才会离开自己所依恋之人去探索外面的世界。对于青少年来说，由于其脆弱，其正处于发育之中的人格面临各种挑战，因而尤其需要父母的情感慰藉来帮助他建构并维持内在精神秩序。由此可见，情感需求是在安全需求的进一步发展，而情感需求（安全依恋感）的满足又会进一步促进尊严基本需求（探索环境的意愿与自我掌控感的形成）的觉醒、发展与满足。

（七）尊严

尊严基本需求是继情感基本需求之后人的社会化发展得到充分体现的一类基本需求。尊严需求源自个人寻求自我价值的客观确证与主观体验的内在基本诉求。自我价值感是由外在社会评价与内在自我评价所综合决定的。自我价值的主观体验表现为人的自尊水平。正向的社会评价只有为个人所感受到之后才能转化为自我价值感，亦即自我价值的外部确证只有经由个人的主观体验才能转化成为自尊感。

自尊是一个整体性概念，整体性自尊建立在具体评价基础之上，但又高于具体评价。人的整体自尊感既是一种相对持久的特质自尊，又是一种相对稳定的状态自尊。正常人都有一种获得较高自我评价的需求，并趋向于努力保持或扩大良好的自我价值感。尽管人们为实现这一目的的方式随时间、文化差异而有所不同，但这种内在需求具有普遍性。心理学将每个人都具有的这种对自我感觉良好的需求称为自我增强动机。人的尊严就建立在稳定的自我良好评价基础之上。

自尊首先是个人对自己情感的感知。高自尊感者高度喜欢和热爱自己，低自尊感者略微积极地看待自己或正反情感并存。在一些极端的例子中，低自尊者会怨恨自己。当然，极端自我嫌弃现象只会出现在非正常人群中。其次，自尊是个人对自我价值的自我评价与自我感受。自尊与自我评价关系密切，高自尊同时意味着更积极的自我评价，但两者并非同一概念。自尊感源自外部社会交往中的归属感和内部感受中的自我掌控感。归属感是情感的本质特性之一，正是由于人的情感需求得到了充分满足，即人知觉到一种牢固可靠的归属感，才为人的自尊感

的确立奠定了基础。在归属感的基础上，个人更易获得自我掌控感。一个正常人在专心做一件事或努力克服某一困难时都可能获得掌控感。掌控感不同于知觉到的胜任感，尽管两者之间关系密切。掌控感是一种过程取向的自我感觉，是一种创造和操控过程中的愉悦；而知觉到的胜任感是一种结果取向的自我感觉，是对自己是否擅长做某事的自我判断。可见，掌控感是比胜任感更高层次的良好感觉，因为掌控感能直接带给个人以身心愉悦，并使人产生自尊感，进而促进自我的健康成长；而知觉到的胜任感无法直接产生这种效果。总之，无条件的归属感与掌控感是自尊的核心要素，这些情感通常在人的生命早期通过良好的亲子关系而获得发展。后来的经历同样会影响自尊，但它们没有亲子关系那么重要。后来经历重要性降低的一个重要原因在于它们要通过先前所建立的自我图式的过滤。一旦形成了高（低）自尊，它就会指导个人看待自己、他人、自己所面临的事和经验等。通常这种指导发生在自动化的前意识水平，因而很难觉察到，更难以纠正。正因为如此，自尊会倾向于保持相对稳定。

自尊的最终形成是理性的自我评价与非理性的自我感知综合作用的结果。首先，个人通过理性地审视自己的不同品质，并依据自我标准和自我价值观来考察自己的表现、能力和品质，然后将它们融合到一个整体评价之中，最后得到自我价值的结论。自尊的最终形成是个人对自己的具体品质等进行综合评价的结果。然而，不同的品质对于自尊的边际贡献是不一样的。相对于那些对自己并不“重要”的品质，对自己非常“重要”的品质的自我评价对自尊水平的影响更大。通常，个人所看重的品质也是自己所期望的品质。个人所看重的品质主要源于两个方面：个人偏好和理想自我。其次，非理性因素也在自尊的形成过程中起着至关重要的作用。

（八）偏好

自我成长预示着人的内在潜质能够得到不断开发、人的兴趣爱好能够得到不断满足、人的特有能力能够得到不断展现。一个人能够成为什么，他就会强烈地趋向于需要成为什么，因为只有这样，他才是忠实于自我本性，这是人的一项基本需求，我们称之为偏好基本需求。

人的偏好基本需求包括以下三个基本要素：潜质、兴趣和特有能力，人的偏好发展就是沿着“潜质—兴趣—能力”的路径而渐次形成的。其中，潜质是偏好发展的生物学基础。即便是同父同母的两个人，由于基因序列的排列组合方式不同，也会存在某种内在的潜质差异。人的潜力十分巨大，普通人只是使用了其中很小的一部分。与可能成为的人相比，我们只是苏醒了其中很小的一部分。偏好发展肇始于内在潜质，外现于兴趣与能力。人的潜质是先天的，而兴趣与能力是后天形成的。偏好的最终形成是先天特质与后天社会化发展综合作用的结果，亦即偏好萌芽于先天的内在禀赋，而成型于后天的社会化学习与自我成长。机体的内在特质能否形成稳定的兴趣与能力，有待于后天自我机能的充分发展。只有当先天特质与后天的机能发展高度耦合时，良好而稳定的个人偏好才可能最终形成。然而，大多数人在自我成长过程中，由于其先天的特质与后天的机能发展并不耦合，从而极大地限制了个人的自我发展。

人与人的不同，在个人偏好上表现得最为突出。人的偏好差异在婴儿期就表现了出来。研究表明：婴儿天生偏好某些特殊刺激，刚出生的婴儿就对特定颜色、形状和结构等抱有某种偏好。在味觉方面，婴儿特别偏好甜食。人对甜食的先天偏好是由进化所决定的。远古时期，那些偏好甜食的婴儿更易吸收到充足的营养而存活下来，于是，这一偏好经由自然选择而保存了下来。婴儿还会基于母亲孕期的饮食习惯而形成某种特定的味觉偏好。一项研究发现，在怀孕期间经常喝胡萝卜汁的孕妇，她们的婴儿会对胡萝卜的味道产生一定的偏好。这种能力可能反映了人脑中存在某种高度专门化的细胞来对特定的模式、方位、形状和运动方向等产生相应的反应。

偏好主导着人的注意力。由于人对自己偏好的事情更加注意，做起来会更加投入，持续性更好，能力也更强，因而更可能取得成功。正因为如此，个人偏好应该成为个人确立自我目标的主要依据。

（九）自我实现

自我实现（Self-actualization）这一术语是 Goldstein 于 1939 年首先提出来的，意指个人对于自我发挥和自我完善的欲望。作为最高层次的一项基本需求，自我实现除了自我发挥与自我完善这一基本含义之外，还包含其他内涵。首先，自我实现基本需求是个人希望自身潜能能够得到不断发掘、展现与表达的一种内在诉求。人的潜能十分巨大，自我实现本质上就是在顺应自我天性的前提下不断发挥自身潜能以达到自我内在的和谐、完整与自由，即成为独特的自我。正常人都希望能够更好地发掘自身潜能，充分利用自身天赋以实现自己的愿望，并希望自己的一生能够获得更大的发展，取得更大的成功。虽然正常人都具有充分自我实现的内在潜力，但大多数人都难以达到理想的自我实现高度。之所以如此，除受到环境的制约之外，个人没有充分意识到自身所蕴含的巨大潜能也是其中最重要原因。其次，自我实现基本需求预示着正常人具有一种强烈追求生命存在价值或人生意义的终极需求。除了充分发挥个人潜能以形成独特自我之外，正常人还具有一种建立自我价值体系以寻找生命意义的强烈需要。事实上，追求生命意义与成为独特自我是内在一致的。

自我实现基本需求建立在其他基本需求获得充分满足的基础之上。显然，只有当个人感到衣食无忧、居有定所、安全、情有所系、被尊重和被承认、有所偏好之后，他才会想到更高层次的自我实现。事实上，任何正常人在成功获取其他各类基本需求满足的过程中都会不同程度地体验到一种自我实现感，一种最为原初的生命存在感。这是人的一种最基本的自我实现，这种最基本的自我实现感对于人的健康自我形成十分重要。人的行为不善，往往因为其他各类基本需求被剥夺所导致这种最基本的自我实现感的缺失，从而导致自我成长出现障碍所产生的一种必然结果。假如人的其他各类基本需求都能得到及时满足，人的不善行为就会大大改善，人的内在潜力就会正常发展。由此可见，自我实现既是人的一项基本需求，又是贯穿于人的一生的一种自我成长的动力机制或过程，而并非一种静态的自我存在终极状态。

自我实现基本需求与偏好基本需求尤为密切相关。人的价值体系的形成源自个人偏好，自我价值体系确立的过程实际上就是一个以个人偏好为导向的自我形成的过程：个人的特有潜质产生特有偏好，特有偏好促成独特的自我价值体系的形成。正是由于人的偏好差异才导致人的自我价值观的差异。既然人的自我价值体系的确立是一个以个人偏好为导向的自我价值体系的建构的过程，那么，只有当自我价值的建构完全秉承于个人偏好而非受制于外部强制力时，自我价值体系才会合乎自我本性，才会保持相对稳定。也唯有如此，个人才会忠诚于自我价值，才会在自我成长的过程中不断体验到一种自我实现感，从而促进自我的健康成长。也正因为如此，我们说，自我实现与健康自我形成具有内在的同一性。在自我实现过程中，或者说，在健康自我的形成过程中，人的内在机能会被不断地激发出来，个人也会因此而体验到生活的乐趣。这样的自我成长过程实质上是一个自我享受的过程，同时也是一个不断确证自我存在价值的过程。

每个人的自我实现方式不同。为更好地发挥自身潜能以更大程度地实现自我，个人首先必须忠实于自我本性，并致力于成为独特的自我。为了获得生命的意义感，个人必须倾听自己的内在心声，并勇于展现真实的自我。个人必须努力弄清楚自己到底是什么样的人，到底喜欢什么，不喜欢什么，到底希望成为什么。一言以蔽之，要以自我偏好为导向，选择自己喜爱并适合自己的自我实现方式。因为只有这样，个人才算遵从了自我本性，自我也才可能健康成长。

三、基本需求的层次

基本需求具有层次性。基本需求的层次性主要体现在以下三个方面：基本需求基本性的层次性、基本需求发展的层次性、不同存在状态下主导基本需求的层次性。

（一）基本需求基本性的层次性

不同基本需求之于人的需要的基本性是不一样的。以此为据，可将各基本需求从低到高排列成以下层次序列：食—衣—住—性—安全—情感—尊严—偏好—自我实现。越是低层次基本需求，其所体现出的生物本性越强，越近于动物本能，其对于人的控制与主导作用越强烈、越直接，机体对于其满足的冲动越明确、迫切，并且越不容易受到环境的干扰与控制；越是高层次基本需求，其所体现出的社会本性越强，越为人类所独有，其对于人的主导作用越微弱、隐秘，并且难以被觉察，机体对于其获得满足的冲动越不明确，并且越容易受到不良环境的限制与遏止。进一步分类归并，可将基本需求分为以下三类：

1. 第一类基本需求

食、衣、住、性是确保人类生存所必需的基本需求。如果它们匮乏，人的生存就会面临直接威胁，它们是最为基本的需求，我们称之为第一类基本需求。在寻求此类基本需求满足的过程中，人的生物本性得到了最充分体现。个人追求此类基本需求满足时主要遵循现实原则。

2. 第二类基本需求

当生存威胁获得解除后，人存在的目标就会转向追求身心的快乐愉悦与生命的丰富多彩。能够达成这一目标的基本需求之于人的基本性仅次于第一类基本需求，我们称之为第二类基本需求，具体包括安全、情感、尊严与偏好四项基本需求。这类基本需求最契合于人的快乐天性，它们的满足也最能给人带来心理上的满足感和精神上的愉悦感。个人寻求此类基本需求满足时主要遵循快乐原则。较之于第一类基本需求，第二类基本需求更多地体现了人的社会本性，而更少地体现人的生物本性。

3. 第三类基本需求

最后一类基本需求是价值需求，我们称它为第三类基本需求。第三类基本需求虽不如第一类基本需求那么攸关人的生存，也不如第二类基本需求那样攸关于人的快乐，但它们最能回答“我为什么活着？”等诸如此类的问题。这类基本需求的满足能给人带来存在的价值感和生命的意义感。第三类基本需求成为主导基本需求标志着人的健康自我已初步形成，自我成长开始步入最高层次，并渐入佳境。在寻求第三类基本需求满足的过程中，人的社会本性得到了最充分体现。个人追求此类基本需求满足时主要遵循健康原则。

（二）基本需求发展的层次性

人的基本需求是渐次发展的，基本需求的发展与自我成长相互依存并高度耦合。当基本需求的发展处于低层次时，人的自我成长也处于低层次；当基本需求

发展处于高层次时，人的自我成长也处于高层次。由于自我成长与人的存在状态密切相关，因此，从存在状态出发考察基本需求发展与从自我成长出发考察基本需求发展，所得出的结论基本相同。

1. 食基本需求的发展

在不同存在状态下，个人对于食物的要求不一样。生存状态下，个人对于食物的需要是为了确保自我生存。此时，食物的营养价值是第一位的。当存在状态从生存状态跃升至生活状态后，个人对食物的要求也会发生相应变化：食物在确保生存所需营养的同时，更多地成为个人享受并品味生活的一种方式。此时，个人越来越看重食物的色、香、味，越来越关注食物所能提供的感官满足。随着存在状态的进一步改善，个人对食物的需求越来越多地融入主观价值因素。此时，个人对食物的要求除了能满足生理上的营养摄入和生活上的美食享受之外，还成为一种自我表达的方式。事实上，饮食文化已然成为特定地域或民族文化的有机组成部分，从中折射出该地域人们或民族的特定价值观与生活态度。

2. 衣基本需求的发展

同食物需求一样，个人对衣物的要求也随个人存在状态的变化而变化。生存状态下，个人主要看重衣物的实用功能。随着存在状态的改善，个人除了要求衣服具有御寒保温等基本实用功能之外，也越来越看重衣物的装饰效果、舒适度、个人偏好意义上的个性化特色等。衣物不仅成为人们品味生活、张扬个性和展现自我的方式，而且在某些社交场合，服饰已成为社会地位的象征。“衣如其人”，在某种程度上，服饰传递着着装者的价值取向。特别是在比较正式的社交场合，从个人的衣着打扮大致可以判断出其所处社会阶层、职业、受教育程度、宗教信仰等，从中折射出着装者诸多的心理与精神内涵。推而广之，服饰还是一种文化，服饰文化是特定地域或民族文化不可或缺的组成部分。

3. 住基本需求的发展

个人对居所的要求也是一个随存在状态改善而不断提高的过程。生存状态下，个人对居所的要求非常简单：只要它能提供睡眠所需的安全性，以及适宜的温度和空气流通条件就足够了。在原始社会，洞穴就是理想的居所。随着存在状态的改善，个人对居所的要求越来越高，居所的舒适性、私密性，以及个人偏好等因素显得越来越重要；房屋的大小、质量、内部空间布局、装修风格、周围环境（自然环境与社会环境）等开始成为个人关注与追求的重点。此时，居所已成为提升生活质量的重要方式。随着存在状态的继续改善，人们对居所的要求更多地融入了自己的审美观、价值观、个人信仰等。事实上，建筑样式与建筑风格是一定地域或民族文化的重要载体，不同地域的民族风情首先可从其建筑文化上得到反映。

4. 性基本需求的发展

人的存在状态不同，性需求的表达方式也不同。据此，可将性基本需求的发展分为以下三个层次：

（1）性释放。任何生理上发育成熟的正常人都具有正常的性能力和性冲动，他天生懂得怎样性交，并能在实践中不断创造出适合自己的性交技巧。正常的性刺激是很愉快的，个人能从中获得一种生理上的性快感。这种性快感是一种纯生物性释放，性需求的最初满足动机就是基于这种性冲动的生物性释放。当个人处于生存状态时，性需求的满足基本上处于性释放层次。

（2）性爱。随着存在状态的改善，人的性要求也会进一步提高。诚然，性与爱可以彼此分开，但正常人的性与爱能够而且绝大多数情况下都是彼此融合的，亦即性需求趋向于同异性情感相融合，甚至合二为一。此时，性交已不再仅仅只是纯生物意义的性释放，而是具有性满足与情感满足合二为一的性爱。个人除了能从性行为中获得生理上的性快感之外，还能获得心理上的情感满足。在这方面，男性与女性似乎存在一定的差异。女性的性满足似乎更多地与情感相联系，而男性的性满足似乎更为直接、纯粹。从这个意义上讲，女性或许更加迷恋于性爱。从性与爱的结合程度上可衡量出个人的自我成长水平。处于初始性释放层次的人们对于性交对象的选择偏好并不十分明显，但随着自我的进一步发展，正常人越来越倾向于同自己偏好的异性性交。选择性性交除了能带来性基本需求的满足之外，还能带来其他基本需求的满足。

（3）性享受。两个彼此相爱且自我高度发展的性伴侣之间，性爱可进一步发展成为性享受，只要双方都致力于寻求性的新奇体验与过程享受。性享乐融入了生物性的感官体验和情感上的爱情体验，并使两者达到了令人心醉神迷的完整与美好。处于享受中的性行为既可以是主动追求，也可以是被动接受。亲吻和接受亲吻、在性交中处于上体位还是下体位、主动还是被动、性邀请还是接受邀请等均可接受，均能得到享受。这种强烈的性体验不仅能够激发人的创造力，而且还能滋养人的心力，净化人的心灵，让人更加热爱生活，更加渴望自我实现。此时的两性角色和人格也不再截然分开，而是融为一体。

当然，两性之间的性愉悦与性乐趣并非唾手可得。任何正常人在年轻时都难免坠入爱河：初次约会、初吻、第一次性体验等都足以让人长时间深深地沉浸于幸福之中。但对于大多数人来说，这种狂喜的状态不可能多次重复，初恋之后的感情也不可能那么刺激、强烈。跟同一对象做爱多年之后仍能保持同样的性爱乐趣也并非易事，双方若不能共同致力于在相处过程中发掘出新东西、学习新技巧、充实新感情，彼此间的厌倦将不可避免。因此，要持续地享受性乐趣，双方都要发挥出想象力与创造性，并且不断提高性行为的复杂性。为此，双方都要在对方身上投入更多注意力，并深入地了解、适应与愉悦对方。这是一种持续的努力。然而，只要双方共同努力，就一定能够从性行为中持续地得到享受。

5. 安全基本需求的发展

无论处于何种存在状态，个人都将面临某些现实威胁。我们将不同存在状态下个人所面临的现实威胁划分为以下三个层次：对生命的威胁、对完整人格和整合状态的威胁、对终极价值的威胁。

（1）生存威胁。对自我生存构成威胁的因素很多，所有这些威胁一般均可归结为对第一类基本需求满足的剥夺。第一类基本需求关乎人的生存，源于此类需求满足的威胁是个人所能感受到的最直接、最严重、最强烈的现实威胁。无论什么原因，死亡威胁都是人所面临的最严重和最可怕的威胁。

（2）成长威胁。第一类基本需求满足的被剥夺将危及人的生命，第二类基本需求满足的被剥夺将严重影响人的自我成长。在人的成长过程中将无可避免地要遭遇情感、尊严、偏好等基本需求满足的挫折。一定程度的挫折可能激发人的斗志，磨砺人的意志。但超过一定阀值的满足障碍将无可避免地对人的自我成长产生负面影响。这种个人所面临的现实的成长威胁，将会严重妨碍个人的自我成长。

（3）价值威胁。第三类基本需求满足的被剥夺将使人感受到巨大的价值威胁。当自我潜能的正常发挥受到严格限制时，任何正常人都会感受到威胁。如果个人业已形成稳定的自我价值体系，而这种价值体系又与主流意识形态不相容的话，个人的价值实现将会遭受严厉遏制。极端情况下，个人可能连自我表达的自由都没有。此时，个人所面临的价值威胁十分巨大，精神上将会感到异常痛苦。

6. 情感基本需求的发展

个人的社会化成长体现并依赖于他与别人所结成的各种社会关系。情感是社会关系的核心要素之一，人的社会化成长必然同时伴随着人的情感发展。以此为据，可将人的情感发展分为以下三个基本层次：

（1）亲情。亲情是基于血缘关系的情感。在所有亲情中，亲子之情最为原初、真实、持久。之后逐渐扩展到与兄弟姐妹之间的手足之情，与（外）祖父母之间的祖孙之情，依次类推。人的情感发展肇始于亲情，亲情是人的情感发展乃至人的社会化成长的基础。

人的情感发展以信任感的建立为前提。婴儿情感发展所必须面对的第一个问题就是发展出信任他人（尤其是母亲）的能力。当婴儿受到持续的悉心照顾时，他就会与照顾者之间建立起信任感；如果缺乏照料或照顾不够，信任感就无法建立起来。最初的信任感是以后人际关系发展的基础，在最初阶段没有建立起信任感的人可能今后无法与人保持良好的人际关系。在相互信任基础上的无条件接纳是情感发展的第二个前提，也是自我健康成长的最重要条件。尤其是当个人尚处于幼年时，来自亲人（主要是父母）的无条件接纳至关重要。如果父母经常威胁孩子不能实现要求就收回对他的爱，将导致孩子被迫抽出一部分精神能量来保护自己，相应地，孩子所能用于发展自我的能量就会减少，其结果就是孩子的探索天性被长期的焦虑感所取代。在信赖且无条件接纳家庭中长大的孩子，由于始终能够维持良好的心理秩序并保持内心的宁静与和谐，其自我发展将会很快。总之，确信自己在亲人眼中深具价值能给人以探索的勇气；而过分墨守成规往往源于没有得到足够的情感支持。

亲情对于早期人类的生存繁衍意义重大。亲人之间相互依赖并无条件接纳心理机制的存在是人类之所以能不断进化的内在原因，也是自然选择的必然结果。事实上，这一心理机制也存在于其他动物身上。当然，动物的依赖心理只是一种本能，而人的亲情依赖除了具有生物本能性之外，还具有高级社会本性。

（2）友情。随着年龄的增长，个人的生活空间将进一步扩大。除亲情之外，个人还将与自己的朋友发展出友情。特别地，随着生理的逐渐发育成熟，个人还会对异性产生一种本能的向往，并逐渐萌生出爱情。爱情以两性之间的友情为基础，但又不同于一般的友情，因为它还与人的另一基本需求——性需求相联系。当彼此相爱的两人组成家庭时，在爱情基础上还会进一步发展出亲情。因此，爱情是友情、性爱与亲情的混合体。现代婚姻的理想就是将配偶视为朋友、情人与家人，而传统的婚姻安排以家人为主。

友情的建立对于人的社会存在和自我成长意义重大。首先，友情让人获得了一种情感上的归属感和认同感。对于自我感尚不稳定、心理尚不成熟的青少年来说，如果缺乏必要的亲情或友情支持，他们就会寻求某些社会团体的情感认同，许多青少年就是因此而被利用或误入歧途。其次，友情让生活变得更加快乐。较之于亲情，人更易从友情中找到乐趣。因为朋友之间通常是以共同兴趣、目标和活动为基础，并且朋友绝少会试图改变对方，而只会帮助对方加强自我。跟亲人在一起，个人必须面对诸多生活琐事；跟朋友在一起，个人只需把注意力集中在彼此聚焦的事情上就足够了。日常生活经验表明，一般人心情最好的时候往往是跟朋友在一起的时候。尤其是年轻人，他们觉得跟朋友在一起时的快乐超过了跟亲人共处时的快乐。最后，友情能促进人的自我成长。朋友之间为共同的偏好或观念付出自己的注意力、分享彼此的梦想与需求、分担提升自我复杂性的风险、相互肯定，甚至共同尝试新生活，这种互动能促使个人的内在心理与精神远离孤

独而漫无组织的混乱状态，从而使得人的心灵能够获得某种秩序，进而刺激并促进人的自我成长。

（3）同情。个人除了与亲人、朋友交往之外，还要接触到许多其他同类。这是一种随机性的浅层次的人际交往。正常人在趋善本性的驱使下通常都会对自己的同类产生某种正向情感，我们将这种情感称为同类之间的相惜之情，简称同情。同情是人的善良本性的自然流露。它是一种与人为善的态度，一种不附带任何附加条件的接纳与体恤。它是一种最值得挖掘与发展的同类间的纯粹的情感。正常人的内心会经常涌动着这类美好的情感，充分接纳并尽情体验这种美好的情感对于个人的自我成长十分有益，也十分必要。

7. 尊严基本需求的发展

尊严基本需求的发展主要体现为人的自尊水平的发展。一般情况下，人的自尊发展需经历以下三个阶段：依赖性自尊、独立性自尊、无条件自尊（如表 2－1 所示）。

表 2－1　　人的自尊发展

发展阶段	评判标准	自我评估倾向性	行为取向
阶段一：依赖性自尊	外在	与他人比较	得到外界表扬和肯定
阶段二：独立性自尊	内在	与自己比较	帮助自己进步
阶段三：无条件自尊	不需要	不比较	自我表达

（1）依赖性自尊。依赖性自尊是自尊发展的初级阶段。所谓依赖性自尊是指个人依赖于他人的肯定或表扬而形成的自尊。依赖性自尊包含以下两个基本要素：依赖性与比较性。依赖性意味着个人的自我价值感来源于外在环境而非内在自我；比较性意味着个人的自尊感建立在能够超越他人的基础之上。显然，任何正常人都具有一定的依赖性和比较性，都不可能完全无视他人的看法，也不可能完全不与他人作比较，这是由人的社会本性所决定的。依赖性自尊者对自己的评判主要通过将自己与他人作比较。由于依赖性自尊者的生活动力主要来自于获取外在的肯定或赞赏，并希望保护自己不受批评或者不得到消极评判等，因此，他们易受他人言行的影响，并且倾向于选择别人已走过的路。他们总是希望得到他人肯定，害怕批评，并有完美主义倾向。

（2）独立性自尊。独立性自尊是自尊发展的第二阶段。所谓独立性自尊是指不依赖于他人的看法而完全由自我内部所形成的自尊。独立性自尊者在评价自己时通常不跟他人作比较，而是跟过去的自己作比较。独立性自尊者的生活动力主要来自于做自己感兴趣并对自己有意义的事、追求自己真正想要的生活等。独立性自尊者在做自己认为正确的事情时不太在意他人的批评与评判，他们能够比较客观地认识自我，并喜欢跳出固定模式而选择别人从未走过的路——如果他们选择别人已走过的路的话，那一定也是发自内心的喜爱。独立性自尊者乐于接受批评，乐于结交挑战自己的“对手”做朋友。

（3）无条件自尊。无条件自尊是自尊发展的最高阶段，也是最理想的自尊境界。所谓无条件自尊是指个人根本不对自我进行评价，而是处于一种自然存在的状态。无条件自尊者在评价自己时既不跟别人比较，也不跟自己比较。如果个人真正能够做到不与他人作无谓的比较，也不刻意针对他人的话，那么，其自我将会变得越来越强大。这也正是无条件自尊的魅力之所在。

8. 偏好基本需求的发展

人的偏好基本需求的发展具有其内在的规律性。偏好基本需求的发展以人的内在潜质为生物性基础，以个人兴趣与特有能力的稳定成型为形成的标志。偏好基本需求发展的过程，就是在人的先天潜质的基础上形成后天的个人兴趣与特有能力的过程，亦即人的偏好发展分为以下三个基本层次：

（1）潜质。每个人都具有自己独特的潜能与特质，这是由先天决定的。由于染色体排列组合方式的不同，即使同父同母的两个人也存在着较大的潜质差异。人的潜质差异从一出生就表现出来了，个人偏好的差异首先源自个人内在潜质的差异。

（2）兴趣。兴趣是人内在潜质的后天显现与发展。人的兴趣以人的潜质为基础，先天潜质的差异必然导致后天兴趣的差异。个人的潜质难以直接确知，但借助于个人的后天兴趣，我们仍然可以间接推断出个人的先天潜质，以及个人的未来成长的可能趋向。

（3）特长。人的兴趣经进一步专业化与技能化发展，便成为了人的特有能力（特长）。特长是偏好发展的最高阶段，特长的稳定形成标志着人的偏好发展已基本成型。特有能力的形成既是个人偏好最后固化成型的标志，同时又是触发个人价值体系形成机制的内在诱因。经过深入分析之后我们不难发现，个人的自我价值观与个人的内在潜质、兴趣和特有能力高度耦合。事实上，自我潜能与特有能力的充分发展与有效发挥本身即是个人自我实现的基本内容。

9. 自我实现基本需求的发展

人的自我实现实质上就是人的自我价值的实现，人的自我实现基本需求的发展实质上就是人的自我价值体系的形成与发展。人的自我价值体系的形成经历了“萌芽—成长—成熟”的过程。自我价值体系的一次成型并非自我价值体系的最后定格，它依然可能再次经历一次或多次的“解构—混沌—重构”的过程。每一次自我价值体系的重建都是人的自我价值体系的一次“凤凰的涅槃”。另外，重

构后的新的价值体系又不可避免地与旧的价值体系存在着千丝万缕的联系。即新的价值体系是对旧的价值体系的扬弃，而非完全替代。一般来讲，正常人的自我价值体系将会经历以下三个发展阶段：

（1）工具性价值。工具性价值是人的自我价值体系发展的第一阶段。此时，个人的价值趋向是基于个人利益的自我价值，即从自我出发来确立自己的价值结构。这一阶段的价值评价是个人从自身出发所进行的主观价值评价，如，是否对自己有益、是否合乎需求、对自己是好还是坏等。此时，个人视世界万物为达成自我目的的工具或手段。这一阶段的价值评价意味着个人尚未客观地体察世界，而是在觉察世界中的自己或自己中的世界，个人能觉察到的只是世界万物满足自我需要的价值。从工具性价值的观点出发，任何一次成功的需要满足都是一次主观价值的自我实现：对食、衣、住、性的满足的成功追求是这样，对安全、情感、尊严、偏好的满足的成功追求也是这样。

（2）存在性价值。存在性价值是人的自我价值体系发展的第二阶段。这一阶段的价值评价开始从以自我为中心转向以客观存在为中心。就人自身而言，人的价值是人作为一种社会存在物所表现出来的价值。作为一个存在体，人的存在本身就是有价值的。“上天有好生之德”，每个人都是生物基因的载体，单纯从生物遗传与物种繁衍这一点来讲，人的存在就是有价值的，这种价值是一种存在意义上的客观价值。推而广之，整个宇宙的存在价值就是我们所体察到的整个宇宙万物的客观价值。这一阶段的价值评价意味着个人开始客观地体察世界，意味着世界的各个侧面的存在价值都会进入人的认知视野。这时，自我价值与存在价值已近乎合二为一。事实上，存在价值与自我价值并不矛盾。存在价值以自我价值为基础，没有人的自我价值，就难以实现人的存在价值，亦即人的存在价值建立在人的自我价值的充分发展基础之上。

（3）整体性价值。整体性价值是人的自我价值体系发展的第三阶段。此时，个人视世界万物（包括自我）为一个相互依存、相互关联并内在统一的有机整体，因而宇宙的存在价值就是存在着的宇宙的各个侧面所形成的有机统一整体的价值，而不是作为它的孤立的各个部分的价值。整体性价值观并不与工具性价值观和存在性价值观相冲突，它只是在工具性价值观和存在性价值观的基础上，对它们作了进一步的发展、完善与整合。整体性价值观接受而不是排除价值评价的目的性原则与存在性原则，正是因为承认价值评价的目的性，个人才获得了一种意义的组织依据，进而确立起了一种价值判断的标准，并可利用它来建立起某种主观价值体系；正因为承认事物的存在性价值，个人才获得了建立整体性价值观的客观价值基础。

（三）不同存在状态下主导基本需求的层次性

不同基本需求对于人的存在与发展的意义不同，或者说，不同存在状态下，人会受到不同基本需求的主导或控制，总体上呈现出此消彼长的发展态势。我们把那些在特定存在状态下主导或控制着人的心理、意识与行为的基本需求称之为主导基本需求。主导基本需求的存在意味着在某一特定时期，不同基本需求对于机体的重要程度与满足意义完全不同。一般情况下，某一基本需求一经满足，通常就会退居其后，而把其优势地位让渡给其他基本需求。当人在不同存在状态之间进行转换时，各主导基本需求也会发生相应的转换。当然，这一转换的过程将是一个渐进的替代过程，而不是一种突然的替代转换。

在特定存在状态下，如果主导基本需求得不到有效满足，个人将不可能长期停留于该存在状态。具体来说，食、衣、住、性这四项基本需求严重匮乏，个人的生存就会面临威胁；安全、情感、尊严、偏好这四项基本需求严重匮乏，个人就无法维持正常的生活秩序；自我实现基本需求严重受阻，个人就不可能和谐地停留于价值存在状态。亦即生存存在层次的主导基本需求包括第一类基本需求：食、衣、住、性；生活存在层次的主导基本需求包括第二类基本需求：安全、情感、尊严、偏好；价值存在层次的主导基本需求包括第三类基本需求：自我实现。由此可见，从生存状态到生活状态、价值状态，各主导基本需求在需求性质（主导性）上将会表现出从低级到高级发展的层次性。人的主导基本需求从低级向高级发展的过程，也就是人的存在状态不断获得改善的过程，同时也是人自我成长的过程。

主导基本需求的层次性发展规律揭示了人的各类基本需求从觉醒到发展成为主导基本需求的内在规律性，同时，它也是个人在面临各项基本需求匮乏时所必然遵循的优先满足次序。如，当个人处于生存状态时，食、衣、住、性这四项基本需求必然会以更具优势性的方式支配着机体，并且表现出较之于其他基本需求更为强烈的满足动机。当个人处于其他存在状态时，主导基本需求对于机体的支配作用及其满足动机与此完全相似。

此外，主导基本需求的层次性发展规律还揭示了人的生物本性和社会本性的发展规律。越是低层次基本需求，其生物本性表现得越强，其社会本性表现得越弱；越是高层次基本需求，其生物本性表现得越弱，其社会本性表现得越强。因此，不同存在状态的主导基本需求从低层次向高层次渐次发展的规律，预示着人的社会本性日益彰显，而人的生物本性日显微弱。总之，主导基本需求的层次性发展规律揭示了人的存在状态与自我成长的阶段性，以及人的生物本性与社会本性发展的层次性。

综上所述，基本需求的层次性表现为基本需求基本性的层次性、基本需求发展的层次性，以及不同存在状态下主导基本需求发展的层次性。事实上，基本需求的层次性、人的存在状态转换、自我成长、人的生物本性与社会本性发展之间存在着内在的、本质的、必然的联系（如图 2－1 所示）。正确把握人类基本需求的这种层次性发展规律，将有助于我们在现实生活中依据自己的现实存在状态以更加合理的次序和更为有效的方式寻求不同层次基本需求的满足，从而促进自我更快、更好地成长。

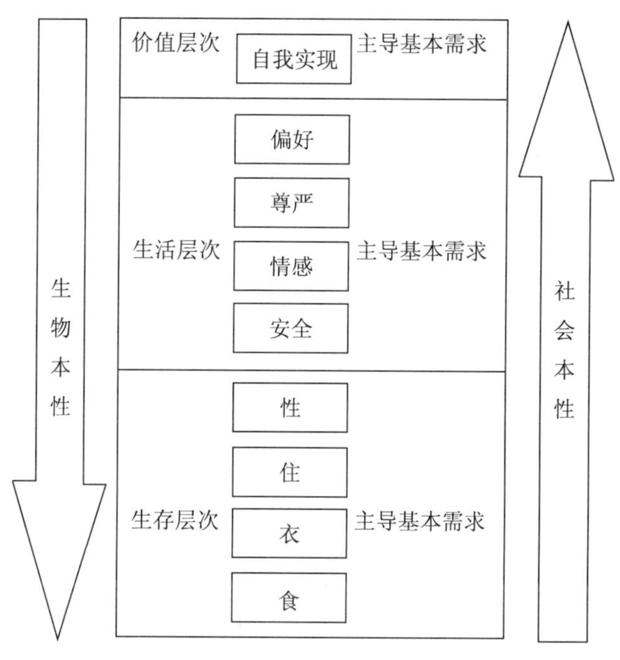

图 2－1　基本需求的层次性

第三节　人的欲望

人的需要是以欲望的方式来表达的，欲望是需要的外在表现形式。

一、欲望的性质

欲望以基本需求为内在依据，两者之间如影相随，并且密不可分。一方面，基本需求离不开欲望。基本需求必须借助于各类欲望才能表达自己，并且必须借助于各类欲望满足物才能实现自身的满足。当然，基本需求的欲望表达方式多种多样——相同的基本需求可以有不同的欲望表达方式；而相同的欲望满足物背后常常隐含着不同的基本需求。另一方面，欲望也离不开基本需求。欲望源于并决定于基本需求，离开基本需求，欲望便成了无源之水、无本之木。相对于基本需求，欲望具有以下基本性质：

（一）欲望的从属性

欲望是基本需求的表达方式，欲望的产生都源自人的内在基本需求。正是基本需求的基本性与欲望的从属性决定了基本需求满足的必需性与欲望满足的可遏止性。人的基本需求不可或缺，并且必须得到满足，否则，就会对自我存在与自我成长产生严重后果。相对而言，人的欲望可以节制、改变，甚至戒除。对于某些不合理欲望（如吸烟、酗酒、吸毒等）的节制、改变或戒除不仅不会影响人的自我存在与自我成长，甚至还将有益于人的自我存在与自我成长。

（二）欲望的主观性

欲望是由人的意识所表达的一类主观需要。欲望观念性地存在于人的意识之中，它由人的意识提出，并受到人的认知、情感、意志等心理因素的影响。欲望具有明确的主观意向性，它们通常与特定对象物相联系，并以具体的欲念或愿望的形式出现。由于欲望是人在一定现实条件下对特定对象物的一种主观指向，因而生活在不同环境下的人们可能会对同样的基本需求产生完全不同的欲望指向。

（三）欲望的目标指向性

人的欲望具有明确的目标指向。欲望以基本需求为内在依据，以特定事物为外在目标。它犹如一座桥梁，将基本需求与外在事物连接起来。如果不是欲望将基本需求的内在要求转换为指向具体事物的外在要求，个人需要与外在环境之间就无法建立起明确的意向性联系。欲望对基本需求的现实表达使得个人可以确立起自己想要的明确而具体的目标，这对于个人成功意义重大。

（四）欲望的变动性

人的欲望是不确定的，并且很不稳定。它们常常受到人的主观意识的影响，并且很容易受到外在因素的干扰。欲望随个人知识及个人观念、情感和意志的变化而变化，并受到个人生活条件与人生历程的影响。

（五）欲望的多样性

人的欲望种类多样、数量繁多，并且复杂多变。从有限的几类基本需求中常常可以衍生出无限的个人欲望，并且人类的欲望存在着明显的个体差异性。

(六) 欲望的无限性

人的欲望本质上是无限的。一种欲望满足之后，又会提出新的欲望；新的欲望满足之后，又会提出更新的欲望，所谓“人心不足”，“欲壑难填”。显然，满足所有欲望是不可能的，这就需要个人善于运用自我理性与自我意志力来合理调节自己的欲望。如果个人不对自己的欲望加以限制，它们就会远远超越自己的实际需要，并不断向着更高的目标前进。如果个人顺着欲望所指引的这一道路一直走下去，将势必导致自我的身心疲惫与心力交瘁。最终，一个成功的人生将会远离自己而去。

(七) 欲望的个体性

虽然基本需求为全体人类所共有，但是，基本需求的表达方式与满足方式存在着明显的个体差异性。对于同样的基本需求，不同的人可能会选择完全不同的欲望表达方式与满足方式。基本需求的欲望表达虽然受社会环境的影响，但从根本上讲，欲望的表达与满足是一种纯个人化的行为。

二、欲望的来源

欲望的产生有两个基本来源：内在基本需求与外在诱惑。

(一) 基于内在基本需求的欲望

基本需求是欲望产生的内在根源。我们把这种基于内在基本需求的欲望叫做实际需要。由于人的基本需求是客观的、基本的、有限的，因而，人的实际需要是确定的、必需的、正当的。因此，实际需要应该成为个人确立自我目标的主要依据。事实上，只有当个人成功能够带来实际需要的满足效果时，这种成功对于个人来说才会有意义，并且才会产生促进自我健康成长的积极效果。

(二) 基于外在诱惑的欲望

外在诱惑是欲望产生的另一基本来源。在现实生活中，人的欲望并不会受实际需要的限制。事实上，欲望在表达基本需求时常常会偏离人的实际需要。一般情况下，欲望总是高于实际需要，甚至远远超出人的实际需要。这种现象在人对物质财富的追求上表现得尤为明显。因此，基于外在诱惑的欲望常常占据着个人欲望的主导地位，并且主导着个人的日常行为与现实生活。

正是由于欲望并非总是真实地表达基本需求，因此，个人在确立自我目标时不能一味地屈从于自我欲望，而要搞清楚这种欲望到底是基于基本需求还是外在诱惑。否则，成功不仅不能产生促进自我健康成长的积极效果，而且还将导致自我远离系统成功的健康轨道。

第四节　需要的满足

人的实际需要必须得到满足，努力寻求自身需要的合理而有效满足是人的生命活动的基本内容。只有成功实现自身需要的合理而有效满足，个人的自我本性才能维持其正常状态，并保持正常发展；个人也才可能成长成为一个自我健康的"人"，并且成功地实现自我存在、自我幸福与自我实现。

一、需要的满足原则

为确保自我的健康成长，个人在寻求自身需要的满足时必须遵循以下基本原则：现实原则、快乐原则与健康原则。这些原则契合于人的自我本性以及自我成长内在基本规律。当然，处于不同存在状态或自我成长不同阶段，个人将会偏重于不同原则。

（一）现实原则

重视达到目的的可能性，对于全面而深入地理解人的需要满足行为至关重要。与达成需要满足目的的可能性相联系的，是现实条件对于人的需要满足动机的影响，以及对于人的需要满足行为的制约。显然，任何不顾现实条件的个人需要都不可能得到满足。因此，正常人的需要满足行为必然首先遵循现实原则，尤其是当个人尚处于生存状态之时。

现实原则要求个人以一种实际的、具体的、实用的方式来看待外界的人或物，即个人趋向于视客观世界中的人或物为满足自身需要的促进者或阻挠者、有用或无用、有帮助或无帮助、对个人重要或不重要等。"求我生存"是人的第一本能诉求，而现实原则充分体现了人的"求我生存"本性。为求得自我生存，个人首先必须能够获取某些最基本的需要的满足；而为了获取自身需要的合理而有效满足，个人首先必须遵循现实原则。总之，只有遵循现实原则，个人才可能获取自身需要的合理而有效满足；才可能适应环境的变化以求得自我的生存，进而利用环境中的一切有利条件求得自我的发展。

（二）快乐原则

快乐是人的天性。当人面临基本需求的匮乏时，机体一定不会感到愉快；而当这种匮乏的基本需求得到有效满足时，机体一定能够从中获得快乐。吃、穿、住、性等基本需求的满足不仅能给人带来生理上的满足感，而且还能给人带来精神上的愉悦感；其他更高层次基本需求的满足也具有同样的效果。显然，当个人

寻求自我需要的满足时必然会遵循快乐原则。

人的趋乐本性是自然选择的必然结果，它是人类基因为实现人类的生存与繁衍所预设的一种反射机制。个人从需要满足中获得快乐，实际上隐匿着促进物种生存与进化的价值。这一价值是需要满足的核心价值，它实际上凌驾于其他一切价值之上。如，进食之乐是为了获得足够的营养以确保自我生存，性爱之乐是为了实现物种的生存与繁衍等。相对于生物反射机制对于人的需要满足动机与行为的操控，人的意识对于需要满足动机与行为所施加的影响简直微不足道。

人的快乐体验通常与有益的经验相联系，而痛苦体验通常与有害的经验相联系。人的所有生命现象都对这一现象做出了诠释，如，饥饿、窒息、睡眠不足、在精疲力竭时工作、创伤、炎症、毒性发作……所有这些体验都是令人不快的；而填充饥饿的肚子、疲惫时的休息或睡眠、合适的运动、性爱……所有这些体验都是令人愉快的。极个别的例外要么并非生死攸关，要么只是极个别现象。如，酗酒有损于健康，绝大多数人都只能从这种经历中体验到痛苦，只有极少数人能从这种活动中体验到某种虚幻的短暂快乐。

事实上，人类总是在不断地寻求快乐，并避免痛苦，因为快乐体验有益于自我成长，而持续的痛苦体验有害于自我发展。如果机体所感受到的快乐或痛苦体验不具这种效应，那么，我们就无法理解为什么大多数有害的动作（如烧伤）不会使人感到快乐，而大多数有益的动作（如呼吸）不会引起痛苦。显然，从长远来看，对本质上有害于自身健康的体验感到愉快的任何物种，最终必将难逃灭绝的命运。

（三）健康原则

需要满足必须遵循健康原则。任何生物都先天具有趋向健康的自我选择能力，如，实验表明，如果有可供选择的各类食物，几乎每种生物都先天具有识别并选择有益于自身健康的食物的能力，这是自然选择的必然结果。在人身上，这种能力表现得尤为突出。特别地，人还具有一种形成健康自我的内在基本趋向。

然而，这只是问题的一个方面，问题的另一方面是，人性中还存在着贪婪的一面。这也是人类有别于其他动物的地方。一般动物的欲望都是有限的，人的欲望却是无限的。在以食物链为联结纽带的自然生态系统中，动物只要拥有能够维持生存所需的食物就能与被捕食者相安无事，并共同维持着生态系统的动态平衡。然而，一旦有人的干预，这种和谐的局面便不复存在：草原大面积沙化、森林大幅度锐减、水资源遭受整体性污染、物种每天都在灭绝……人类的贪婪本性在危害其他物种生存的同时，也在严重威胁着人类自身的生存与发展。目前，人类所面临的许多灾难与危机，无不源自人类的贪婪本性。总之，趋向健康与贪婪纵欲是人性的一对基本矛盾，只有当趋向健康的力量占主导地位时，自我才可能健康成长。

永不满足是人类持续进步并不断开创人类文明新纪元的不竭动力，同时也是引发人类精神痛苦的重要根源。为此，个人应充分意识到贪欲的危害，并合理节制欲望，所谓“傲不可长，欲不可从，志不可满，乐不可极”。因此，欲望既是天使，也是魔鬼，如果个人不遵循需要满足的健康原则的话。

总之，个人在寻求自身需要的满足时必须同时遵循现实原则、快乐原则与健康原则。需要满足的现实原则体现了人的“求我生存”本性；需要满足的快乐原则体现了人的“求我快乐”本性；需要满足的健康原则契合于人的自我成长内在基本规律。特别地，个人切不可贪婪纵欲，否则，将会面临十分严重的后果。

二、需要满足的价值

需要的合理而有效满足深具价值。人的需要满足与个人成功之间存在着内在的、本质的、必然的联系。首先，需要是目标确立的内在依据。一般情况下，个人最想要的往往也是对他最有益的。事实上，任何一次需要的合理而有效满足都是一次促进自我健康成长的机会。普遍的临床研究表明，当安全、情感、尊严、偏好等基本需求都得到有效满足时，人的生理机能往往发挥得更好，如，自我感觉更加灵敏、个人思维更加敏捷，并且患各种疾病的概率也大大降低。其次，需要满足能够促进自我的健康成长，进而为个人成功打下良好的基础。在人的自我成长早期，尤其是在出生后的头两年里，需要的有效满足对于个人一生的自我成长都至关重要。一个在幼年时的基本需求一直得到合理而有效满足的人更可能成长成为一个自我完整、统一、坚强与独立的“人”。研究表明，幼年时的需要满足与成年后的性格形成之间存在着密切的内在关联。事实上，健康成年人的许多优秀品质都是童年时期需要获得合理而有效满足所产生的必然结果。需要满足能让人体验到更多积极、健康的情绪，这对于个人形成积极、乐观的性格至关重要。而一旦健康自我初步形成，就会对个人的整个生活产生积极影响。良好的性格与优秀的品质将有助于个人发展出助益性的人际关系，从而为个人成功营造一个良好的外部环境。自我健康者往往能够顺利化解消极的外界信息反馈，并能从容应对生活中的不幸遭遇。由于自我健康者的认知结构是健康的，他们对于人的本性和价值的根本看法不会随不幸遭遇的发生而发生根本性的改变。因此，只要给他们以足够的时间，他们就能从不幸遭遇或生活困境中慢慢解脱出来。最后，个人成功不仅能够促进自我的健康成长，而且也有助于个人改善自己的经济基础与社会基础，从而为个人成功创造良好的条件。

需要分为两类，一类是基于内在基本需求的欲望——实际需要；另一类是基

于外在诱惑的欲望。这两类需要对于个人成功的价值完全不同。实际需要的合理而有效满足对于系统的个人成功意义重大。致力于寻求自身实际需要的合理而有效满足以形成健康的自我，既是自我成长的内在基本趋向，也是最基本的人性要求。如果人的实际需要能够得到合理而有效的满足，绝大多数人都能成长成为自我健康的正常人。但是，人又必须抑制自己的贪欲。如果个人不能有效地抑制自己的贪欲，个人成功就会受到严重影响。

（一）第一类基本需求满足的价值

第一类基本需求属于生理性需求，它们最能体现人的生物本性，其满足动机最为直接、急迫，也最为基本。只有第一类基本需求得到合理而有效满足，才能确保人的生理自我的健康成长。此外，第一类基本需求的合理而有效满足还会间接影响人的精神自我的形成。如，当第一类基本需求遭遇挫折时，人会表现得精神困乏、萎靡不振等。如果这些症状长期持续，它们就会内化成为自我性格的一种特质，最终影响精神自我的形成。

在第一类基本需求中，性需求是一项特殊的基本需求。在中国文化传统中，性是一个十分敏感的话题，性欲常常被描述成一种危险的冲动，并且需要加以特别警惕。事实上，性满足最能让人体验到一种原始的生命圆满感。男、女之间在生理上相互吸引并相互需要是确保人类生存与繁衍的一种生物本能机制。如果忽视或否认性需求之于人的基本性，将会无可避免地导致人的整个身心发生一系列病变。此外，由于各基本需求之间存在着整体上的关联性，因此，性基本需求的满足还会附带地促进其他基本需求的满足。如，性满足能让人获得一种来自异性的心理安全、情感支持和自我认同。

基本需求的层次性规律表明，只有当低层次基本需求获得满足之后，高层次基本需求才会慢慢觉醒并逐渐变得活跃起来。不难想象，一个勉强维持生存的人是不会为浪漫的爱情、显赫的社会名望、个人偏好、自我实现等而煞费苦心的。因此，第一类基本需求的满足实际上是在为其他更高层次基本需求满足动机的出现创造条件，进而推动自我的进一步成长。

（二）第二类基本需求满足的价值

第一类基本需求的满足是健康自我形成的基础，但第一类基本需求的满足并不足以导致健康自我的形成。事实上，当低层次基本需求获得满足以后，如果没有更高层次的基本需求的跟进，则低层次基本需求的满足不仅不足以促进自我健康成长，而且还可能成为导致自我成长偏离健康轨道的内在诱因。

1. 安全基本需求满足的价值

安全基本需求满足在人的自我成长中处于基础性地位。特别是在当个人尚处于自我成长外部主导期时，安全感的获得对于自我健康成长至关重要。研究表明，在一个和平、安全环境中长大的孩子更易健康成长，更懂得如何在自我成长过程中充分地自我享受；而在一个动荡、危险与恐惧的不安全环境中长大的孩子，其心理的发育与身体的发育往往极不相称，其过早成熟的心理实际上是以牺牲其自我的整合与健康为代价换来的，并且在其潜意识深处总是深藏着对于安全、稳定和秩序的强烈渴望。安全基本需求满足对于自我成长的基础性作用还表现为，所有其他基本需求的匮乏都会不同程度地引发人的不安全感；同时，所有其他基本需求的满足都会不同程度地有助于安全基本需求的满足。人的许多异常心理（如孤立感或不受欢迎感等）与行为（如自私与不合作行为等）实际上都源自内心深处长期存在着的不安全感；而一旦获得安全感，人的异常心理与行为就会发生显著变化，如，焦虑感与紧张感明显缓解直至完全消失。临床研究显示，安全感的获取能够产生一系列有益于身心健康的效果，如，获得更安稳的睡眠和更自信的心态等。

2. 情感基本需求满足的价值

情感基本需求满足包括情感的获取和情感的付出两个方面。一个正常人不仅具有表达和接受情感的内在需求，而且还具有表达和接受情感的基本能力。虽然不同年龄、性别和文化背景下的人们在表达和获取情感的方式上可能不一样，但情感基本需求满足所带来的促进自我健康成长的积极效果则是完全相同的。

人类先天具有体验积极情感、避免消极情感的原始驱力。情感基本需求的满足最有利于健康自我的形成，并且使得个人在社会性交往中更多地表现出无私的品质与合作的精神。尤其是幼年时期的情感基本需求满足对于人的整个一生的自我成长都至关重要。实际上，健康成年人的许多优秀品质往往源自幼年时期的情感需求获得了充分满足。幼儿获取情感满足的主要方式是通过父母（尤其是母亲）的爱抚，父母的爱抚所传递的情感支持最有益于婴儿的健康成长。实证研究表明，接受爱抚的婴儿会变得更加活跃，对刺激的反应也更快。父母轻柔的抚摸能触发幼儿体内的一系列复杂的化学反应，如，刺激婴儿大脑产生某些有助于婴儿存活并快速生长的特定化学物质。此外，定期的抚摸还对某些病症具有辅助性治疗效果，如，能够缓解因早产和出生前被感染了可卡因而表现出来的烦躁不安症状。越来越多的证据证实了在充满爱的童年和健康的成年之间存在着某种确定性的因果关系。优秀的父母能够用自己的爱在孩子身上培养出一种长大以后忍受情感需求暂时匮乏的能力；反之，教会孩子从各个方面寻求情感支持，并对情感怀有永不熄灭的强烈渴望的最好途径，就是在幼年时拒绝给孩子以爱。由于正常人的认知、情感与意志相互关联、相互影响、相互促进，因此，情感基本需求的

满足不仅有助于治愈情感症候群，而且还有益于提高人的自我认知能力与意志品质，进而促进自我的全面发展。

3. 尊严基本需求满足的价值

人天性对自己积极的一面感到骄傲，而对自己消极的一面感到沮丧。人的自尊感就建立在个人对自己积极的一面的良好的主观体验基础之上。当个人的尊严基本需求获得满足时，他会变得更加自信，并且觉得自己有价值、有能力、有力量；反之，当个人的尊严基本需求长期匮乏时，他会变得自卑，并且开始怀疑自己的存在价值与自我能力，极端情况下甚至可能会出现以下两种情况：一是完全否定自我，视自己如草芥；二是仇视社会，并且报复社会。在对他人的恶意伤害中，患者能够获得某种扭曲的心理快感，从而释放自己长期遭受压抑的病态心理。

4. 偏好基本需求满足的价值

人的无意识潜能内在地趋向于健康。人的无意识潜能这一深层次自我的创造性潜力是任何其他事物都无法相比的，人的快乐、创造性等实际上都源于这一深层次的自我。然而，人的无意识潜能很容易遭受压抑或忽视。偏好的发展就是要促使无意识潜能尽快地觉醒，并获得发展。充分尊重、激活并发展人的无意识潜能，是自我健康成长的关键。为此，个人应保持对自我无意识潜能的充分开放，并允许其自由表达。

人的自我创造性与人的偏好发展一脉相承。首先，自我潜能是萌发自我创造性灵感的内在本源。事实上，个人自发沉迷于其中的事情也正是个人最具发展潜力的事情。当个人充分尊重并任由无意识潜能自由表达时，以自我潜能为基础的始发性创造力就会顺势而为地发展起来。如果个人合理运用意识、理性与逻辑的作用，并在后天的自我成长过程中充分发展自我潜能，使之继发性地成长，则个人潜质将会进一步发展成个人兴趣，人的自我创造性也就相应地从原发性灵感阶段上升至继发性逻辑阶段。如果自我潜能在个人兴趣的基础上再进一步发展，就会形成特有能力。人的特有能力是人之所以成为自己而与他人区分开来的主要标志。当人的偏好发展到这一阶段时，人的自我创造性也就发展到了其最高阶段：整合性阶段。

由此可见，创造性的“人”的形成归根结底源于个人偏好的发展。实际上，偏好的形成过程，或者说创造性人的形成过程，也就是健康自我的形成过程。个人朝着健康自我或人性发展的方向每前进一步，都会附带地在自我生活的各个方面表现出其创造性。为此，个人应正确看待人性的底蕴，即要充分尊重自我无意识潜能，并在此基础上合理发挥理性与意识的作用。总之，对人性的尊重、对偏好发展的重视、对自我创造性的强调，是确保健康自我能够更快更好形成的关键。

（三）第三类基本需求满足的价值

第三类基本需求是指人的价值需求——自我实现。正是第三类基本需求的合理而有效满足促成了健康自我的最终形成。首先，自我实现的基础是充分发挥自我潜能，而自我潜能的充分发挥最有益于健康自我形成。自我潜能是人的偏好发展的基础，而偏好发展又会推动自我创造力的形成。正是由于自我潜能与自我创造力的高度发展与充分表达才使得个人能够获得一种存在的价值感和生命的意义感。其次，自我实现的基本前提是个人确立起一个自我价值体系。自我价值体系的确立能赋予个人以一种强烈的自我责任感和人生使命感，它能将个人的所有日常生活按照某种确定的内在逻辑有机地统一起来。特别地，当个人职业与自我价值观高度契合时，职业就成为了个人实现自我的主要舞台。此时，工作不仅成为自我实现的主要途径，而且也成为自我享受的基本方式。

三、基本需求匮乏的后果

人的基本需求长期无法得到有效满足将会产生严重后果。基本需求症候群的形成就是由于人的基本需求长期严重匮乏所导致的必然结果。

症候群原是一个医学用语，常指一连串并非有组织、有结构、相互依存的症状的集合体。借用医学上的这一术语，我们将由于基本需求得不到有效满足所产生的综合性病态现象称为基本需求症候群。基本需求症候群的形成是一个十分复杂的现象。首先，不同人身上所表现出来的相同症候群症状，其背后所隐含的基本需求满足障碍可能完全不同。其次，同一基本需求满足障碍在不同人身上可能表现出完全不同的症候群症状。因此，基本需求症候群只具个体价值而不具普遍价值，因而不能在不同个体之间进行简单类比。

不同基本需求满足障碍所导致的致病性后果各不相同。其中，第一类基本需求（性需求除外）事关人的自我生存，它们的严重匮乏将直接危及人的生命。因此，它们的严重匮乏将会导致十分严重的后果，但它们一般不会诱发基本需求症候群。诱发基本需求症候群的往往是更高层次基本需求的匮乏。

就像人的基本需求满足行为是由多种基本需求满足动机所共同促成的一样，基本需求症候群的形成也是由多种基本需求满足障碍所共同促成的。但是，为了分析和叙述的方便，我们仍将基本需求症候群分成性症候群、安全症候群、情感症候群、尊严症候群、偏好症候群、价值症候群，它们分别代表由于性基本需求、安全基本需求、情感基本需求、尊严基本需求、偏好基本需求和自我实现基本需求的满足障碍所引发的典型性基本需求症候群。

（一）性症候群

性症候群是由于性需求长期得不到有效满足或受到严重性伤害所导致的一类心理或精神性疾症。成年人的性需求如果长期遭受严重压抑，就可能引起相应的生理或心理病变。此外，对于在性体验过程中留下痛苦记忆的人来说，性行为所带来的不是愉快的性满足，而是难忘的性噩梦。如，对于那些在幼年时遭受过性暴力的年轻女性来说，性暴力所造成的创伤性回忆将会在她们的心理留下永久性的性反感与性恐惧阴影，并可能扭曲其性认知与性态度，甚至导致其整体安全水平的下降。如果这种状况长期持续下去而得不到有效改变的话，就可能引发性症候群，甚至可能影响其人生观与价值观的形成，以及她们对于人性的整体看法。

（二）安全症候群

安全症候群是由于人的安全基本需求长期严重匮乏所引发的一类心理与精神疾症。安全症候群的典型表现就是人的自我成长长期停留于初始阶段，自我长期处于幼稚状态。这种人尽管生理上已经长大，但总是给人一种没有长大的感觉。某些成年人之所以常常会有许多幼稚的行为表现，实际上源自安全感的长期匮乏所导致的自我成长缺陷。由于安全症候群患者对于安全需求仍然停留于一个夸张、幼稚的阶段，从而导致其对规律和秩序具有某种强迫性特质的非正常要求，他们总是经常感到内心惶恐不安，总是对秩序与稳定有一种超正常水平的迫切需要，并且总是尽力避开某些新奇或不测之事。尽管自我健康者也倾向于寻求秩序和稳定，但他们并不像安全症候群患者那样感到生死攸关，两者之间存在着本质差异。

一旦人的安全症候群初步形成，自我内部就会自动启动某种安全症候群的自我强化机制，从而导致安全症候群的持续恶化。结果，人的自我成长将长期处于停滞状态，甚至趋于倒退或萎缩。这一机制在持续恶化安全症候群的同时，还将扭曲人的认知与心理，并使得患者的社会性人际关系变得越来越糟糕。而扭曲的认知与心理以及糟糕的社会性人际关系反过来又会使得其安全症候群症状变得越来越严重，进而形成恶性循环。治疗安全症候群的关键就是要打破这一恶性循环，并从产生这一恶性循环的源头去寻找根治症候群的具体办法。

（三）情感症候群

如果人的情感基本需求长期得不到有效满足就可能诱发情感症候群。情感症候群在所有基本需求症候群里表现得最为常见。

在自我成长的早期阶段，由于缺乏自我保护与自我防御的能力，个人最易遭受情感的威胁与伤害。有一种叫做非器质性发育不良（nonorganic failure go thrive）的现象，就是因为婴儿期情感需求得不到有效满足所导致的一种病态现象。这种现象通常出现在婴儿 18 个月大的时候，由于缺乏来自父母的刺激和关爱，以至于婴儿的身心发育处于一种停顿或半停顿状态。这些婴儿尽管营养充分，但看起来仍然类似营养不良似的消瘦，并表现得发育迟缓、情绪低落、兴趣缺失。非器质性发育不良通常可以通过加强对父母的培训或把孩子放在一个能够提供足够情感支持的家庭里收养而得到改善。然而，如果这种状况长期持续下去，孩子就会一直处于一种担心受到伤害和惩罚、担心失去爱、担心遭到遗弃等惊恐不安的状态之中，最终将会产生十分严重的后果。事实上，情感症候群患者通常都有着某种不幸的家庭背景，如，幼年时遭受父母遗弃、父母长期处于情感交恶状态等，致使孩子从小就严重缺乏母爱或父爱。精神病理学研究表明，对于情感需求的限制与阻挠正是导致个人产生社会适应不良障碍的主要原因。在现实生活中，某些人身上所表现出来的极端自私行为实际上也源自情感基本需求的长期匮乏；某些所谓心理变态型人格实际上也是因为长期丧失情感抚慰与情感支持的结果。如，有些精神病患者的自私举动实际上源自其内心深处十分严重的情感贫乏感，以及对于失去情感依靠的深深恐惧感。研究资料表明，有些人由于从出生开始就缺乏爱的哺育，以至于最终永远丧失了爱的需求和给予爱的能力。这就如同在动物园里出生的野生动物由于从小得不到捕食锻炼的机会而永远地丧失了捕猎与野外生存的能力一样。

（四）尊严症候群

如果个人的尊严基本需求长期得不到有效满足就可能引发尊严症候群。尊严症候群是一类病态的心理症状，其最典型表现就是个人的低自尊水平。低自尊的另一种特殊表现形式即所谓不稳定的高自尊。不稳定的高自尊实质上是一种虚假的或防御性的高自尊，患者通常只有在顺利时才会自我感觉良好，并且其自我价值感高度依赖于自己最近所取得的成功，亦即低自尊者的自我价值感是高度条件性的。低自尊者通常表现为行为上畏缩，心理上迫切要求得到承认；可一旦偶尔得到承认，又常常会表现出病态的“高自尊”，并伴随有敌意的心理与攻击性的行为；严重的甚至还可能出现某种神经症倾向等。

每个人都希望获得成功，并且成功以后都会感觉良好，这一点很少有例外。因此，自尊水平在人们应对积极反馈时的表现差异很小。但是，失败对于低自尊者和高自尊者的意义完全不同。首先，对于低自尊者来说，失败可能意味着对自己整体上的否定或不信任；而高自尊通常不会因为失败而从整体上否定自己。对于高自尊者来说，失败只不过意味着自己不能做好某件事情或缺乏某种特有能力。其次，低自尊者倾向于过度泛化自己的失败；这种过度泛化的现象通常不会

在高自尊者身上出现。再次，失败之后，低自尊者常常将注意力聚焦于自我，而非任务，这反过来又将进一步恶化其行为表现。因此，低自尊者一旦遭遇失败，就会表现得越来越差。因而失败常常导致低自尊者的行为退缩，并降低其任务的坚持性；高自尊者通常将注意力聚焦于任务本身，即使遭遇失败，他们也并不会将注意力从任务本身移开，因此，失败一般不会对他们的以后表现造成太大的干扰。最后，失败将严重恶化低自尊者的自我感觉：觉得自己无用，不受人喜欢，觉得丢脸、羞愧和耻辱等；失败也会让高自尊者感到悲伤与失望，但他们通常不会觉得丢脸、羞愧和耻辱。由于缺乏自信，并对反对和批评过度敏感，低自尊者常常会在遭遇问题或困难时表现得很脆弱，并且很容易屈从于外部意志。由于害怕失败，低自尊者往往倾向于避免冒险。此外，低自尊者常常倾向于采取某种自我妨碍策略，其主要目的是为了降低低自我效能感和失败挫折感对自我所造成的冲击与伤害。与此相反，高自尊者通常会将自我妨碍作为自我增强的手段。

尊严症候群之所以形成并不断恶化，还在于低自尊者存在某种畸形的自我认知模式（如图 2－2 所示）。一方面，低自尊者常常怀疑自己的能力，即低自尊者常常具有低自我效能感。因而，他们常常不相信自己能够达到自己的目标，亦即形成了失败的自我预期。而一旦遭遇失败，他们所体验到的挫折感又异常强烈，并且倾向于将这种挫折感泛化到自我概念的其他方面。另一方面，由于低自尊者不认为自己在别的方面也能做得很好，因此，当他们遭遇挫折时，他们不能从其他方面获得积极的情绪补偿以弱化当前所体验到的自我挫折感，因而常常沉浸于痛苦情绪体验之中。

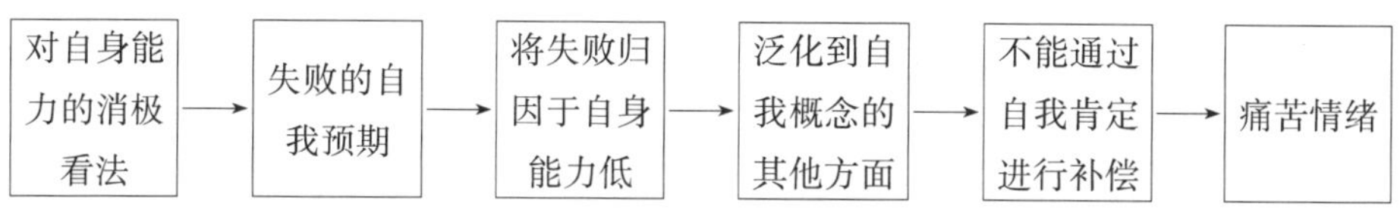

图 2－2 低自尊者畸形的自我认知模式

畸形的自我认知模式使得低自尊者的心理常常处于某种失衡状态，而心理上的失衡又必然导致其行为上的失常，如，行为上的不自尊或不自爱等。失衡的心理与失常的行为必将持续恶化低自尊者的社会性人际关系；而恶劣的社会性人际关系反过来又会导致低自尊者的进一步心理失衡和行为失常，进而形成恶性循环，最终必将导致尊严症候群的稳定形成，并持续恶化业已形成的症候群症状。特别地，当尊严症候群发展到一定程度时，它还会自发启动某种自我贬抑与自我毁损的内在心理机制。在这一机制的作用下，患者常常抑制、恐吓、贬低自己，甚至丑化自己。于是，个人本来可以发挥的才华不敢大胆表现出来，这必将导致个人变得更加自卑，并且趋向于更加强烈地自我否定和自我毁损。长此以往，人的自我潜能必将遭受严厉遏制，甚至被完全扼杀。最终，人的自我成长将会逐渐趋于停滞，甚至倒退。

（五）偏好症候群

偏好症候群是由于人的偏好基本需求长期受到严重压抑所导致的一类心理与精神疾症。在自我成长过程中，如果个人兴趣被无端禁止或剥夺，个人特有能力长期得不到正常表达与有效发挥，就可能诱发偏好症候群。偏好基本需求受到压抑所引发的负面效应常常与偏好的自我表达欲望成正比：个人偏好的自我表达欲望越强烈，它受到压抑而形成偏好症候群的可能性就会越大，并且症候群的症状会越严重。偏好症候群的典型症状就是个人似乎对一切都无兴趣，似乎做任何事情都提不起劲，因而显得百无聊赖。

由于偏好基本需求属于高层次基本需求，因而偏好症候群常常发生在社会存在状态相对较好的个人身上。心理学的某些临床研究显示，一些偏好症候群现象常常产生于某些高智商人群中间。这些人往往都是衣食无忧的人，但他们却终日感到生活乏味、工作枯燥，似乎对什么都兴味索然。他们对生活失去热情，并且常常自我压抑、自我厌恶，甚至刻意摧残自己的身体。这些症状被某些心理学家称之为“缺乐症”。而当患者一旦找到了某些自我偏爱的事情可做时，他们身上的这些症状就会出现明显好转，甚至完全消失。

（六）价值症候群

每一个正常人都具有在自己的日常生活中体验自我存在价值的内在需求，如果这种需求被无端剥夺或遭受严重挫折，就可能导致个人产生心理或精神上的疾症，从而形成所谓的价值症候群。

价值症候群的最典型表现就是个人常常感到生活没有目标、发展没有方向、精神无所依归、生命没有意义。他们对生活失去兴趣，内心经常性地感到厌倦与压抑，严重的甚至厌恶自己。这种症状常常出现在才智较高的人群身上。他们往往才华横溢，却精神上无所寄托；他们觉得自己正在做着愚蠢而没有意义的工作，过着愚蠢而没有意义的生活；尽管有时在一些可自我证实的事情上获得成功后也能暂时改善一下糟糕的自我感觉，但个人始终无法完全摆脱深层次的精神空虚。

价值症候群最容易普遍出现在专制社会里。任何正常人都内在地趋向真、善、美、自由、公平、正义等存在性价值，而在一个专制独裁的社会里，个人追求真理的努力常常受到禁止、接近美和善的权利常常被无情剥夺、自由的权利常

常得不到保障、公平和正义往往得不到伸张。同时，在一个极端专制、独裁的社会里，社会道德往往普遍沦丧，人与人之间常常互不信任。生活在这样的社会环境里，人的精神将被迫长期处于某种极度压抑的痛苦之中。事实上，在那些官方理论与现实情况明显矛盾的国家，一部分人常常被迫采取玩世不恭的态度：他们不相信任何价值，对任何事情都不抱希望，甚至怀疑不言而喻的东西等；另一部分人则可能被迫消极地对待生活：顺从、沉默、被动应付、任凭能力丧失，甚至与世隔绝等。

虽然价值症候群与偏好症候群存在许多相似之处，如，患者都感到生活没有乐趣，并且患者往往都是些才智较高、衣食无忧之人等，但是，诱发偏好症候群与价值症候群的原因不同：偏好症候群源于个人兴趣与特有能力的表达机会的长期被剥夺或被限制；而价值症候群源于自我价值体系的缺失或自我价值实现机会的长期被剥夺或被限制。

四、欲望过度满足的后果

人的基本需求无法获得有效满足将会产生十分严重的后果；同样的，人的欲望的过度满足也会产生十分严重的后果。

人们追求越来越多的物质生活资料通常并不是基于自己的实际需要，而是出于自我欲望的过度膨胀。人的实际需要是有限的，而人的欲望却是无限的。欲望以人的实际需要为依据，但欲望并不以人的实际需要为限度。一般情况下，人的欲望往往会无限地夸大人的实际需要，并不断提出更高、更难满足的新要求。事实上，现代社会的物质生活已经达到了很高的水平，人们所实际拥有的物质生活资料也已相当丰富——绝大多数人的生存问题已基本解决；人们的生活所需也已基本获得有效满足，亦即基本上达到了所谓“衣食无忧”的境界。然而，人们却并未因此而知足，而是在继续追求着近乎无限的物质享受。在追求不断膨胀的欲望满足的过程中，人们实际上已经不知不觉地陷入到了某种身为物驭的可悲境地。

追求欲望的过度满足所带来的危害是十分严重的——它将严重扭曲人的认知、异化人的情感、软化人的意志，最终让人变得缺乏人性。事实上，个人一旦受制于无限膨胀的贪婪欲望，将会因此而变得面目全非，并渐渐失去一个“正常人”所应具备的基本素质。

由此可见，懂得合理节制自己的欲望，亦即在追求需要的满足过程中始终坚持需要的健康满足原则，对于形成一个健康的自我，对于获取系统的个人成功，都显得至关重要。

第三章　系统成功的基本问题

个人成功理论必须回答以下三个基本理论问题：

（1）成功为了什么？

（2）成功是什么？

（3）怎样获得成功？

以上三个问题，实际上构成了个人成功理论的基本内容。个人成功理论关于“成功为了什么”的问题的回答，解决的是个人成功的目的与使命问题，只有首先回答这一问题，个人成功理论才能获得一个理论上的逻辑起点；个人成功理论关于“成功是什么”的问题的回答，解决的是个人追求成功的实践本质问题，只有搞清楚这一问题，个人成功理论才具备了进一步研究的基础，进而可以确立起一个理论分析的框架；个人成功理论关于“怎样成功”的问题的回答，解决的是个人成功的策略问题，只有有效解决这一问题，个人成功理论才可用于指导个人获取成功的具体实践。

第一节　成功为了什么

“成功为了什么”是个人成功理论必须首先回答的第一个基本理论问题。个人追求成功到底为了什么？简单地说，个人成功就是为了要成长成为一个“人”，一个具有完善人性的自我健康的“人”。个人如何在平淡的一生中追求生命的圆满、生活的幸福与存在的价值，应该成为个人最重要的人生课题，个人的一切活动均应以此为目标，个人的一切行为均应以此为导向。每个人一辈子似乎都在不停地期待、追求与创造，然而，个人一生中最应该期待的，应该是生命的圆满；个人一生中最应该追求的，应该是自我存在、自我幸福与自我实现；个人一生中最应该创造的，应该就是自我本身。总之，个人终其一生都应致力于形成一个具有完善人性的自我健康的“人”，因为形成一个具有完善人性的自我健康的“人”，既是个人实现自我存在、自我幸福与自我实现的基本前提，同时也是个人

系统成功的根本体现。

一、什么是“人”

人是一类具有特殊本性——人性的存在物。所谓人性，就是那些人类所固有的天性，它从根本上决定、解释并制约着人的行为，它是主导人类生成与成长的基本法则，它是人之所以为人的内在依据。

（一）人性

人性是人类所固有的自然本性，它包括生物性与社会性两个层次。两者之间相互联系、相互影响、相互渗透，并且融为一体。其中，生物性是人性的基础，社会性是人性的本质。人类成为社会存在物之后，并没有完全脱离自然界，生物或生理因素仍然决定着人的心理与行为，只不过生物或生理因素的作用是在社会环境下发挥作用的。人的生物性与社会性在个人寻求自身需要满足以及自我成长过程中得到了最充分体现或表达。

1. 生物性

人类的第一个本性，就是人的生物性。所谓生物性，就是人类为生存竞争所必需，并经自然进化所形成的某些先天的倾向性，其基本功能主要体现为追求自身的生存与繁衍。人类追求自身的生存与繁衍的生物本性与动物的本能极为相似。显然，没有人能够摆脱生物规律的影响，每个人都具有以生物性为基础的自我本性。这种本性是自然的、内在的，而且在某种意义上也是不能改变的。人类的进化机制主要通过人的生物本性体现出来，因而，生物性是人性中最核心和最基础的部分。

人的自我觉知的最重要任务之一，就是要实现对自我生物本性的深刻理解与全面认知。如果个人不首先是自己的身体、自己的体质、自己的生物机能、自己的生命种性，那他又能是什么呢？人类来源于动物界这一基本事实决定了人永远不可能完全摆脱人的生物本性。这一基础性的决定模式贯穿并体现于人的需要及其满足的各个方面与各个层次，并且延伸到了人的社会化形成的整个过程之中。它是一个人性生发与成长的连续统一体，涵盖了人的内在物质与精神的各个层面。

人的生物本性虽然近似于动物本能，但又不同于动物本能。本能对动物行为的支配具有压倒性的优势，并且其表达方式直接明了；而人的生物性由于在人的社会化过程中受到各种社会因素的影响与制约而变得较为弱小与微妙，因而很容易受到习惯、文化以及其他外在势力的影响或压制。但是，人的内在生物性永远不会消失。即使一时遭到否定与压抑，也仍然会继续存在着，并且一有机会就会自然表达出来。

基因是人的生物本性的基础。人的众多能力（包括人的社会适应能力）及其发展潜力都存在着深刻的生物遗传基础。生物性遗传具有多样性，这种多样性几乎与活着的、曾经活着的，乃至将要出生的人的生命数量一样多。每个人都是一种史无前例的、非再生性基因模式的载体，这就决定了人类本性的复杂多样性。人类本性的复杂多样性一如人的偏好与价值观的多样性一样。事实上，二者之间存在着内在的、本质的、必然的联系。人类的遗传品质提供了人类进化的可能性，然而，这种潜在性只有在一定条件下才可能真正实现。正是人类不同个体所体现出来的遗传多样性才共同促成了人类适应潜能的持续增长。

一般认为，人性最原始的或最能体现人的生物本性的需要只停留在对食物、性之类的生存需求层次上，这是一种误解。事实上，高级基本需求一如食物和性等基本需求一样具有生物性。如，个人对于价值的需求本身就是意动的，并且充分体现了人的内在生物本性，或者说，它本身就是人的原始生物本性的一部分。

2. 社会性

在生物性基础上发展起来的社会性是人类的更高本性。社会性具体体现为人与人之间所建立起来的各种社会关系。社会关系实质上是一种包含着人与人之间情感、利益与伦理的关系，其中，情感与利益是社会关系的内在本质，社会伦理是社会关系的外在形式。人的存在实质上是一种以社会关系为基础的社会性存在，人的一切活动都是一种以社会性存在为基础的社会性活动。正是借助于形形色色的社会关系与社会活动，人的需要满足、人的自我成长才能最终得以实现。

人的社会性从出生之日起就已经表现了出来。个人从来到这个世界之日起就已经在其所有发展领域内具备了令人惊异的社会交往能力，其中包括适应新环境和体验周围世界的感知能力、学习能力和回应他人的社会性能力。一个正常人从小就懂得怎样调整自己的情绪以便和他人保持一致，并且天生渴望与人交流。

人的社会性发展的最重要基础是要形成某种稳定可靠的情感依恋关系。依恋（attachment）是个人与特定个体之间所形成的一种正向情感联结，依恋关系的发展是一种交互式的社会化（reciprocal socialization）发展。个人的情感依恋关系能否尽早建立起来，以及这种关系的现实状况如何，将直接影响到个人长大成人以后能否与人建立起各类正常与健康的社会性关系。

个人的自我形成的过程，同时也是个人不断社会化的过程，或者说，是个人的社会本性不断发展与完善的过程。在此过程中，需要满足起着关键性的作用。如果个人的需要能够得到合理而有效的满足，个人的社会本性就能得到正常发展；否则，个人的社会化发展就会受到抑制，个人的自我成长就会受到遏制或扭

曲，个人的生理或心理就会出现各种障碍。

（二）人性的善恶之辩

关于人性的善恶问题存在两种基本假设：性恶论与性善论。性恶论认为，人的深层本质是贪婪的、掠夺性的、罪恶的，因而需要对它进行控制、约束与重塑。神学视人性为原罪或魔鬼，“意识具有训练有素的道德秩序和良好的意愿，但在这体面的表层下面，潜藏着生命原始的本能力量，像深渊中的魔鬼一样无休止地吞噬着、繁殖着、争斗着。”弗洛伊德主义认为，人类基本的和无意识的本性主要是一些可以导致乱伦、谋杀等罪恶行径的本能冲动，它们必须受到压抑，并且不能允许被表达出来。达尔文主义也持类似的观点，它认为，自然界的残酷竞争使得人的这种恶之本性得到了充分表达。性善论则认为，人类深层本质是良好的、友善的、趋于自我实现的。因此，只需自发、释放、顺其自然即可。如，人本主义认为，人的本性是趋于成长、成熟、自我实现的，反社会的情感（如敌意，妒忌等）之所以出现，主要源自人的基本需求受挫的某些经历。上述两种基本假设分别引申出了两种关于社会、法律、教育等完全不同的理念。性恶论认为，社会、法律、教育等应该成为控制和约束人性的力量；性善论认为，社会、法律、教育等应该旨在促进人的需要的合理而有效满足与自我实现。

系统成功理论认为，需要满足与人性发展，两者之间密不可分。离开需要满足，人性的形成与发展就失去了基础。如果人的需要能够得到合理而有效满足，人性就会是合作的、向善的；如果人的需要得不到合理而有效满足，人性就会是敌对的、向恶的。由此可见，人性既可以是向善的或好的，如果尊重人的需要的话；也可以是向恶的或坏的，如果不尊重人的需要的话。因此，人性本身并无好坏或善恶之分，它本身即是如此。抽象地谈论人性是恶是善或者是好是坏没有任何意义。所谓好坏或善恶，只不过是不同的人站在不同的立场上所做出的不同的主观判断，它本身并不足以成为人性好坏或善恶的评价标准。

二、人性的根本诉求

“人”是什么，人性就会趋向于要成为什么。因此，人性的根本诉求就是要成长成为一个“人”，一个具有完整人性的自我健康的“人”。为此，我们必须弄清楚什么是“自我”、什么是“自我成长”、什么是“健康自我”。

（一）自我

1. 什么是自我

心理学十分重视自我研究。但到底什么是自我，至今仍未形成一个被广泛接受的定义。下面就是一些有关自我概念的理论探索。

(1) 主我与宾我。美国心理学家威廉·詹姆斯（1890）是最先提出自我二元性概念的心理学家。他将自我区分为主我（I）与宾我（me），其中，主我是指主动体验世界的自我，指代自我中积极地知觉、思考的部分；宾我是指被注意对象的那部分自我，指代自我中被注意、被思考或被知觉的客体。

主我与宾我是自我的两个重要方面。哲学与心理学都注重自我研究。相对而言，哲学家更为关注主我，他们将自我研究的重点放在寻求对直接体验世界的那部分自我的理解上；心理学家更为关注宾我，他们将自我研究的重点放在人们如何思考和感觉自己，以及这些想法和感觉是如何塑造和影响其心理方面。

(2) 身体自我与精神自我。自我是身体自我与精神自我的有机统一，两者之间相互影响、相互依存，并且密不可分。其中，身体自我是自我的客观物质基础，精神自我是自我的主观精神实质。身体自我是精神自我形成的基础，而精神自我是在身体自我基础之上的自我的进一步延伸与丰富。

所谓身体自我是人的物质形态的自我，包括人的身体特征及其各项生理机能。身体自我有时也被称为生理自我，它是自我中最早形成的部分。它是自我形成的基础，因此，认识自我应首先从身体自我开始。然而，身体自我的本质常常为人所忽视，其价值也常常为人所贬低。某些宗教甚至视身体为罪恶之源，并主张通过折磨身体来惩罚自己，以减轻自己的罪恶，最终达到对自我的救赎。这种做法在基督教中被称为“苦修”。其他宗教则试图通过入定或灵魂出窍等方式来逃离自己的身体。佛教说佛经过了 6 年的禁食、禁欲来拒绝身体，在放弃这种做法之前，他一直没有“开悟”（自我实现）。显然，这都有悖于人性。事实上，没有人能通过拒绝自己的身体或身体体验、通过折磨自己的身体来达到“自我实现”。尽管人的精神能使自己从物质形态中短暂分离出来，但一个不容否认的基本事实是：人最终还是必须回到自己的身体上来，因为自我转化的实质性工作是在身体内部进行的，人不可能以折磨或逃离身体的方式来完成自我转化。

所谓精神自我是指人的心理属性的自我。精神自我有时也被称为心理自我，它代表了个人对自己的主观体验或感受。精神自我是自我中最微妙、隐秘的部分，但它却是自我完善及健康自我形成的决定性因素。

(3) 客观自我与主观自我。自我可从客观与主观两个方面来进行考察。所谓客观自我是指现实存在着的自我的真实状况。所谓主观自我是指人对现实存在的自我的主观认知。个人可从多个角度来认知自我，从而形成多种主观自我概念，如，从个人自身的角度，主观自我是指个人对自身生理特性与心理属性的主观觉知；从个人与社会关系的角度，主观自我是指个人对自己与环境、他人之间关系

的认知。主观自我通常以自我意识的形式存在。自我意识是在社会实践与社会交往过程中伴随着人对自身与环境认识的加深而逐步形成并发展起来的。自我意识既是人对自身与环境关系的一种认识，也包含人对自身的反映和改造。

人对自己的感知反映了人的某种自我意识状态。每一刻，人的意识都在创造着自我世界。此时，人将自己当作了被关注的对象。人对自己的感知如同他看到镜子中的自己的影像一样，映像性是自我的一个重要特性。自我意识是一个多维度、多层次的复杂的心理系统，表现为认知的、情感的、意志的三种形式，分别称为自我认识、自我体验和自我调控。自我认识是自我意识的认知成分，包括生理自我认识、心理自我认识和社会自我认识。所谓生理自我认识是指个人对自己的生理属性（身材、外貌、体能等）的意识；所谓社会自我认识是指个人对自己的社会属性（自己在各种社会关系中的角色、地位、权利、人际距离等）的意识；所谓心理自我认识是指个人对自己的心理属性（人格特征、心理状态、心理过程以及行为表现等）的意识。按自我认识的层次，自我认识又可分为自我感觉、自我观察、自我观念、自我分析和自我评价。其中，自我观念和自我评价是自我认识中最主要的方面，它们集中反映了自我意识的发展状况，也是自我体验和自我调控的前提。自我体验是自我意识的情感成分，包括自我感受、自爱、自尊、自信、自卑、内疚、自豪感、成就感、自我效能感等内容。其中，自尊是自我体验中的最主要方面。自我体验以自我认识为基础，它反映了人对自己所持的态度。自我调控是自我意识的意志成分，它是指人对自己的行为与心理活动的自我作用过程，包括自立、自主、自律、自我监督、自我控制和自我教育等内容。其中，自我控制和自我教育是自我调控中的最主要方面。

人的主观自我的绝大部分都是通过自己的思维或意识所创造出来的。主观自我的形成受到多种因素的影响，其中，人的需要是最重要影响因素。如果由于某一基本需求满足障碍而形成了基本需求症候群，则这一基本需求症候群将势必影响主观自我的形成，或者说，基本需求症候群将势必参与主观自我的“创造”。所有基本需求症候群聚集起来，将极可能促成一种消极的自我心态以及与这种消极的自我心态相对应的象征性意象——糟糕的主观自我，个人最终将可能因此而陷入某种深深的痛苦之中。事实上，糟糕的主观自我同现实危机互为因果，并相互强化。另外，个人完全可以通过塑造一个新的主观自我世界来实现对自我本身的超越，个人将能借此而有效化解自己所面临的各类现实危机。

主观自我与客观自我关系密切，两者之间相互依存、相互影响、相互作用。人格心理学与自我心理学都很重视自我研究，但前者偏重于客观自我研究，后者偏重于主观自我研究。

(4) 现实自我与理想自我。人总是在现实自我与理想自我之间徘徊。所谓现实自我是指现实中的“我”，亦即真实的自我状况，它反映了个人生理、心理、社会等方面的自我特点，也是个人或社会对自己进行评价的现实依据。现实自我与人的存在状态和自我成长密切相关。所谓理想自我是指个人想要成为的自我，亦即个人对将来的“我”的希望或期待。个人在自我概念中将自己定位为什么样的人，就会有什么样的理想自我。理想自我的形成是一个主观自我的理想形象的自我建构的过程。自我建构通常从创建一个自我身份开始。青少年期是理想自我形成的关键期，青少年特别喜欢尝试各种社会角色、模仿榜样形象，并据此以塑造一个理想的自我形象。一旦理想自我形象确立起来之后，他们就会竭力寻求对自我的确认与肯定。我们将这种类型的自我建构称为自我验证（self-verification），并将这种行为称为自我符号化（self-symbolizing）。

确立一个合理的理想自我是个人成功的首要任务。通过建构一个理想自我并坚信自己能够实现理想的自我，个人将能从中获得一种心理安全感和精神寄托感，从而建立起某种良好的心理秩序。也正因为如此，人们普遍偏好建构理想自我。理想自我的确立将影响人的认知、情感与意志，并为自我行为提供目标导向与精神动力。当然，理想自我目标不能脱离自我成长的潜力，因为脱离自我成长潜力的理想自我是一种虚幻的自我愿景，它必将导致个人总是处于失败与无望之中，最终必将影响自我的健康成长。

当理想自我完全是在自我主导下所确立的时候，“理想自我建构—现实自我评价—现实自我向理想自我趋近”的过程就是理想的自我成长的过程。一般情况下，现实自我与理想自我之间总是存在着一定的差距，正常人一般都能做到不将理想自我意象与现实自我相混淆。一方面，现实自我与理想自我之间的差距将会成为自我完善的动力；另一方面，这种差距的存在也可能会引发自我内心的焦虑，过大且无望缩短的差距还将激起自我内心的冲突，甚至引发精神抑郁，并导致自我意识的不协调。一般说来，抱负越大、自我要求越严，个人的自我意识越可能不协调。为解除自我意识不协调所带来的苦恼，个人可以通过重构理想自我，或为自己寻找合理化的借口。

为了更有效地实现现实自我与理想自我之间的耦合，个人必须在现实自我与理想自我之间维持某种平衡。一方面，个人要坦然悦纳自我，并在自我接纳的前提下致力于自我完善以成就理想自我。另一方面，个人又不能过于执迷于成为“理想自我”。否则，必将错失生活中的许多美好事物。一般来说，个人解决理想自我与现实自我矛盾的基本方式有以下五种：

①积极型。通过不断完善现实自我，以便更加接近理想自我，从而实现现实

自我与理想自我的统一。这是一种积极向上、努力进取的有志者的统一方式。

②现实型。通过不断完善现实自我，同时根据现实状况修正理想自我，最终实现现实自我与理想自我的统一。虽然基于现实考虑对理想自我做了一定修正，但仍不失为一种积极、明智的统一方式。

③庸碌型。理想自我非常良好，但由于在完善现实自我时遭遇挫折，便放弃理想自我以迁就现实自我，最终达到现实自我与理想自我的统一。这是一种不思进取、安于现状、庸庸碌碌、得过且过的统一方式。

④虚假型。通过对现实自我做过高评价或虚妄判断以实现与理想自我的统一。这类人往往狂妄自大、自命不凡，以主观臆想代替客观现实，并沉浸于自我陶醉之中。

⑤消极型。通过降低理想自我标准，以求得在较低的理想自我水平上实现现实自我与理想自我的统一。这是一种具有极大危害性的统一方式。事实上，虚假型或消极型都不同程度地存在着某种心理障碍。

（5）真实自我与虚假自我。所谓真实自我是指不违背人的自我本性，不扭曲人的自我感知，不欺骗人的内心感受，而是完全听从于自我内心的呼唤，以维持自我的本初、真实与自然。所谓虚假自我是指违背人的自我本性，扭曲人的自我感知，欺骗人的内心感受，将自己以一种虚假的方式展现于世人面前，从而导致自我偏离本初、真实与自然。真实自我与虚假自我的性质及其自我表达方式完全不同。

①真实自我不违自我本性，而是让自我以原初的形态自然表达，因此，自我真实者不需过多地自我防御，其心理或精神不会经常处于激烈冲突之中，而是能够维持一种内在的宁静与和谐。虚假自我则偏离了自我的原初、真实与自然。为隐匿内心的真实想法和需求，自我虚假者必须耗费大量心力压抑自己的需求冲动与真实情感，从而使得自我精神经常处于超负荷的运行状态，自我效能必将因此而大大降低。由于自我虚假者总是处于自我防御状态，因此，其自我心理总是处于激烈冲突之中，严重者甚至可能导致自我人格的分裂，后果十分严重。

②自我真实者的行为常常由内在因素所激发，而自我虚假者的行为常常由外在因素所激发。当行为受内在动机所促使时，由于主观努力完全出自自我意愿，个人将能从当下生活中体验到快乐，自我成长必将因此而受到促进；当行为受外部动机所驱使时，人的主观努力主要是为了得到外部奖励。外部奖励包含两个方面：一是通过强制或诱使个人以其通常不会采取的方式来减少选择的机会，从而限制其行为自由；二是通过提供有关个人努力和表现的信息，当控制性强于信息价值时，外部奖励将对个人兴趣产生破坏。人的行为主要受内部动机所驱使时，

人的自我创造力就能被激发出来；人的行为主要受外部动机所驱动时，人的自我创造力就会受到抑制。此外，行为的外部动机过强还将产生其他消极后果，如，降低机体的生理与心理效能，诱发心理与精神疾病等。

③自我真实意味着个人以内在能力为导向寻求自我的进一步发展，自我虚假意味着个人以外在目标为导向寻求自我价值的被“证实”。由于自我真实者主要受内部动机所驱动，因此，他们总是努力培养自己的能力，并致力于完善自我；由于自我虚假者主要以外部动机为导向，因此，他们总是努力证明自己“有实力”。每一个正常人都难免在外部压力面前采取暂时性的从众策略，并做出某种偏离真实自我的临时性的应激反应。但如果个人长期偏离真实自我，事事看人家眼色行事，久而久之，其内心就会变得脆弱、萎靡、无安全感与自信心，最终必将导致自我处于一种缺少偏好、压抑综合征、低自我价值感的不良状态，甚至可能导致自我毁灭。而始终保持自我真实者将会变得坚强、充满活力、有安全感与自信心，久而久之，自我就会处于一种心力旺盛、认知健康、快乐、富有创造性、高自尊水平与高自我价值感的理想状态。

④自我真实意味着个人能保持独特的自我个性，而自我虚假意味着去个性化。自我意识是自我调节的关键，而去个性化将导致低自我意识。低自我意识者常常降低自己的道德水准，而高自我意识者常常遵从一定的道德准则。研究表明，去个性化将增加攻击性行为。如，群体暴力事件就是基于去个性化而出现攻击行为的典型例子。当处于群体中时，个人就具有了匿名性（去个性化）。因此，平时遵纪守法的一群人一旦聚集成一个群体，并在某一外在因素刺激下，就可能失去理智而产生暴力行为。一旦脱离群体恢复独立状态，个人似乎一下子恢复了正常，事后甚至都难以相信那些暴力事件竟是自己所为。

当然，完全真实的自我与完全虚假的自我是两个极端，正常人所展现出来的自我不可能是这两种极端，而是处于两个极端中间的某一点。亦即任何正常人都不可能完全不表现出一点真实的自我，也不可能完全不表现出一点虚假的自我。这就使得自我成长充满了复杂性和不确定性。

2. 自我的基本性质

正常人的自我通常具有以下基本性质：

（1）所有性。所有性是自我的最基本性质。自我首先建立在能承载自我的所有物基础之上。个人重视自我所有物是为了扩展个人的自我感，而最能体现自我所有性的所有物，是那些能直接满足个人基本需求的所有物，因为正是这些所有物最能表明自己是谁，自己想要如何被看待等。当个人感到自我身份不明确或受到威胁时，通常就会展示这些符号——向他人或自己发出自我定位并寻求身份确

认的信号。个人之所以这样做，实际上源自个人基本需求（尤其是第二、第三类基本需求）的满足面临某种威胁，如，感受到社会角色迷失、需要获得归属感、希望获得社会认同、显示个人身份与存在价值等。

（2）延伸性。自我所有性除了体现于能直接承载自我的所有物身上之外，还表现出向自己拥有或与自己相关事物延伸的倾向性。人的非直接自我承载物是直接承载物的外向延伸，人们对这些东西往往具有与直接承载物相似的情感：如果它们非常好，个人就能从中获得某种成就感；如果它们不好，个人就会感到沮丧。虽然人们对于每件事、每样东西所表现出来的自我延伸性程度不同，但人们将与自我相关的事物视为自我延伸物的总体趋势始终存在。不仅仅是自己所拥有或与自己相关的东西，有时甚至自己所了解的东西也会以某种隐喻的方式成为自我延伸的对象。确定某一事物是否是自我延伸的一部分的基本方法，就是看个人会对它做出何种反应。如果个人非常关注它，并愿花大力气去提高或得到它，就说明该事物是自我延伸物的一部分；如果个人对它漠不关心、麻木不仁，则说明它不是自我延伸物的一部分。

（3）稳定性。自我是个性化特质的综合体现，一旦自我结构基本成型，就会保持某种相对稳定性。显然，身体自我一旦发育成熟，就会保持稳定状态；精神自我一旦初步成形，也会表现出内在一致性与增强性趋势。自我一致性是指个人总是努力保持自我信念、态度和行为之间的一致性。如，拥有积极自我概念者更容易接受积极反馈，更不容易接受消极反馈。因为积极的反馈与积极的自我意象一致，而消极的反馈与积极的自我意象不一致。自我增强性是指自我内部各组成部分之间趋于更加一致、更加稳定的性质。如，拥有积极自我概念者更容易受到积极反馈的影响，从而导致自我概念更加积极；拥有消极自我概念者更加容易受到消极反馈的影响，从而导致自我概念更加消极。

（4）可塑性。自我既保持相对稳定，又具有一定的可塑性，两者相反相成。所谓自我的可塑性，是指自我结构可能会向某一影响屈服，但又不会一下子全部屈服。正是自我所具有的这种可塑性保证了自我系统在内、外因素的干扰下能够始终维持系统自身的相对稳定性与完整性。人的自我成长应首先归因于构成自我的各组成部分以及自我整体所具有的这种可塑性。

自我是持续变化并不断发展的。身体自我的成长遵循确定的生命规律。但即便如此，身体自我仍具高度可塑性。身体自我可塑性的最显著证据就是智能的可塑性。人类大脑的可塑性极强，随着社会经验的积累，特别是通过针对性的专业化训练，人的自我心智可以大大提高。人的精神自我更具可塑性。虽然人的价值观保持相对稳定，但这种稳定是建立在动态变化基础之上的。精神自我的形成是社会实践与自我建构良性互动并综合作用的结果，只要生命不终结，社会实践不停止，精神自我的形成就会始终处于变化之中。正是精神自我的巨大可塑性为自我成长拓展了无限的空间，从而使得个人始终能够持续地自我完善并自我超越。事实上，人永远都在不断地超越现实、超越自我，并在这种不断拓展和不断深化中持续地重塑自我。人的可塑性或未完成性决定了人永远不会停留于某种已完成状态，而总是会在自我成长的过程中不断地丰富并发展自我。人性总是处于不断生成、变动之中，每个正常人成为一个“人”的过程永远都不是封闭的、完成的，而是开放的、不断生成的。在此过程中，个人总是不断超越并扬弃着业已形成了的某种给定性，并且不断赋予自我以新的形象、意义和价值。总之，成为一个“人”的追求，或者说，人的自我形成，是永无止境的。从某种意义上讲，人永远只能行进在不断成长的道路上，永远只可能处于永无止境的自我追求之中。

(5) 多样性。自我是多层面、多变化的。人如何看待并展现自己很大程度上取决于他所扮演的社会角色。当个人以不同社会角色出现时，其自我多样性特点最易得到体现。在不同社会情境中，个人所展现出来的自我可能完全不同。如，一个在父母或老师面前举止文雅的少年，在同伴面前可能是个狂妄自大的家伙；作为父母，我们也不可能把自己在同伴面前的表现原原本本地展现在孩子面前。这充分说明，自我具有多样性。有时，自我的各个方面可能还存在某种难以协调的矛盾或冲突。

(6) 复杂性。自我及自我形成极其复杂，自我成长的过程，就是自我不断趋于复杂化的过程。当然，自我复杂性存在较大的个体差异性。一般情况下，那些可以用多种不同方式来看待自己的人具有更高的自我复杂性；那些只能用有限方式看待自己的人，其自我复杂性程度更低。自我复杂性影响个人对特定事件的反应。自我复杂性程度越低，个人对特定事件的反应可能越激烈。因为自我复杂性程度低的人没有其他东西可资依靠，他对于某一事件所寄予的期望必然很大，一旦某一事件面临积极或消极后果，其情绪反应自然就会很激烈。另外，自我过于复杂也会让人陷入困境。显然，个人不可能拥有世界上所有美好的东西，也不可能具备全部优秀的自我特质。事实上，高自我概念往往与抑郁、神经质、低自尊或不稳定高自尊等相联系。令人期待的自我复杂性是那种构成自我的所有要素之间能够保持高度耦合并和谐一致的复杂性，因为只有这种自我复杂性才真正有益于自我的健康成长。

(二) 自我成长

个人终其一生都在成长。个人自我成长的过程，也就是个人的自我人性发展的过程。

1. 自我成长的决定因素

自我成长是一个十分复杂的过程。影响自我成长的因素很多，其中最具决定性的因素有以下三类：

（1）先天遗传。人的自我形成首先受到遗传因素的影响。如，有的人生来比较乐观，而有的人生来比较悲观。科学家借助于两种为大脑“照相”的工具来研究为什么人与人之间存在着先天的快乐趋向差异：一种是功能性磁共振影像（MRI），用来为大脑活动区域的血液流动“照相”；另一种是脑电图，用来探测神经的电子活动。这两种工具都瞄准大脑的左前额皮层——人类快乐感受产生的主要场所。一些人之所以生来快乐，原因就在于其大脑前额叶皮质部分经常保持活跃。科学家对未满一岁的婴儿进行了一项实验。实验中先让婴儿的母亲暂时离开。此时，一些婴儿会歇斯底里地哭叫，而另外一些却不哭不闹。研究结果显示，大脑前额叶活动程度越高的婴儿越可能不哭。爱丁堡大学的研究者蒂莫西·贝茨（Timothy Bates）甚至认为，基因对人的快乐大约起了50%的作用。善于交际、活跃、情绪稳定、勤奋和富有责任感等与遗传有关的性格特征跟人的快乐程度密切相关，并且这些性格特征之间趋于共生。这个结论是贝茨和他的同事在研究了973对成年双胞胎的有关数据之后给出的。他们发现，通常情况下，比起异卵双生子，同卵双生子的性格更相像；而在回答自身快乐程度时，他们的答案也更接近。这项研究成果发表在《心理科学》杂志（*Psychological Science*）上。该研究进一步指出，性格和快乐不只存在共生关系，事实上，是天生的性格决定了后天的快乐程度。那些在关键性格特征（如外向、冷静、责任心等）上相似的双胞胎，其快乐程度非常相似；如果他们的关键性格特征不同，他们的快乐程度也会很不一样。

人生中大喜大悲的事件虽然短时间内可改变人的情感体验，但个人很快就会回归由先天遗传所决定的快乐水平。有一个研究追踪了22位彩票大奖的获奖者，将他们的快乐水平与22位匹配者相对照，结果发现：在短暂快乐高潮之后，他们并不比对照组表现得更幸福。其中有一位获得2200万美元大奖的女士竟然在获奖一年后被诊断为长期忧郁症患者。在另一研究项目中，研究者发现因脊椎受伤而瘫痪的病人仅仅8个星期内就在快乐情感上有很大反弹，一年后，其快乐程度只比一般人略低。

（2）后天努力。从自身因素来看，人的自我成长决定于先天遗传与后天努力两个方面。虽然人的自我成长受到先天遗传的制约，也受到外在环境的影响，但从根本上讲，人的自我成长是由自我决定的。设定目标并努力实现目标的同时致力于自我完善，是个人获取成功人生并实现生命的美好存在的关键因素。人的生命质量就决定于个人对环境的积极感知与美好体验，并将这种积极感知与美好体验融入个人自我成长过程之中去的程度。

（3）社会环境。人的生活品质与自我形成主要取决于个人对生活的体验以及个人与环境的良性互动。对自我形成影响最大的社会环境因素依次为：家庭、个人所置身于其中的社会组织、社会文化。家庭是自我成长的摇篮，家庭环境对个人一生的成长都将产生深远的影响；个人所置身的社会组织为个人提供了自我成长的平台与实现自我的方式；社会文化为实现自我存在与自我成长提供了活动的广域空间，社会文化之于人就像广阔的天空之于鸟、无垠的水域之于鱼一样。事实上，自我成长是一个个人与社会环境交互作用的过程，亦即实现自我社会化的过程。个人来到这个世界后便开始接受社会文化的熏陶。开始时，个人通过采纳家庭人员（通常是父母）的观点与态度开始自我的社会化。随着年龄的增长，个人开始受到更为普遍、抽象的观点（传统文化及主流意识形态）的影响。社会环境通过支持自主、胜任、关系三种基本心理需要的满足来增强人的内部动机，并促进外部动机的内部化，进而影响人的自我成长。

2. 自我成长的基本特点

正常人的自我成长通常具有以下基本特点：

（1）自我成长的全面性。自我成长不是自我某一方面的成长，而是自我的全面成长。其中既包括身体自我的成长，也包括心理自我的成长；既包括人的生物本性的发展，也包括人的社会本性的发展。

（2）自我成长的阶段性。个人处于不同成长阶段将会有不同的优势成长点。虽然不同的人，其自我成长会存在很大的差异性，但从整体上讲，任何人的自我成长都将呈现出明显的阶段性。

（3）自我成长的层次性。个人终其一生都在成长，所谓“生命不息，成长不止。”这种终其一生的成长的主要特征之一，就是成长的层次性。首先，身体自我的成长要先于精神自我的成长。其次，身体自我与精神自我本身也具有一定的成长层次性。身体自我的成长遵循“形成—生长—成熟—维持—衰退”的生命成长规律，从而表现出一定的层次性；精神自我的成长是一个由自我主导、自我控制、自我管理下的能动的过程，精神自我的成长同样具有类似于身体自我成长的层次性特点。

3. 自我成长阶段

一般来讲，一个正常人的自我成长需要经历以下三个阶段：外部主导期、过渡期和自我主导期。

（1）外部主导期。个人来到这个世界时并不具有自我生存能力，在相当长的

一段时间里，个人必须依靠外部力量的保护与养育才能生存下来，并不断获得成长。我们把这一时期称为自我成长的外部主导期。这一时期是自我成长的关键期，它将为个人一生的成长奠定基础。这一时期，人的身心发展非常迅速。如果在这一时期人的基本需求能够得到有效满足，自我就会健康成长。特别是安全基本需求的满足对于自我成长至关重要。事实上，儿童的成长都是以很小的步伐向前迈进的，每前进一步都是在他感到安全之后；而一旦感到不安全，他就会停止探索，甚至退回原来的出发基点。

（2）过渡期。从外部主导期到自我主导期之间有一个很长的过渡期。过渡期的持续时间存在较大的个体差异。一般来说，基本需求（特别是第二类基本需求）能够得到有效满足的人，其自我成长的过渡期相对较短。对于大多数正常人来说，自我成长过渡期一般包括少年期和部分或全部青年期。青春期处于过渡期后期，这一时期是自我成长的关键期，过渡期的主要特点都可从青春期的成长特征中得到反映。

青少年时期被一些心理学家称为“急风暴雨”式的“大动荡”时期。随着活动范围的扩大，个人的信息来源与获取信息的渠道不断增多，个人所接收的信息也日趋多元化。现实生活中新、旧社会观念之间的冲突以及各种社会思潮的冲击都可能导致青少年产生自我意识矛盾。青少年的独立意识与反抗精神非常强，他们热切渴望摆脱对成人的依赖与自我幼稚，以便能尽快形成一个具有成人特征的全新的自我。然而，由于尚不具备必要的社会自立能力，他们渴望自我独立却又无法自我独立，渴望自我主导却又无力自我主导。因此，他们的内心总是充满了矛盾和冲突，精神上总是感到压抑和苦恼。另外，由于自我形成尚处于幼稚阶段，青少年的心理承受能力又普遍偏低，并且极不稳定。现实生活中的任何一点挫折都足以让他们陷入情绪的冰点；如果能够适时得到正面回馈，他们又能很快精神振奋。研究表明，健康的青少年沮丧情绪的持续时间平均不超过半小时，而成年人从恶劣心境中复原的时间通常是青少年的两倍。因此，外界的情感支持和精神鼓励对于青少年的健康成长十分重要。事实上，正是因为得到了社会网络所提供的各类保护，才使得青少年避免了许多的外部伤害。

青少年的自我体验非常丰富、细腻，但波动性较大，情绪体验的基调通常表现为热情、自信、憧憬、舒畅、紧张、急躁、烦闷等。相对而言，男孩比女孩更自信、更富活力，也更急躁；而女孩更为热情、对于成功的心情更迫切，但情绪变化更大、更易多愁善感：内心体验一会儿如阳春三月，一会儿又如秋风萧瑟，并具明显的情境性。在所有自我体验中，自尊感显得最为突出，主要表现为好强、好胜、要求受到尊重、对涉及自尊的事情敏感且情绪反应强烈等。大约十七八岁，大多数青少年的心理就已相当成熟，并能比较理智地看待不利情况，并逐渐培养出自控能力。这种能力部分归功于时间的历练，部分归功于认知能力的提高。处于过渡期后期的个人，其自我调控能力（如自觉性、坚持性和自制性等）要明显高于前期。此时，个人的自我设计愿望十分强烈，个人心理上的许多苦恼、不安或痛苦等大多与此相关。

（3）自我主导期。随着年龄的进一步增长、生活经验的进一步积累和自立能力的进一步增强，个人开始逐渐摆脱对成人的严重依赖，并且表现出日益增强的自主性和独立性。同时，自我也开始变得更具个性，并逐渐呈现出多维性和多层次性。这就标志着个人已成功渡过成长过渡期而步入到了自我主导期。

自我主导期是自我走向更加稳定、坚强与成熟的时期。成年期的自我成长基本上是在自我主导下进行的。一般来说，当个人成功地经历了过渡期的尝试性自我主导调整之后，自我形成便会进入到一个相对稳定的阶段。此时，个人对自身的看法也会保持相对稳定，并且，当生活发生重大变化、自我面临新的同一性危机时，个人也能以一种有利于自我成长的方式来做出解释，从而确保自我的持续而稳定成长。

自我成长的最终结果主要取决于主导期的自我成长。与过渡期相比，这一时期个人的自我意识水平较高，自我认知也更为主动、积极。个人经常会思考一些有关自身的问题，如，“我可能成为什么样的人”、“我应该成为什么样的人”、“我的自身条件和发展前途如何”，等等。个人的自我认知方式也逐渐从与周围同龄人作比较开始转变为从更广大的社会背景下来认知自我。一旦个人在自我成长整体目标框架内确立起了坚强的自我，以至于任何外在诱惑与暂时性挫折都不足以撼动其自我目标时，就标志着个人对自我的主导已经十分成熟。从此以后，个人的自我成长将会变得越来越平稳、坚定，个人的自我也会变得越来越成熟、健康。

4. 自我成长境界

自我成长具有阶段性。一般来说，正常人的自我成长需历经以下三重境界，每一境界都代表着特定阶段的自我成长目标，同时也是个人所必须面对的挑战。为实现自我成长的不同目标，个人需投入全部自我精力，同时要在充分发挥内在自我完善机制的基础上努力实现自我与环境的融合。

（1）完全以自我为中心的自我。在自我成长的最初阶段，个人所展现出来的自我是一种完全以自我为中心的自我。这是一种最低层次的自我，其主要特点就是极端的个人主义、实用主义和功利主义。此时，个人的核心价值观就是一切以自我为中心。然而，当个人将自我注意力全部向自我内部集聚时，个人的精神能

量就会因过多关注自我和追求无止境的个人欲望满足而被大量损耗，个人的内在心灵与精神世界必将因此而日趋贫瘠；由于个人很少有剩余精力去观察并顾及他人或环境的要求，这必将导致个人的自我认知日趋褊狭。另外，人的社会本性以及需要性质又从根本上决定了个人必须要与他人或环境保持密切联系，并结成互利合作的关系。如果个人总是采取一种完全利己的策略，将势必引发自己与他人或环境之间发生经常性的冲突。这种经常性冲突必将导致自我内心的焦虑与不安，最终将会使得自我无法健康地成长。

（2）与他人和谐相处的自我。与他人和谐相处意味着个人不再觉得自己与他人毫不相干或必然存在冲突，而是认为自己与他人本质上存在着相互依存、相互合作的关系。显然，相对于完全以自我为中心的自我，与他人和谐相处的自我是一种更高境界的自我。事实上，个人只有摆脱完全以自我为中心的狭隘的自我束缚而实现与他人的和谐相处之后，自我才会迎来希望的曙光，自我成长才会步入全新的境界。

人性实现的目标与手段之间往往存在着矛盾，单纯用“为我”的行为作为手段往往难以达成“为我”目标的实现。当个人完全以自我为中心时，他与他人的冲突所带来的外部压力必将使得自我内心总是处于焦虑与不安之中，并且永远无解。因此，要想确保自我的健康成长，个人不仅需要确立一个自我成长的整体性目标，而且还要拥有一种能及时、有效地协调并化解自我与他人之间发生矛盾与冲突的能力。在接纳自我的同时接纳他人；在致力于寻求自我需要满足的同时尊重他人的需要满足；在寻求自我实现的同时充分认识并尊重他人的存在性价值；在寻求自我独特化的同时充分理解并充分尊重他人的独特化存在，并与之和谐相处，就是这种能力的具体体现。

（3）与世界和谐相处的自我。在实现与他人和谐相处的基础上，推而广之，就是要实现与世界和谐相处。此时，个人的精神能量将不再用于控制环境（事实上，人永远无法控制环境，而只能有限地影响环境），而是致力于如何实现自我与环境的共存与融合。此时，个人将不再视环境为自我需要满足的障碍，也不再坚持自我需要必须凌驾于一切之上；而是充分意识到，个人也是环境的一部分，因而应该而且必须融自我于环境之中。事实上，承认个人是一个更大系统的一部分是自我强大的具体体现。将自己置于一个更大整体之中来思考自我、自我存在、自我存在的价值，将会更加有益于自我的健康成长。

要达到这种境界，个人首先必须对自我、自我处境、自己在环境中的地位有相当的自信。此时，个人注意力的焦点虽然仍由自我成长的整体目标所引导，但自我心态已然变得更加接纳与开放，并随时准备因应环境的变化，随时准备做出相应的自我调整，从而真正做到“与时消息、与时偕行、与时俱进”。接纳与开放的态度不仅有助于提高自我认知，而且有助于实现自我因时、因地、因势而变通。通过将注意力从以自我为中心转向与他人、环境相融合，将有助于个人维持更好的内在精神秩序，个人将因此而体验到更多的存在性快乐。事实上，导致个人软弱、创造力下降的主要原因，往往在于个人过多地将自我注意力集中于狭隘的自我身上。当个人真正实现与环境和谐相处之后，他将能更好地理解宇宙万物的存在性价值，这反过来又会更加有助于个人更好地适应环境、更好地与环境和谐相处。此时，各种存在状态都能成为促进自我健康成长的有利契机，各种人生际遇都可转化成为健康自我形成的促进力量。

5. 自我成长的内在机制

自我成长的过程是一个自我不断趋于复杂化的过程。自我复杂化由影响广泛的两种心理机制所共同促成：独特化机制与整合化机制。其中，独特化机制促使自我朝个性化方向发展，整合化机制则能确保自我的个性化发展将会是健康的、稳定的、可持续的。复杂自我的形成成功地融合了这两种看似矛盾，其实内在统一的自我生成机制。

(1) 独特化机制。要使自我的各个方面都能得到充分发展，独特化是一个必然的趋势。自我独特化首先表现为自我的每一部分都将趋于分化成独特化的自我子系统；其次，自我独特化还表现为每一自我子系统内部也会进行分化，从而导致自我系统的结构变得更加复杂。此外，自我系统结构的复杂化还表现为一种自我结构会以多种方式来表达自己。

个性化（individuality）是自我生成的基本趋势，自我复杂化首先意味着自我不断趋于个性化。每个人都具有不同于他人的独特天赋，每个人都有自己偏好的个性化成长方式。自我独特化就是个人以独特化的方式去寻找属于自己的精神家园。由于个性化发展是自我成长的内生机制，因此，任何对个性化成长的压抑与妨碍都将扭曲人的自我天性，并且有害于生命的正常表达。

人的个性化发展过程是人的“自性”得以完满实现的过程，但自我独特化并非纯粹的个人化的独立事件，而是受到环境的影响与制约。为此，个人不宜采取与环境对立的方式来发展自我，而是应对环境作最低限度的适应，这就如同一种植物要想充分展开其自身的特殊本性就必须首先植根于土壤中一样。

自我独特化以回归真实的自我为基本前提。只有回归真实的自我，个人才可能维持自我内在的完整与和谐，独特的自我才可能最终形成。在保持自我真实的基础上的自我独特化的过程，也就是个人充分发挥自我潜能，并形成独特自我价值体系的过程，快乐体验将会在这一过程中持续涌现。而快乐体验最容易促进自

我潜能的进一步发展与更有效发挥，进而促使自我更趋独特化。随着独特化自我的形成，人的自我意识将会变得更趋复杂，人的自觉行为也将会大大拓展。

(2) 整合化机制。所谓自我整合化，就是使自我各个方面相互协调、相互促进，并相互耦合成一个完整、和谐的有机整体。自我独特化以自我整合为基本前提，未经整合的自我独特化必然隐含着自我的某些部分的片面发展并“各自为政”的危险，最终将可能导致自我内部的分裂。

每一个正常人身上都先天地具有一种完善并整合自我的内在趋向。虽然人的自我整合具有先天性倾向与内在性特征，但这种倾向性并不会理所当然地对人的自我形成产生影响，而是需要个人付出主观努力，亦即需要个人不断地完善自我。此外，自我整合最容易在快乐的情绪体验中实现。当个人体验到快乐情绪时，其自我防御往往容易解除，自我注意力也会更加集中，自我意识也更加有序，显然，这种状态最有益于自我整合，自我在快乐体验之后也往往会变得更加“完整”。因此，个人致力于自我整合必须同时坚持自我完善原则与自我享受原则。

除自身因素之外，环境因素也会影响人的整合天性的发挥。环境既可能促进人的自我整合，也可能破坏或阻止人的自我整合，甚至可能导致自我分裂，进而诱发人的阴暗行为与痛苦体验。因此，自我整合不能忽视环境因素的影响。自我整合不仅意味着自我各组成部分整合成一个有机的整体，而且还意味着在完成自我内部各组成部分整合的基础上，还应实现自我与他人或环境的整合。这种整合包括自主与协同两个方面。所谓自主就是要坚持在遵循自我独特性规律基础上的自我导向；所谓协同就是要坚持自我内部及自我与环境的协调与耦合。自我形成最终依赖于实现自主与协同这两种基本功能的相互补充与内在统一。

自我整合存在着整合程度的问题，并且不同个体之间在自我整合方面存在着很大的差异。完全整合或完全分裂是两种极端的情况，一般正常人通常都处于两个极端之间的某一点。虽然完全整合很难达到，但它仍可作为个人所追求的目标。

总之，个性化的自我是自我分化与自我整合的内在统一，个性化自我的最终形成是自我独特化机制与自我整合化机制综合作用的结果。只有在自我分化的同时致力于自我整合，并在自我整合的基础上追求自我独特化，健康自我才可能最终形成。

(三) 健康自我

自我成长的内在基本趋向就是要形成一个健康的自我。健康自我是真实的自我、完整的自我与和谐的自我的内在有机的统一。健康自我首先表现为自我完整；而为了保持自我完整，个人必须做到不违自我天性，亦即要力求保持自我真实；在自我真实与自我完整的基础上实现自我和谐，是自我健康的最高境界。

1. 真实的自我

自我真实意味着个人完全顺应自我人性的要求，充分倾听自我内在的声音，完全忠实于自然的自我。只有当个人更多地成为真实的自我时，他才可能向着健康的方向发生改变——身心变得更加整合，精神变得更加和谐，内心体验到更多的满足感与幸福感，心力得到更好的涵养与提升，自己在生活的各个方面都表现出更多的创造力，并对自我实现充满自信和期待。

然而，人们常常被迫偏离真实的自我。现实生活中的每个人都面临着从众的压力，许多人被迫屈从于这种压力而选择从众。从众意味着背离真实的自我，意味着自己所行并非自己所愿。这将会激起自我内心的冲突，并且破坏内在的自我完整与和谐，最终必将导致自我偏离健康成长的轨道。

背离真实的自我不仅有损于自我健康，而且从长期来看也不利于良好人际关系的形成。当个人试图以一种戴着面具的方式与人相处时，为了维持一种与内心体验不一样的表面的东西，他将被迫努力压抑与隐饰自我内心的真实感受，这将极大地损耗自我心力。事实上，虚假自我难以长久维持，一旦被人识破，就会失去他人的信任。反之，如果能维持自我真实，个人就无须耗费心力去自我掩饰，自我机能就能发挥得更好；他与别人的关系就会变得真实、自然。只有建立在真实、自然基础上的人际交流才能确保相互理解；只有相互理解才能减少彼此间的隔阂，才能实现彼此间的开放、接纳与共情，并实现相互间的心灵沟通与情感共鸣。然而，要达到真正的彼此理解并非易事。现实中的每个人都是一个孤岛，只有当个人首先愿意成为真实的自我时，他才可能与其他孤岛之间架设起沟通与联系的桥梁。事实上，人越是真实，就越能理解和接纳自我，进而理解和接纳他人；就越有可能激发自我与他人的更多变化；就越能自然而顺畅地适应外部环境的变化。如果个人不能将自我置于真实情感基础之上，不能真正地自我导向，他就不可能与他人建立起感情上成熟的、互动移情的关系，而只能维持一种虚假的不稳定关系。

回归真实的自我最能体现并磨砺自我意志，最能检验并坚定自我信念。显然，只有内在的自我足够强大，个人才会敢于做出基于自我意愿与自我信念的选择；如果内在的自我是软弱的，个人就极可能在外在的压力下退缩，并做出有违于自我意愿与自我信念的选择。逐渐地，个人就会变得没有正确的自我观，并且不能有效地自我导向。一旦没了别人的“指导”，他就会变得不知所措，甚至没有安全感。

当然，完全虚假的自我和完全真实的自我是两个极端，一般正常人通常处于两个极端之间的某一点上。然而，无论处于哪一点，个人所面临的挑战都是一样的：如何保持自我真实并远离虚假的自我。

2. 完整的自我

在自我真实的基础上追求自我完整，标志着自我成长已进入一个新的更高的境界。自我完整首先表现为身体自我的完整性，亦即身体内部各生理机能功能耦合而成为一个有机统一的整体以共同维持机体内部生理机能的完整性。其次，自我完整表现为精神自我的内在一致，特别是自我概念的一致性。“人生不如意者十之八九”，所有不如意之事都可能对自我形成产生消极影响，并对自我成长构成现实威胁。轻微的威胁不会危及自我完整，甚至还有助于激发人的内在潜能，进而促进自我成长。事实上，当面临重大事件时，自我往往会表现得更加整合。然而，如果外在威胁过大，以至于个人无法应对，就可能重创人的心灵，并迫使自我退缩至自卫屏障之后，甚至可能导致自我的分裂。最后，自我完整意味着身体自我与精神自我协调一致，并相互耦合。人的身、心高度一致，身、心变化永远相伴相随。心理以大脑为物质基础，脱离大脑这一物质基础，人的意识与心理也就不复存在。研究表明，当大脑的高级区域发生分子的重新排列时，人的意识也会发生相应变化。没有大脑内部的变化，意识变化就不会发生；同时，大脑的变化也离不开意识的变化。

自我形成受到内、外因素的交互影响，形成完整的自我标志着影响自我形成的所有内、外因素之间已经实现了内在的协调一致与动态耦合。因此，完整的自我的形成意味着人的生理自我、心理自我和社会自我已经实现有机统一；意味着自我成长是自主性、一致性、连续性与耦合性相统一的成长；意味着个人对自我、他人与社会环境高度认同，并已融合成为一个有机统一的整体。而要形成完整的自我，个人首先必须对自我进行持续探索。由于自我探索以自我概念为基础，以自尊的获取为内在基本动力。因此，要形成完整的自我，个人应该首先致力于形成合理、健康的自我概念，并努力维持个人的高自尊水平。

内在统一与整合的自我感对于自我的进一步成长以及个人成功至关重要。自我感是人对生理或感官的生物性与心理或精神的社会性的综合体验。如果个人能够持续强化这种整合性体验，他就能拥有一个机能良好并不断趋向健康的自我，个人独特的意识能力就能自由而充分地发挥，个人对客观事物的认知也会更趋客观、全面与整合。机体通过中枢神经系统的非凡的综合功能对所有意识要素进行整合，就能产生一种平衡、现实、利己又利人的行为。反之，如果自我感不完整，自我发展就会令人十分担忧。

自我完整者不会自我异化。异化的人或致力于一种片面性的追求，或委身于自我的一部分。商业社会里的大部分人都将绝大部分精力放在对商品的生产与消费上，放在对金钱的追逐上，而忽略了自己内在的精神生活。这实际上已经失去了人之所以能为“人”的内在精神自由。

总之，自我完整意味着自我内在地统一与融合：身体自我与精神自我的统一与融合；主观自我与客观自我的统一与融合；现实自我与理想自我的统一与融合；意识、潜意识与无意识的统一与融合；需要满足的现实原则、快乐原则与健康原则的统一与融合……人是一个有机统一的整体，只有当自我体现出整体的人性时，人的心力才会集中而非消散，并且整体上维持稳定的良好状态；人的各项生理机能才会更具效率；人的社会性行为才会表现得更优秀；人的意识体验才会更全面、客观与真实；人的机体才会更值得信赖；人的行为才会更具建设性。一言以蔽之，自我才会趋于更健康。而要实现自我的完整性，首先必须维持自我的真实性。因为真实的自我意味着自我接受，意味着人的内在深层次力量与自我防御力量之间的内战能够及时而有效地得以化解，从而使得自我能够避免分裂。

3. 和谐的自我

自我和谐是指自我系统内部各组成部分之间相互配合、相互协调、相互耦合而形成一个内在和谐的有机整体。自我和谐意味着人的各种内在心理冲突能及时得以化解；人的精神与肉体合二为一；人的生理机能与自我感觉状态均能达到最佳；人的知觉与行为高度一致。自我和谐者通常具有以下基本特点：

（1）人格完整。自我和谐者的人格各构成要素（气质、能力、性格、信念、动机、兴趣、价值观等）之间平衡发展，并保持相互协调、相互耦合。

（2）在自我信赖的基础上悦纳自我。因而，自我和谐者有充分的安全感；能客观评价自己的性格与能力，并坦然接纳之；在不对自己提出苛刻、非分期望或要求的前提下努力发挥自我潜能。

（3）悦纳他人并善于与人相处，能充分认识到并充分尊重他人的存在性价值。

（4）能妥善处理各种心理冲突，并做出有利于健康自我形成的正确选择。自我成长必须克服各种内心冲突以维持心理或心灵的内在秩序，自我成长的过程就是个人不断创造内在心理或心灵的更高秩序的过程。具备维持自我心理或心灵秩序能力的人不仅能够在社会性人际交往中处于主导地位，而且具有超乎常人的应付孤独或孤立的能力。

（5）能平衡过去、现在和未来的关系。自我和谐者能从过去的经历中汲取经验教训，并在策划未来时加以充分利用；能把当下努力与长远目标结合起来，并

且当觉知到现实存在与理想目标之间存在很大差距时仍能泰然处之。

(6) 能客观认知并恰当处理各类现实问题，并最终达到自我内在的协调一致和外在的积极适应的高度统一。一般情况下，现实自我与理想自我之间必然存在一定的差距，自我和谐者能坦然接受这种差距，并当觉知到自我与参照对象之间存在较大差距时仍能保持自我内心的和谐。

总之，自我和谐是健康自我形成的最终标志。在人的社会化成长过程中，自我各组成部分之间会经常出现各种不一致、不统一的情况，如，知觉到的现实自我与理想自我之间的不一致、自我概念内部各组成成分之间的不一致等。只有及时、有效地化解这些矛盾与冲突，才能实现自我和谐。自我成长的过程，或者说，健康自我形成的过程，就是不断实现自我在更高层次上的和谐的过程。

三、成功为了什么

“成功为了什么?”简言之，成功就是为了要成长为一个“人”，一个人性完善且自我健康的人。人的本质规定性集中体现为个人要成长成为一个“人”，个人成功就是要追求对人的本质的回归。因此，“成长成为一个人性完善且自我健康的人”为我们确立了一个生活的基本准则。这一准则建立在人性的生成与发展基础之上，体现了对人的终极性关怀；它为个人幸福与心灵成长所不可或缺，并能带给个人以生命的方向、准则和动力。

人源自自然，并且，人本质上也是自然的一部分。然而，人既已超越了自然，并获得了一般自然物所不具有的人的本质属性，人所追求的就不应再是回到自然界去而成为一个“物”，尽管至今仍有人将自己寄存于物的世界，并把对物的追求看成人的本质，从而将自己从人的世界中放逐。人创造了神，让它成为了绝对自由、创造性和目的性的化身。然而，人永远成不了“神”。尽管这种投向彼岸世界的妄想也曾赋予人以某种终极性关怀，并带给人以某种超越性的精神力量，但它所带给人的负面影响也是明显的：它否定人的正常欲望，并使人性遭受扼杀；它使人的“神圣”追求与现实生活总是处于两极对立之中；它让人的希望与需要从虚妄转向虚假。因此，人回归“人性”，就必须实现对“物性”和“神性”的全面否定。

既然“人”本身就是人的最高本质，那么，成为“人”就应该成为衡量人的一切的尺度，并将它确立为人的终极性价值追求。人的一切生活都是为了满足人的这一本质需要，人的自我实现就是对人的这一本质需要的实现。追求成为“人”，就是顺应人性的根本要求，就是为了获得“人”的本质，就是为了实现人的自我价值，并完成自己的人生使命。

那么，到底怎样才能成长成为一个人性完善且自我健康的“人”呢？首先，个人必须持续地追求自我成长；而要实现自我成长，个人又必须努力寻求自身需要的合理而有效满足；与此同时，个人还必须努力追求自我存在、自身幸福与自我实现。这样，我们就得到了个人追求系统成功的目标体系：

个人成功＝｛自我成长，需要满足，自我存在，自我幸福，自我实现｝

（一）自我成长

追求自我成长是人性的内在根本诉求。自我成长的内在基本趋向就是要形成一个健康的自我。健康自我的形成以个人自由选择与自我主导为基本前提，以自我全面发展为根本途径，以自我创造力形成为主要标志。自我的健康成长，也就是要实现自我的和谐发展；自我的和谐发展，也就是要在自由选择与自我主导下实现自我的全面发展；而一个自我全面发展的人，必然同时也是一个极具自我创造力的人。为此，个人所确立的一切具体目标都应不违自我本性，并有助于人性的健康发展。

总之，对于一个正常人来说，形成健康自我是第一位的。因为只有形成了健康的自我，个人才会在生活的各个方面表现出创造力；而只有一个富于创造力的人才可能达到理想的自我实现高度。也只有在形成健康自我的前提下，个人在追求自我成功的过程中才不会绝对地以自我为中心，并且固执于自我；相反，他会不断地完善自我，不断地超越自我，从而最终获得一个成功的人生。

（二）需要满足

自我成长以自身需要满足为基本前提。因此，需要满足应成为个人确立自我目标的基本依据。事实上，个人的每一次成功都包含着需要满足的具体内涵。如果从人的整个一生来看待需要满足，那么，个人努力追求自身需要满足的过程，也就是个人努力追求自我成长的过程，同时也是个人追求系统成功的过程。

需要满足是个人成功的内在根本动力。事实上，个人一生中的所有行为都是在紧紧围绕着自身需要的满足而展开。正是个人致力于自身需要的满足，才使得个人的生命活动有了明确的目的性。

需要满足与健康自我形成之间存在着确定性的因果关系。需要的合理而有效满足是健康自我形成的基本前提。一般情况下，个人最想要的往往也是对他最有益的。基本需求为人所必需，因而，基本需求的有效满足最能促进自我的健康成长。事实上，任何一次基本需求的有效满足都是一次促进自我健康成长的良好机会。普遍的临床研究表明，当食、衣、住、性、安全、情感、尊严、偏好、自我实现基本需求都能得到有效满足时，人的各项生理机能往往发挥得更好，如，自我感觉更加灵敏，个人思维更加敏捷，患各种生理疾病的概率也大大降低等。任

何正常人在成功获取自身需要满足之后都会不同程度地体验到一种原初的生命存在感——这是一种最基本的自我实现感。恰恰是这种最基本的自我实现感最能促进自我的健康成长。从根本上讲，人的行为不善往往源自自身需要的无法满足或不健康满足。假如人的需要能得到及时而有效满足，人的行为不善现象就会大大减少，人的自我潜能就能得到更好发挥，健康自我就能更快地形成。

人的需要满足是整体性的满足，相应地，需要满足对于自我成长的促进也必然是整体性促进，而非只是对于自我某一部分的促进。需要满足越充分、全面，它对健康自我形成的促进效果就会越广泛、明显。显然，在其他条件完全相同的情况下，一个安全、情感需求都能同时得到有效满足的人，会比只有安全需求或情感需求能够得到有效满足的人更为健康。依此类推。

总之，人的需要即人的本性。个人致力于寻求自身需要的合理而有效满足以形成一个健康的自我，既是人的自我成长内在基本趋向，也是人性的内在基本诉求。

（三）自我存在

求我生存是人的本性，追求自我存在是人性的内在基本诉求。显然，个人只有先实现自我存在，才谈得上自我成长、自我幸福与自我实现。个人追求自身需要的合理而有效满足，是个人实现自我存在的根本途径。

自我存在具有层次性，这种层次性具体体现为个人追求自我存在状态的持续性改善。人的自我成长、需要满足、自我幸福、自我实现，最终都必须具体落实到自我存在状态的改善上来。个人正是在努力寻求自我存在状态的持续改善的过程中才促进了自我成长、获得了需要满足、体验到了阶段性成功或局部性成功所带给自己的自我幸福感与自我实现感。因此，个人选择生活目标并致力于个人成功的一切努力，都应紧紧围绕自我存在状态的改善。实际上，个人追求系统成功的过程，也就是个人致力于不断改善自我存在状态的过程。

存在状态的持续改善主要取决于个人能否及时而有效地解决自己所面临的各类现实问题，正是由于个人所面临的各类现实问题能够得到及时而有效的解决才确保个人存在状态的持续改善。

（四）自我幸福

趋乐是人的本性，追求自我幸福是人性的另一内在基本诉求。幸福对于人类具有终极性价值，因此，个人追求自我幸福，应该成为系统成功的基本目标。

追求自我幸福与追求自我健康成长以及自身需要的合理而有效满足具有内在的同一性。当个人努力活在当下，并努力寻求自身需要的合理而有效满足以促进自我健康成长时，他最能体验到生活的乐趣、成长的快乐、生命的意义与存在的价值。因此，个人努力寻求自身需要满足以实现自我健康成长的过程，同时也就是个人实现幸福人生的过程。

(五) 自我实现

自我实现是人性的另一内在基本诉求。每一个正常人都具有趋向健康自我并充分实现自我的内在动机。因此，个人追求系统的成功，也就是要在自我成长的过程中不断地认识自我、发现自我、发展自我，并且最终实现自我。显然，如果个人不知道自己到底喜欢什么、到底想要什么、到底想要干什么、到底想要成为什么等，亦即不能充分地认识自我并发现自我，那么，个人也就难以充分地发展自我并实现自我。最终，个人也就无法成就一个成功的人生。

从自我成长的角度来看，健康自我形成与自我实现完全内在一致。自我实现实际上也就是个人在自我价值体系引导下的自我成长，自我成长实际上也就是个人向着自我成长终极目标不断前进的持续的自我实现。如果个人能够持续地体验到局部性成功或阶段性成功所带来的自我实现感，健康自我将会更易形成；而一个自我日趋健康的正常人，将会更加容易达到更高层次的自我实现。总之，自我成长内在基本趋向就是要形成一个健康的自我，而系统的个人成功，就是要在确保自我健康成长的前提下充分地自我实现。

第二节　成功是什么

“成功是什么”，这是个人成功理论必须回答的第二个基本理论问题。从内涵上讲，成功可从狭义与广义两个方面来进行定义；从层次上讲，成功可从技术层面与价值层面两个方面来进行诠释。

一、个人成功的基本内涵

个人成功的基本内涵可从以下两个层面来进行理解：狭义的个人成功与广义的个人成功。狭义的个人成功是指个人实现了自己想要达到的预定目标，这也就是人们通常所理解的“成功”。广义的个人成功是指系统的个人成功，亦即个人获得了一个成功的人生。

(一) 成功

1. 成功的定义

人们通常所说的成功是指狭义的个人成功，亦即个人实现了自己预定的目标。狭义的成功所能带给个人的只是局部性或阶段性的利益，因而，它对改善个

人生活的作用是有限的，并且常常带有某种不确定性。

任何成功都必然包含以下三个基本要素：目标确定、目标坚持与目标实现；或者说，任何成功都必然包括目标确定、目标坚持与目标实现这三个基本环节；或者说，个人获取任何成功都必须经历目标确定、目标坚持与目标实现这三个基本步骤。个人能否成功，完全取决于个人能否在成功的三个基本环节上都能做出成功的应对。亦即个人成功的基本要略在于个人必须要有明确而坚定的目标，并且要对目标做出执著而持久的坚持。唯有如此，个人方能实现自己的预定目标（如图3-1所示）。

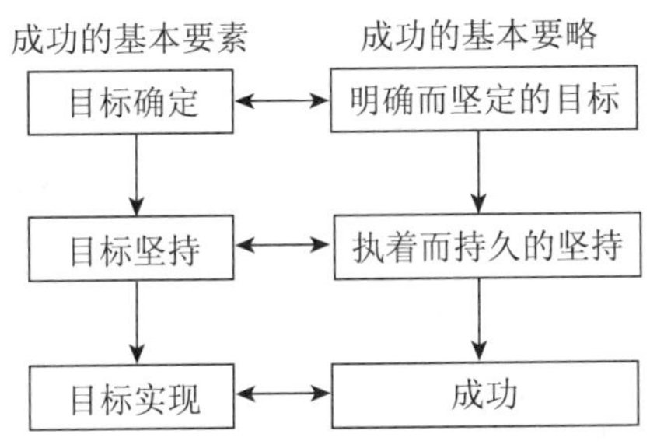

图3-1　成功的基本要素与基本要略

2. 成功的基本性质

正确把握成功的基本性质，对于个人成功至关重要。总结起来，成功具有以下基本性质：

（1）成功是人的一种内在基本诉求。每一个正常人都渴望成功，每一个正常人都希望自己能够拥有一个成功的人生。当然，这种成功是一种自我导向、自我选择意义上的成功，而不是一种屈从于内、外压力下的所谓“成功”。

（2）成功既是一门科学，也是一种能力。成功理论必须回答以下基本理论问题：成功为什么？成功是什么？怎样成功？搞清楚这些成功理论的基本问题，也就是在提高个人获取成功的基本能力。正因为在获取成功能力上存在差异，才导致了个人成功结果上的差异。

（3）成功是多种因素综合作用的结果。影响个人成功的因素包括两类：内在自我因素与外在环境因素。个人成功是在综合考虑并成功应对这两类因素之后的结果。有时，面对某一目标，个人需要特别强调某一类因素的影响与作用，但这并不意味着个人可以忽视或否认其他因素的影响与作用。

（4）成功既是一个过程也是一种境界。成功是过程与结果的内在统一。成功具有阶段性，在人生的不同时期或自我成长的不同阶段，个人所追求的目标以及实现目标的方式存在很大差异。成功的阶段性决定了个人成功必然存在一定的境界。首先，成功的目标具有一定的层次性。一个大目标往往包含许多小目标，实现人生的总目标是一种成功，实现不同阶段的小目标也是一种成功，只不过成功的境界不同而已。其次，成功没有最好，只有更好。个人永远都可以更成功，个人成功永无止境。

（5）成功既是一种追求也是一项修炼。成功意味着个人必须不断调整自我，以便自己能够适应不断变化的外部环境，并在此基础上，去努力实现自己想要达到的预定目标。个人获取成功的过程，实质上是一个不断完善自我的过程。只有能够为着一个长远目标而不断自我完善的人，才可能成为一个成功者。

（6）成功培训是一项旨在促进个人健康成长与自我实现的教育。理论上，成功培训应着眼于促进个人的健康成长与自我实现。然而，现实情况并非完全如此。许多成功培训机构由于受商业利益的驱动而背离了成功教育的基本宗旨。绝大部分成功学培训缺乏成功之“魂”，更谈不上终极关怀。有的成功培训甚至鼓励、诱导或倡导人们为了达到目的而不择手段，教导学员如何突破法律、道德、伦理的底线，努力做到“厚”与“黑”等。有些所谓成功学“大师”甚至提出“市场经济没有任何道德和规则可言”。他们善于自我包装，善于表演，善于调动听众的情绪并营造良好的课堂气氛，善于运用发问、举例等技巧来设置悬念以提高演讲的现场效果等。这些所谓“大师”只不过是营销高手，他们的成功与其说是成功教育的成功，还不如说是商业上的成功。

（二）系统成功

1. 系统成功的定义

系统成功是指个人获得了一个成功的人生。如果说狭义的成功只是一种局部性的或阶段性的成功的话，那么，广义的成功则是一种整体性的或长期性的成功，亦即个人获得了整个人生的系统的成功。显然，一次狭义的成功并不足以导致个人整个人生的成功；然而，一系列相互联系、相互影响、相互促进的狭义的成功相互耦合起来，就有可能促成个人的整个人生的成功。由此可见，广义的个人成功建立在狭义的个人成功基础之上。另外，由于人的需要具有无限性，人的自我存在、自我幸福、自我实现是一个永无止境的过程，人的自我成长也是一个永无止境的过程，这就决定了个人的成功人生也必定永无止境，亦即个人成功存在着一个成功境界的问题。

2. 系统成功的基本性质

系统成功具有以下基本性质：

（1）系统成功是一种整体性的成功，而非局部性的成功。当然，整体性成功

建立在局部性成功基础之上，但局部性的成功并不足以促成系统的个人成功。只有当所有局部性成功相互耦合而成为一个有机统一的整体之后，它们才可能促成整体性的个人成功。

(2) 系统成功是一种全过程的成功，而非阶段性的成功。当然，全过程的成功建立在阶段性成功基础之上，但阶段性的成功并不足以促成系统的个人成功。只有当所有阶段性成功相互耦合而成为一个有机统一的整体之后，它们才可能促成全过程的个人成功。

(3) 系统成功是一种指标体系意义上的成功，而非单项指标意义上的成功。单项指标意义上的成功实质上是一种局部性的成功或阶段性的成功。虽然取得单项指标意义上的成功也十分重要，但单项指标意义上的成功并不是一种系统的成功。只有当所有单项指标实现了相互联系、相互支持、相互耦合，并且个人取得了所有单项指标的成功之后，个人才可能获得系统的个人成功。

3. 系统成功的衡量

系统成功可从多个方面来进行衡量：

(1) 从成功为了什么的角度来衡量。个人成功就是为了成长成为一个“人”，一个人性完善且自我健康的人。为了达到此目标，个人必须努力追求自我成长、需要满足、自我存在、自我幸福、自我实现。如果个人在所有这些方面都获得了成功，那么，个人就能获得系统的个人成功。亦即从成功为了什么的角度来衡量个人成功，就是要看个人能否形成一个健康的自我，能否成功地获取自身需要的合理而有效满足，能否获得一个幸福的人生，能否充分地自我实现，能否根据自己的实际情况不断改善自我存在状态。

(2) 从系统成功的基本内容来衡量。生活的基本内容主要包括四个方面：健康、家庭、事业、亲子，人生的主要精力就耗费在这四个方面。如果个人在自己人生的所有主要的方面——健康、家庭、事业、亲子教育都获得了成功，那么，个人就能获得系统的个人成功。

二、个人成功的基本层次

个人成功可从以下两个层面来进行诠释：技术层面的成功与价值层面的成功。技术层面的个人成功，就是要从系统的角度来研究个人成功，从而形成个人成功的系统观。价值层面的个人成功，就是要从系统的角度来研究个人的整个人生的成功，从而形成系统的个人成功观。其中，技术层面的成功是个人成功的基础，价值层面的成功是个人成功的灵魂。

(一) 技术层面的个人成功

所谓技术层面的个人成功，就是要对个人成功进行技术层面的系统思考，从而形成个人成功的系统观。对个人成功进行技术层面的系统思考，就是要将成功的三个基本环节——目标确定、目标坚持、目标实现视为一个有机统一的整体，并对其进行系统思考；在此基础上，对它们做出系统的规划，并采取系统的行动（如图 3-2 所示）。

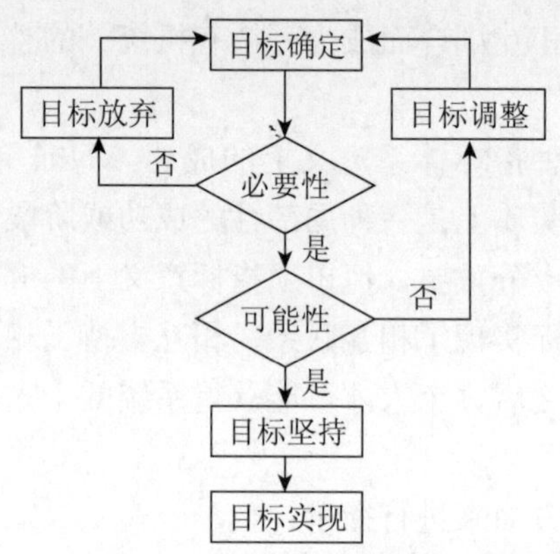

图 3-2　成功的系统框架

1. 目标确定

个人根据自我需要自主确立自己的目标是个人走向成功的第一步。目标确定的过程是一个十分复杂的过程，需要进行多层次的决策。首先，要就目标确立的必要性进行决策；其次，要就目标实现的可能性进行决策；最后，要对目标的执行做出计划。

（1）目标的必要性论证。目标的必要性论证，就是要弄清楚目标是否确实为自我所需要？需要的程度如何？个人是否对这一目标感兴趣？该目标是否与自己的人生目标相耦合？是否与其他目标相协调？该目标的提出是否会冲击其他目标并影响其他目标的实现？该目标的实现能否有效促进自我的健康成长？是否能对自己的经济基础、社会基础与自我成长等产生积极的效应？等等。

（2）目标的可能性论证。目标的可能性论证，就是要确定目标是否具有实现的可能性。如，自己是否具备足够的时间、精力、能力来实现这一目标？外界环境是否允许个人提出这样的目标？能否获取目标实现所必需的外部资源？等等。

（3）目标执行计划的制订。如果个人对上述必要性论证与可能性论证所得出的结论都是否定的，那么，个人就应毫不犹豫地放弃这一目标；如果个人对上述可能性论证与必要性论证所得出的结论都是肯定的，那么，个人接下来要做的，就是制订具体的目标执行计划。在制订目标的执行计划时，个人需要预先拟定多

个方案，并对各个方案进行详细评估。在此基础上，选择一个最佳方案，然后予以实施。

在制订目标的执行计划时，要特别注意计划是否具有可控性。为此，个人必须对目标进行分解，以确保各子目标之间能够相互配合、相互协调、相互衔接。

2. 目标坚持

执着而持久地坚持目标是确保成功的关键。显然，任何完美的计划，如果不能成功地实施，那都只不过是水中月、镜中花。

目标坚持的过程，实质上是一个对自我进行管理的过程。首先，个人必须不折不扣地执行计划，并紧紧围绕着目标的实现持续地完善自我。事实上，个人坚持目标的过程，也就是个人不断完善自我的过程；同时，也是个人自我成长的过程。其次，在目标坚持的过程中，个人随时都有可能遭遇各种困难或挫折，个人必须对此要有足够的估计，并预先做出妥善安排。确定合理的目标固然重要，然而，在随后的目标坚持过程中根据内、外情况的变化随时对目标及其执行计划做出动态调整也十分必要。总之，个人在目标坚持的过程中，既要具有面对挫折毫不退缩的坚忍意志，又要具备因时、因事应变的足够智慧与能力。

3. 目标实现

就单一目标实现的一次性成功来说，目标实现意味着个人已经达到了成功的终点。然而，对于系统的个人成功来说，某一目标的实现只不过是个人走向下一次成功的开始，因为系统的个人成功是由若干具有内在联系的阶段性目标或局部性目标相互协调、相互耦合所形成的一个有机统一的整体。

（二）价值层面的个人成功

所谓价值层面的个人成功，就是要对个人成功进行价值层面的系统思考，从而形成系统的个人成功观。系统的个人成功观包括以下两方面的基本内涵：首先，系统的个人成功是成功。这就意味着，系统的个人成功建立在技术层面成功的基础之上——达到自己预定的目标。个人只有获取技术层面的成功，才可能实现价值层面的成功。当然，技术层面成功只是价值层面成功的必要条件，而非充分条件。其次，系统的个人成功是系统意义上的成功。这就意味着，系统的个人成功不是局部性的成功，而是整体性的成功；不是单项指标意义上的成功，而是指标体系意义上的综合性成功；不是暂时性的成功，而是个人整个人生的成功。系统的个人成功观，也就是成功的人生观；个人追求系统的个人成功，也就是要追求一个成功的人生。

个人追求一个成功的人生，就是要将自己的人生视为一个有机统一的整体，并从系统的角度来确立自己的人生目标、坚持自己的人生目标，并且最终实现自己的人生目标。成功人生具有以下基本性质：

1. 成功人生是一个不断发展的过程，而非一种固定不变的状态

人的本质是在实践活动中渐次生成的，人性的生成过程是一个人的需要不断丰富、人的潜能不断发展的过程。这个过程所指向的是形成全面发展并具有自由个性的“人”——这也是人性生成的逻辑终点。既然人的形成是一个渐次生成的过程，那么，成功人生就不可能一蹴而就，而是需要个人持续不断地努力追求。个人追求成功人生的过程，也就是不断自我成长的过程，也就是个人着眼于现实存在却又不断超越现实存在的过程，也就是个人不断完善自我并且不断实现自我的过程。

2. 成功人生是一个不断发展的趋势，而非一个可以一次达成的目标

成功人生是一种美好境界，而不是一种可以一次性完成的终极性目标。个人通过自己能动的创造性活动而生成了一个现实存在的自我，然而，个人除了渐次生成一个“现实自我”之外，还存在着一个愿望中的“理想自我”。正因为个人具有成长成为理想自我的内在诉求，才使得个人不断地完善自我。亦即人的存在是一种开放性的存在，一种未完成的存在。人是一种扎根于社会现实存在基础之上，但又不断寻求超越现实存在的存在物。正是个人对理想自我的执着追求才最终确保了个人能够持续地自我创造、自我形成、自我完善，并自我实现。

3. 成功人生是人的自由天性得以充分释放之后的一种必然结果

自由是人的天性。人的自由先于人的本质，人的本质只有悬置于人的自由之中才能最终得以形成，亦即自由是个人成就自我的基本前提。自由存在作为一种存在的应然状态不断给人以努力的方向和成长的动力，从而促使个人不断改善自己的现实存在状态。人的存在是有限的，但人能够超越这种有限性。人的生活其实就是在给定的实际领域与期待的理想领域之间的一种经常被打破而又不断恢复的平衡，人就是在这一过程中不断地生成自己，不断地开启自我存在的空间与意义的。正是人的这种理想性的存在，正是这种容许不同的人拥有追求不同生活的自由，才使得人们能够不断地超越现实、超越自我，从而实现了现实性存在与理想性存在内在有机的统一。正是在这种追求成长成为理想自我的过程中，个人才得以充分释放了自己的自由天性。

实践是实现人的自由的唯一载体。人具有一种不断超越现实、超越自我的内在需要，具有一种追求“成为理想的你自己”的内在诉求。人的自由天性就在对这种需要与诉求的追求实践中得到了最充分体现与最完美发挥。个人正是在这种自由天性引导下的追求实践中，才实现了自我的自由生成与人性的全面发展，从而成就了一个人性完善且自我健康的“人”，并最终获得了一个成功的人生。

第三节　怎样获得成功

“怎样获得成功”，这是个人成功理论必须回答的第三个基本理论问题。为了获得系统的个人成功，首先，个人必须在确立目标、坚持目标的同时，不断夯实个人成功所必需的现实基础。其次，个人要以目标为导向持续地完善自我。最后，个人必须努力营造一种有利于个人成功的助益性的人际关系。

一、夯实个人成功的现实基础

个人成功需具备一定的内外条件。在影响个人成功的所有内外因素中，以下三类因素最为关键：经济基础、社会基础与自我成长。它们是成功所必需的现实基础。

（一）经济基础

在影响个人成功的所有因素中，经济因素居于最基础性的地位。事实上，拥有财富并过上富足的生活不仅是个人强烈的内心愿望，同时也是个人所追求的最重要目标。理论与实证研究反复证明，经济基础是个人成功所必需的最基础性条件。

1. 经济基础是确保自我存在的基本前提

个人追求成功本质上都是为了确保自我存在，并不断改善自我存在状态。人类创造出越来越多的物质产品，发明出越来越好的医疗技术，创造出越来越好的生活环境等，无不着眼于改善人类自身的存在状态。人的各类活动无不着眼于实现人的存在需要，个人所追求的许多具体目标，如，美食、华服、豪宅等，其背后无不隐匿着一个共同目标：致力于维持自我存在并不断改善自我存在状态。也正因为如此，这些目标对于个人来讲也才具有现实意义。而要实现这些目标，个人首先必须具备一定的经济基础。

2. 个人幸福离不开一定的经济基础

只有当个人具备了一定的物质条件之后，他才可能获得自身需要的满足。足够的财富意味着个人能够支付得起生活所需，能够进行娱乐消费，能够获得一种心理上的安全感等。一般来说，经济状况越好的人越有条件获得幸福。尤其是当个人尚处于生存状态时，经济条件的改善能极大地提高个人的幸福度。当然，强调经济基础对于个人幸福的重要性，并不意味着纯粹的物质崇拜。事实上，纯粹的物质崇拜是一种人格上的不健全。较之于一般正常人，物质崇拜者更不幸福，自我健康状况也更差。大量实证研究表明，财富并非衡量个人幸福的绝对标准，人们的幸福度也并不必然随财富的增加而提高。在大多数国家，收入和幸福之间的相关度很低。只有当人们尚处于生存状态时，收入的增加才会极大地增进个人幸福。

3. 个人的自我实现必须借助于一定的物质手段

自我实现以个人的人格独立与心灵自由为基本前提。然而，个人只有获得经济上的独立，才可能获得人格上的独立；个人只有具备一定的经济基础，才可能获得真正的心灵自由，才会有条件去做自己喜欢做的事，去过自己想要的生活。借助于物质财富，个人不仅可以满足自身需要，而且还可以借此而实现自我。事实上，财富创造本身即可成为个人实现自我的重要方式。个人在财富创造与财富积累上的成功不仅能为个人的成功人生奠定坚实的物质基础，而且财富创造与财富积累本身也是成功人生的重要体现。当然，个人必须始终意识到，财富只具有工具性价值，而不具有终极性价值。个人在充分发挥自我才能以创造更多财富的同时，必须确保自己始终不会受制于财富。

（二）社会基础

个人成功不仅需要具备一定的经济基础，同时还需要具备一定的社会基础。个人致力于构建、维持、调整并优化自己的社会性网络关系的过程，也就是个人的社会化成长的过程。尽管随着历史的演变与社会的发展，人的社会化成长内涵也在发生相应的变化，但不管怎样，致力于获取更高的社会地位，致力于建立良好的社会性人际关系，都是个人永恒不变的追求。

1. 社会基础的实质

自我存在是一种社会性存在，人的社会性存在具体体现为他与别人所结成的各种社会性网络关系。社会基础的实质亦即个人与他人所结成的各种社会性网络关系。

个人的生命价值存在并实现于他与别人所结成的各种社会性关系之中，个人的生命意义也必须归于他与别人所结成的各种社会关系才能最终得以体现，脱离了社会关系的纯粹的人生意义是不存在的。人的社会性活动就是为了建立、维持、调整并完善自己的各种社会关系；个人与他人之间进行社会交往的主要目的，就是要建立更加适合自我存在的各种社会关系，同时摆脱各种不利于自我存在的社会关系。个人正是通过自己与他人所结成的各种社会性网络关系才确保了自身的社会存在。

2. 社会基础的本质特征及其进化心理学解释

社会地位与社会等级现象是社会基础的本质特征。这一现象揭示了人类进化

的根本性问题——适应性。

在远古时期，人类过着群居生活。当时，人们所能获取的生活资源极少，各成员之间的生活水平基本接近。为求得自身的生存，个体之间必然会经常发生激烈冲突。对于任何个体而言，如果每次都拼个你死我活将是十分愚蠢的策略：失败者会受到伤害，甚至死去；而胜利者也会受伤。如果冲突双方一开始就知道孰强孰弱，就不必在争斗上枉费代价。于是，一种地位与等级的结构性安排便应运而生了。最终，人类进化出了相应的适应性心理机制——地位追求模块。

心理模块是人类在进化过程中所形成的一种旨在解决适应性问题的心理机制。“地位追求”心理模块旨在尽力争取获得较高的社会地位与社会等级，以便能够占有更多的生存资源，并获得更多的繁殖机会。对于女性而言，无论其社会地位如何，只要具有生育能力，通常都能获得繁殖机会。男性则不然。如果某些男性占有了超出平均份额的繁殖资源，就必然会导致其他部分男性失去繁殖机会。

进化心理学研究表明，男性通常偏好那些具有高繁殖能力的女性，年轻和性魅力是女性繁殖价值的两大主要指标。尽管所有男性在择偶时都很看重这一点，但只有那些社会地位较高的男性才能真正实现这一点。如，古代国王、皇帝或君主的后宫中就聚集着大量年轻漂亮的女性。现代社会中，尽管许多国家的法律明文规定一夫一妻制，但实际上，地位较高的男性仍然通过各种方式占据着更多具有高繁殖价值的女性。相关研究表明，男性的社会地位与其妻子的性魅力高度正相关，地位高的男性，其妻子的性魅力通常也较高。另外，女性通常也只青睐那些占据较高社会地位的男性。投资理论认为，女性在生育和哺乳后代的过程中，其独自获取食物并保护后代的能力在减弱，这就必然导致她们会倾向于选择那些能提供足够食物与保护能力的男性作为自己的配偶。研究发现，在一夫多妻制的社会里，一个女子宁可同其他女性共侍一夫（地位高、占有资源多的男性），也不愿意和一个地位低、占有资源少的男子结婚。

自然选择还设计出了许多其他心理机制来适应这种社会地位与社会等级上的变化，如，人类的情绪变化就是一种适应性反应。当社会地位提高时，人的情绪也会变得更加积极，其助人性行为也会增多。如，比赛中的获胜者往往情绪更好，并会表现出“胜利者的友好姿态”。这种行为实际上是为了化解失败者的嫉妒情绪，以便让他们能够获得某种微妙的心理平衡，这实质上是胜利者所采取的一种适应性策略。反之，地位下降将引发人的许多消极情绪，潜在后果对地位的影响越大，消极情绪的强度也会越大。这些消极情绪同样具有适应性功能，它们将激发个人做出某种适应性的应激反应。社会地位追求模块在人类心理功能的其他方面也发挥着重要作用，如人们的社会性推理就受到社会地位与社会等级因素的影响。

此外，人类还进化出了一套适应社会地位变化的生理机制。研究发现，人的某些激素水平与生理特质同人的社会地位与等级密切相关。如，社会地位的改变会导致人的睾丸激素水平的变化。许多动物的睾丸激素水平与其支配地位直接相关。尽管人类的睾丸激素与支配地位之间的关系不如动物那样表现得直接而明显，但睾丸激素水平仍然与社会地位存在着密切关系，这一点在男性身上表现得尤为明显。睾丸激素水平较高的男性通常会表现出更多支配行为，这实际上有助于提升其社会地位；而社会地位的提升反过来又会提高人的睾丸激素水平。此外，人的大脑中还存在着另外一种与社会地位变化密切相关的化学物质——5-羟色胺。5-羟色胺含量的增加有助于提高人的亲社会行为与合作行为，从而有助于提升其社会地位。实验研究发现，选择性5-羟色胺再吸收抑制剂能有效改变个人的社会表现，进而促成其社会地位的变化。

总之，追求更高的社会地位与社会等级是人类的普遍动机。正是这一动机的存在促使个人去努力追求更高的社会地位与社会等级。更高的社会地位与社会等级意味着个人可以占有更多、更好的资源，从而为个人成功创造更好的条件。

(三) 自我成长

自我成长是个人成功的内在条件，个人成功所必备的许多良好素质都是在自我成长过程中形成的。由于自我成长的内在基本趋向就是要形成一个健康的自我，而健康自我的形成又以基本需求的满足为基本前提，因此，基本需求满足对于个人良好素质的形成具有决定性的作用。以下就是基于基本需求满足所形成的并有助于个人成功的一些良好素质：

1. 健康

健康是有助于个人成功的第一良好素质。人的自我成长内在基本趋向就是要形成一个健康的自我。事实上，个人在自我成长过程中所形成的有助于个人成功的所有良好素质，都是健康自我形成以后的一种必然结果，或者说，都是自我健康的一种外在表现。

2. 安全感

足够的安全感是有助于个人成功的另一良好素质。安全感的获得是个人安全基本需求长期得到有效满足的一种必然结果。特别是当个人尚处于自我成长外部主导期时，安全基本需求的有效满足对于个人长大成人后安全感的获取至关重要。一般情况下，一个具有足够安全感的人通常也是一个敢于尝试的勇敢者。如果个人在内心深处存在着稳定的安全感，那么，他就更有可能深刻理解、坦然接

受并充分接纳他人，同时，也更有可能充分尊重并欣赏他人的独特性存在价值。一个内心深处总是充满着安全感的人，其自我调节能力也会更好，并且极少担心失去自我。这就使得他在社会化的人际交往过程中能够与他人维持某种自然而良性的互动关系，他不会强求他人总是与自己保持一致，也不会擅自干涉他人的自主与自由。

3. 高情商

高情商是个人成功所不可或缺的一项良好素质。高情商是个人情感基本需求长期得到有效而健康满足的一种必然结果。高情商者往往具有较强的自我情绪管理能力，仅此一点就足以使较低情商者更易取得成功。高情商者不仅能正确认识并有效管理好自己的情绪，而且还能准确理解、充分接纳，并共情于他人，这使得他更易与他人建立起助益性的人际关系。高情商者通常更加独立自主，并且更少受制于他人，他通常不会因为别人的抑郁而气馁，不会因为别人的恐惧而害怕，不会为他人的愤怒情绪所压制，不会被他人的情感依赖所拖累，不会为他人的情绪变化所束缚……一般情况下，高情商者往往不良情绪更少，而积极情绪更多。研究表明，不良情绪通常会非理性地降低个人的自我效能信念，而良好情绪往往能提高个人的自我效能信念。因而，高情商者往往也同时更具自信。

4. 自信心

个人的自信心源自个人尊严基本需求的长期而有效满足。事实上，个人对于成功的坚定信念本身即能助益于个人成功。个人信念往往决定着个人会在多大程度上坚持目标，并且愿意为目标的实现付出多大的努力。显然，为了实现自己的目标，个人首先必须相信自己能够实现这一目标，因为只有当个人确信目标的价值并坚信自己能够实现这一目标时，他才会努力坚持这一目标，并在目标坚持过程中持续地完善自我。

个人对于成功的自信并非是一种抽象而空洞的自信，而是一种具体的自我效能信念，并且与特定的任务相联系。自我效能信念可以后天习得，如，通过对达成某一目标所需行为进行反复练习即能有效增强个人实现该目标的自我效能信念。事实上，个人对目标坚持得越久，就越能累积起足够的自我效能信念。个人完成某一项任务后都能从中获得某种激励；如果再辅之以积极的自我陈述、自我暗示与自我强化，则个人的自我效能感还将持续增强。当然，自我效能感本身并不能消除个人所面临的问题或困难，但是，个人对自己能力的信心将有助于个人坚持目标，同时，也有助于个人解决或克服自己所面临的各种问题或困难。

自信心与成功之间相互联系、相互影响、相互促进，并互为因果。个人每一次成功都能现实地增强个人的自我效能信念，从而使得个人更具勇气、更有信心地去应对更多的挑战；这反过来又会有助于个人获得更多的成功，从而形成良性循环。

5. 特有能力

个人成功很大程度上取决于个人能否充分发展并有效发挥自我潜能。个人能力是个人立足于现实社会并充分实现自我的内在依据。个人的特有能力源于个人偏好基本需求的有效满足，或者说，个人的特有能力的形成是个人偏好发展的一种必然结果。一般情况下，当偏好基本需求得到有效满足时，个人的内在潜质就会在后天的社会化成长过程中发展成为个人兴趣，进而形成特有能力。事实上，“潜能—兴趣—特有能力”发展的过程，就是个人潜能充分发展并有效发挥的过程，同时，也是个人后天的社会化成长的过程。

6. 自我信念与价值观

个人追求成功人生的过程，也就是个人实现自我的过程。自我实现以个人信念与自我价值观的确立为基本前提，或者说，个人信念与自我价值观的确立是个人成功的基础。个人走向成功的整个过程都是在个人信念与自我价值观的指引下所进行的，个人信念与自我价值观在个人成功的每一阶段与每一环节都发挥着重要作用。事实上，个人信念与自我价值观从根本上决定着个人将会选择什么样的人生之路，并且决定着个人在通往成功人生的道路上到底能走多远。信仰的力量是无穷的。个人通常提出什么样的问题，往往就会朝着什么样的方向发展；个人通常崇尚什么，往往最终就会成为什么。

二、以目标为导向持续地完善自我

（一）自我完善的内涵

自我完善是指个人在不违自我天性并遵循自我成长内在基本规律的前提下充分发挥自我完善机制以形成健康自我的过程。自我完善机制本质上是人的一种自我调控机制，同时也是自我成长的内在动力机制。尽管自我成长离不开环境支持，但自我成长的根本动力来源于自我内部。自我成长的内在动力源于生命自身的健康趋向。正是自我成长的这一内在基本趋向引导着个人始终朝着自己最具潜力的方向发展，并最终促成了一个独特自我的形成。

自我完善不是抽象的，而是具体的。自我完善必须坚持以具体目标为导向。个人成功的标志在于实现自己的人生目标，而个人要想实现自己的人生目标，就必须紧紧围绕自己的人生目标持续地完善自我。这样，自我完善目标就与人生目标之间实现了耦合。自我完善目标与人生目标耦合意味着自我完善同个人偏好、自我价值观、自我需要之间实现了内在有机的统一。一旦个人的自我完善同个人

偏好、自我价值观、自我需要相契合，则自我完善就会变得更加容易。

（二）自我完善的主要内容

人的认知（cognition）、情感（affect）、行为（behavior）是决定个人成功的三个最重要的自我因素。认知是指个人对事物的看法，其中，尤以思维最为重要；情感是指个人对客观事物是否满足自我需要所产生的一种倾向性的心理体验；行为是指个人在日常生活中的活动。三者相互联系、相互影响、相互作用，并互为因果（如图 3－3 所示）。

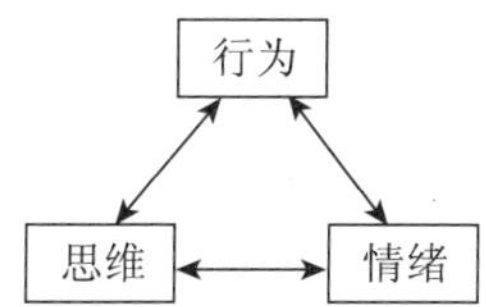

图 3－3　自我完善目标体系

自我完善就是要促使个人在这三个方面同时发生积极而有意义的变化，最终形成一种良性循环。为此，个人必须首先要对自己的思维、情感与行为有充分的了解。如果这三个方面之间已经形成了恶性循环，就应同时对这它们进行积极干预，亦即同时进行认知疗法、精神疗法与行为疗法，以便能够尽快打破这种恶性循环，并促使它们向着良性循环的方向发展。如，对于社交恐惧症患者来说，可先通过认知疗法改变其认知，再通过药物治疗平抑其情绪，最后通过行为疗法完善其行为，直至帮助其恢复正常状态。

（三）自我完善的基本步骤

自我完善是一项系统工程，需要进行系统思考。同时，自我完善又是一个永无止境的过程，它将伴随着人的整个一生。通常，一个自我完善计划完成之后，新的自我完善计划又会重启。虽然自我完善计划的具体内容各不相同，但任何一项自我完善计划都必然包含以下四个基本步骤：

1. 确定自我完善目标

确定自我完善目标是自我完善计划的第一步。事实上，仅仅通过设定目标本身即能导致自我发生积极而有意义的变化。自我完善目标分为两类：一类是要去除的不良思维/情绪/行为；另一类是要获取的良好思维/情绪/行为。这两类目标之间相互关联，事实上，对某一不良思维/情绪/行为的去除通常伴随着新的良好思维/情绪/行为的建立。也唯有如此，自我完善才会达到理想效果，否则，原有的不良思维/情绪/行为很快就会回来。研究表明，通过建立一种与不良反应不兼容的良好反应能够达到控制不良反应的最佳效果。与不良反应不兼容的反应方式很多，如，集中注意力于替代性事物、性欲唤醒、体育运动与锻炼、听自己喜爱的音乐、冥想、积极的自我陈述、对情境进行重新评价以重建自我信念、练习自我放松、积极的自我暗示等。如果再能辅之以新的良好情境来替代不良情境，则不兼容反应方式的替代效果将会发挥得更好。

2. 制订自我完善计划

一旦个人已经确立了自己的自我完善目标，接下来要做的，便是围绕自我完善目标制订切实可行的自我完善计划。一个有效的自我完善计划必须能够将前提、自我表现、后果整合成一个有机统一的整体。理论上，一个成功的自我完善计划必须具备以下要素：

（1）目标。任何自我完善计划都要有明确而具体的目标（包括总目标与子目标）。总目标与子目标之间、各子目标之间必须相互衔接、相互耦合，并存在明确的规则。一个子目标实现之后必须伴随有新的子目标与新的规则，亦即每一目标的实现都成为了下一目标开始的前提。

（2）规则。规则是对个人在具体情境中所运用到的技术、行为或思维的详细说明。为了实现自我完善目标，任何自我完善计划都必须有在具体情境中导向自我改变的明确而具体的规则。制定规则的目的是为了让合意的反应变得更易发生——通过明确的规则指导自我反应，直至这种反应变得十分自然。

（3）反馈。任何自我完善计划都必须包括一个收集相关信息的反馈系统。没有相关的信息反馈，个人就不能及时了解并纠正自己的不良反应。自我观察与自我记录是实现信息反馈的主要方式。正因为个人持续地进行自我观察与自我记录，才为自我完善目标的确立以及自我完善计划的制订提供了可靠依据。

（4）比较。信息反馈是为了将自我表现与期望标准进行比较，以便个人能够及时了解到自己是否正在取得进步。

（5）调整。当实际情况发生变化时，个人应及时调整计划，包括目标调整、实施策略调整、信息反馈系统调整等。事实上，自我完善计划本身也存在着一个自我完善的问题。

3. 实施自我完善计划

制订自我完善计划之后，接下来便是将其付诸实施。自我完善计划实施的基本内容包括：改善前提、完善行为、利用后果强化预期行为。

（1）改善前提。为了改善前提，首先必须要认真鉴别当前情境，并做好记录。改善前提的基本策略有两个：改进原有前提、安排新前提。

①改进原有前提。改进原有前提包括以下具体策略：

·回避不良前提。实现前提控制的首要策略就是要回避有可能诱发问题行为的高危情境，尤其要避开那些别人也在其中做类似事情的情境。对于那些已经形成生活方式的不良行为（如酗酒等），最有希望的自我完善策略就是回避那些可能诱发不良行为的高危情境。由于每完成一次自我完善行为都能使行为本身得到强化，因此，回避不良前提实质上就是要让自我调节反应在诱惑性情境出现前尽可能获得强化。

·限制不良前提。通过限制对行为起控制作用的不良前提也能达到控制不良行为的目的。如，失眠症患者应限制自己在床上阅读、看电视、听收音机、聊天、发愁等行为，如上床 10 分钟后仍睡不着就应离床，直到困了以后才上床睡觉。限制不良前提应先从最简单的情境入手，然后逐渐过渡到困难情境。某些不良行为可能存在特定前提，为此，个人应尽快找到它们，并找到控制它们的具体办法。一般情况下，可将问题前提分为两类：生理性前提（如一边看书一边吃东西）和情绪性前提（如抑郁时喝酒）。相对而言，生理性前提比较明显，也更易控制。为此，个人应先消除生理性前提，再消除情绪性前提。

·重新解释前提。当个人实在无法回避或限制不良前提时，改变不良反应的有效策略就是改变自己看待情境的方式，如，重新理解前提，或只关注情境的某些特定部分等。

·改变事件链。许多行为都是由某一事件链所引发的。一种前提引发一种能导致某种特定后果的行为，而这种后果又成为另一行为的前提……于是，一条完整的行为链便建立起来了。虽然只有最后行为才被视为问题行为，但实际上整条行为链都与问题行为相关联，问题行为只不过是一系列“前提—行为—新前提—新行为……”的最终结果。改变事件链就是通过干扰或中止事件链，或通过替换事件链中一个或多个环节，来打破问题行为的自动化倾向，最终阻止问题行为的如期发生。具体策略有以下几个：一是嵌入停顿。当一条事件链建立起来以后，个人往往会对特定情境做出不假思索的反应。改变这一趋势的方法之一就是在做出反应前先停顿一下。这种方法对于某些放纵性行为（如吸烟、酗酒、过度进食等）特别有效，因为停顿为个人赢得了自我警醒的时间。当然，该策略只有与其他策略结合起来应用才能发挥出其应有的效力。二是做记录。记录不良行为本身即可降低其发生频率。记录越早进行越可能赢得控制时间。三是打断事件链。在实在无法回避问题前提的情况下，必须有意识地打断事件链。显然，对不良事件链越早打断越好。

②安排新前提。利用前提控制达成自我完善目标的第二个基本策略，就是安排新前提。新前提可被插入事件链的任何位置。自我指令是安排新前提的常用技

术，它能为个人创造一种新前提，并能有效地引导自我反应。自我指令技术简便易行、适用性强，并行之有效，它几乎可被运用于每一个自我完善计划之中。自我指令应直接、简洁、清晰。特别地，自我指令必须真实可信。实证研究表明，只有真实可信的自我指令才能对自我完善起到积极而有建设性的作用。此外，自我指令应与长期目标相衔接。借助于自我指令将长期目标经常带入自我意识之中能激发自我活力并获得精神动力。以下是一些言语性前提的具体运用：

· 消除消极的自我陈述。当个人完成某些自我挫败行为时，他实际上可能正在指令自己这样做。此时，个人必须找到自己消极的自我陈述，并尽快消除它们。

· 开始积极的自我指令。成功抑制消极思维的关键就在于能用积极的自我陈述替代消极的自我陈述。

· 思维替代。消极的思维方式常常困扰着人们，并严重阻碍个人成功。当消极思维出现时，刻意压抑它们可能适得其反，此时，通过采取分散注意力的方法可能会更加有效。然而，最好的办法还是进行思维替代，即用积极的思维替代消极的思维。为此，个人要对自己的消极思维保持临在监控，并及时将它们记录下来，以便及时切断消极思维与不良情绪之间的链接。然后，有意识地用积极的思维去替代消极的思维，直至形成一种自动化的反应模式。

· 建立新的刺激控制。通过选择良好的外在环境能有效提升期望行为，如，选择一个安静而非嘈杂的地方学习。对自我反应最有力的外在暗示莫过于看见他人也在做同样的事情。为此，个人可考虑利用他人作为支持性刺激来获取自己想要的行为，如，选择图书馆而非寝室进行学习。由于自我效能感的获得即能有效建立起新的前提控制，因此，当开始一项十分困难的自我完善计划时，个人应努力获取早期的成功经验以增强自我效能感。一旦个人在某一情境下获得了自我效能感，就应及时将它推广至其他情境中去。

· 合理利用刺激泛化规律。刺激泛化是指在某种前提下习得的行为在其他相似前提下也能完成的现象。新的情境与原情境越相似，个人新近习得的行为越易泛化。一旦个人建立起了一种能在某种特定情境下完成的行为，就应逐渐将它迁移至其他相似情境中去。一种最简单有效的工具就是自我指令。自我指令可创造出一座连接熟悉情境与陌生情境之间的桥梁。一旦个人利用自我指令架设起了在不同情境之间沟通桥梁，它就成为了在不同情境下做出同一反应的提示物。

· 对相关情境做出有利的预先安排。任何情境都可考虑做出有利的预先安排。预先安排的方式很多，如请求家人及朋友到时提醒、设定闹钟提示、制定任务进度表等。

(2) 完善行为。自我完善的最重要任务就是要建立起新的良好的行为反应方式。通常，用新行为替代问题行为较之于压抑问题行为更为可取。事实上，如果在暂时消除问题行为之后没有新行为来替代，原有问题行为很快就会回来填补这一行为上的“真空”。此外，选择一种不兼容行为来替代问题行为也有助于对问题行为的控制。许多不良行为都有多种不兼容行为。当然，最好不兼容行为本身就是自我期望的新行为。即使替代行为本身没有特别优点，通过替代进一种中性行为也比仅仅只是一味压抑问题行为更为可取。保持对替代行为的持续记录也能强化新行为。当然，用新行为替代不良行为必然会招致不良行为的抵抗。此时，可通过运用转移注意力的方式来进行应对。此外，个人如何看待反应本身即能影响这些反应。如，过度关注自己的消极情绪并不断思考其产生的前因后果将会诱发更多消极情绪；而热烈表达自己的积极情绪也会让这种积极情绪变得更强烈、广泛、持久。

掌握一种新行为的基本方法就是反复预演。事实上，高水平的行为表现都是反复练习的结果。当实在无法找到预演的合适情境时，也可用想象性预演来替代真实预演。想象预演的目标必须清楚、明晰，否则，想象预演不仅无用，甚至可能有害。此外，想象性预演只是真实预演的前奏，它并不能完全替代真实预演。如果个人全然不知怎样完成一项活动，最好的方法就是找到相关的榜样，然后依此预演，再将其迁移至真实情境中去。此外，通过回忆自己过去的成功应对经历，并将它迁移至新情境中去，也能有效提高个人的应对技能。

(3) 利用后果强化预期行为。自我完善计划实施的基本规则之一就是，当期望行为出现之后必须及时对期望行为进行强化。强化实质上是在后果与行为之间建立联结，以便提高期望行为发生的概率，直至期望行为发展成为一种自动化的习惯性行为。强化必须紧随行为之后，强化延迟得越久，效果越差。

强化必须被组织到一个包括“前提—行为—后果”的完整计划之中去。首先，各种前提控制策略都涉及强化的行为改变。如回避原有前提涉及原有强化的急剧下降；新的强化则是通过强化物紧随新行为之后以建立起新的行为反应方式。其次，所有新行为都必须得到强化，这是自我完善必须遵循的一条基本原则。在自我强化过程中，个人应努力避免自我欺骗，没有执行目标行为也能获得某种强化物。此外，如果奖励与完成新任务之间没有建立起直接关联，过度的自我肯定将可能降低新行为发生的动机。总之，对任何期望行为的强化都是必需的。除非个人确信行为改善本身即能产生强化效果，否则，就必须使用主动强化策略。当然，强化本身并非目的，而只是达成目的的方法或手段。自我完善的最终目标是要去除旧的不良思维、情绪与行为，并建立起新的良好思维、情绪与行为。

自我完善效果是渐次显现的。由于见效慢，那些不注重收集数据的人很可能会中断计划，因为他们片面地认为计划的实施没有效果。因此，在实施自我完善计划的整个过程中必须坚持自我观察与自我记录。

4. 完善或改进自我完善计划

完善或改进自我完善计划就是要仔细查找出阻碍自己取得进步的各类因素，并找到克服它们的办法，然后将这些办法在改进的自我完善计划中体现出来。为此，个人必须明确地界定问题、找到解决问题的方法、预测各种可能的前景等。事实上，个人越是练习解决问题，就越是会变得善于解决问题，进而增强解决问题的信心，并获得更多的自我效能感。这本身就是一种自我完善的最佳方式。

为了完善或改进自我完善计划，首先，个人必须认真评估计划的执行情况。为此，个人必须详细记录计划的执行情况，认真查找妨碍计划实施的因素，并认真思考问题产生背后的原因。其次，当了解到存在的问题及其产生的原因之后，接下来的任务就是要找到解决问题的具体方法，以便能够及时消除所存在的问题。最后，就是要将解决问题的办法融进新的自我完善计划之中去，并在此基础上，形成新的更加完善的自我完善计划。然后，继续实施新的自我完善计划。如此反复。

（四）自我完善的内在机制

自我完善，无论是积极思维/情绪/行为的获得，还是消极思维/情绪/行为的去除，本质上都是一种自我控制行为。自我控制行为的产生是自我内在控制机制发挥作用的结果。自我内在控制机制是一组心理机制的集合，它们相互配合、相互作用，共同发挥着对自我的调节功能。

1. 语言控制机制

语言控制机制是最常见的自我控制机制。语言是人类区别于其他动物的主要标志之一。“语言是思维的物质外壳”，语言与思维密不可分。在幼儿成长早期，父母的首要任务就是要尽快将其带入人类的语言世界中来，并逐渐学会使用模仿的、有声的自我指令来调节自我，这对于幼儿的健康成长至关重要。随着年龄的增长，孩子在自我调节型语言中会逐渐增加一些无声的语言。许多心理学家认为这种情况通常发生在思维发展的初期阶段。

语言能直接影响自我表现，自我导向型语言更是一种具有普遍适用性的有效的自我控制工具。自我导向型语言（有声或无声）是行为的一种强有力的控制性前提，当个人处于新的或充满压力的情境中时，或者当行为的自然进程因某种原因而被打断时，有意识的语言调节往往能发挥对自我的控制作用。困难情境下的

自我导向型语言更是当个人行为不再符合行为标准时对其进行“挽救”的一种重要方式。实际上，个人成功地应对问题情境的过程，也就是个人有条不紊地向自己发出自我控制指令的过程。

此外，还存在着一种被心理学家称之为规则控制型语言的更为有效的语言型自我调节方式。人们通常通过对他人所授规则的适应或对自我经验的提取来为自己建立行为规则。有些规则是基于抽象的道德原则，如，仁慈、忠诚等；有些规则涉及个人的日常计划安排，如，坚持约会不迟到等。实际上，每一条规则都是一条自我陈述性（self-spoken）语言，它们常常主导着个人对事件的解释，并为个人确立起了实际的行为标准，它们是个人行为的强有力的控制者。因而，个人有意识地为自己建立更加合理、有效的行为规则，对于自我完善与个人成功至关重要。

2. 操作性机制（后果控制机制）

人的行为受行为后果的影响，心理学把受后果影响的行为称为操作性行为。人的许多行为都具操作性。因此，深入分析行为后果，并弄清行为后果如何起作用，以及这种作用到底是积极的还是消极的等，对于制订一个有效的自我完善计划十分重要。行为的操作性效应主要体现在以下几个方面：

（1）强化。强化是指行为后果对行为具有加强的效应。任何能起强化作用的刺激物都可称为强化物。强化效应的产生依赖于行为与后果之间的相关性，而不仅仅在于是否存在强化物。强化物如何强化行为依赖于后果的性质。据此，我们可将强化物分为两类：正强化物与负强化物。正强化物是指能让行为更有可能再次发生的事物；负强化物是指当它被排除后能使行为得到强化的事物。当然，任何强化物都只具个体性，亦即对于某人而言是正（负）强化物，对于他人来说未必也是正（负）强化物。

负强化原理有助于解释个人是怎样学会逃避或回避某些令人不快的情境的。逃避与回避存在差异：逃避是指终止了有某种令人不快的结果的行为；回避是指消除了某种令人不快的可能行为。或者说，逃避终止了某种令人不快的后果；而回避只是避开了某种令人不快的后果。无论逃避或回避都是一种学习方式，但它们有时也会带来一些非合意的后果。有些看似“无动机”的行为，实际上可能正是个人的一种回避性行为。

任何新行为的建立都必须经过强化。事实上，个人弄清楚如何完成某一行为本身即能获得强化效果。个人愿意或能做之事往往也是已受到过强化之事。为了利用后果来强化预期行为，个人首先必须选择好强化物。理论上，一切事物或活动都可作为强化物。理想的强化物是当个人失去它后会感到非常失望，而它一旦出现又会有助于维持新行为的事物。运用个人偏好的习惯性行为作为目标行为的强化物通常是一个好的策略——在执行偏好行为之前，要求自己先完成目标行为。如果环境中没有自然强化物，个人也可通过自我强化的方式来获得强化效果。此外，通过某种中介（如他人帮助）来提供强化也是一个可行的替代策略。但个人必须记住：永远不可将自我控制权交给他人，自我完善永远必须建立在自我主导与自我控制基础之上。想象强化是自我强化的另一种替代性策略。想象强化物通常被行为心理学家称为内隐强化物。想象强化虽不如实际强化那么直接、有效，但它简便、易行。最好的想象强化物是对奖励及现实结果的预期。此外，想象强化的意象必须生动，否则，就难以产生强化效果。

任何情况下，正向激励（如表扬）都是一种有效的强化方式，同时，正向激励也是自我控制的基础。伴随着期望行为出现之后的口头自我强化——表扬自己即能获得强化效果。研究表明，抑郁者的自我强化频率往往低于非抑郁者，而且抑郁者经常口头自我惩罚。虽然低自我强化并不一定导致抑郁，但低自我强化者产生抑郁情绪的可能性更大。当外部强化消失时，低自我强化者往往更易变得抑郁。

愉快事件能扩大强化的效果，伴随愉快事件之后所产生的积极情绪实际上正在增强个人的自我控制能力。缺少愉快事件的生活更易导致抑郁，有的心理学家甚至认为抑郁是由于失去外部强化而产生的，因此，他们提出治疗抑郁的主要方法就是在日常生活中增加愉快的活动。特别地，个人需平衡好“需要”与“应该”之间的关系。充斥着太多“应该”的生活往往不是个人所“需要”的生活，这种生活将极易诱发个人产生消极的思维、情绪与行为。自我感觉很糟通常是不良思维、情绪或行为行将出现的前兆，改变这种状况的最有效办法就是改变自己的生活方式：尽可能多地做那些能给自己带来快乐并对自己有意义的事、尽力追求自己想要的生活、尽可能与自己喜欢的人建立并维持亲密关系。

用同样的强化物强化期望行为是最常用的强化方式，但该方式并不适用于改变沉溺型行为，因为这些活动本身就消耗了强化物。改变沉溺型行为必须通过对“行为停止”这一表现实施奖励才能产生强化效果。

（2）惩罚。惩罚对自我反应的影响直接而复杂。心理学家区分了两类惩罚：一类是当行为发生之后一些不愉快的事情将发生（如孩子说脏话会受到父母的呵斥）；另一类是当行为发生之后一些令人愉快的事情将被取消（如孩子说脏话后父母不再带他去游乐园）。惩罚不同于负强化。在负强化中，允许某人逃避或回避某些事情的行为由对不愉快事件的消除而得到强化；而在惩罚中，行为的可能性由以下两条途径得以减少：一是某件令人不快的事情紧随行为之后；二是行为

发生后令人愉快的事情被收回。

正如强化一样，惩罚要起作用，惩罚物必须紧随行为之后，且只有当行为发生之后才会出现。相对于强化，惩罚对于人的行为的调节效应更为复杂。

①惩罚的影响具有局限性。惩罚会引发强烈的情绪反应，因此，在自我完善过程中应尽量避免使用惩罚策略。当不得不运用惩罚策略时，也应遵循以下原则：

• 应通过取消某些积极事物而不是通过增加某些消极事物或运用厌恶刺激作为惩罚；

• 只有当自我惩罚可以导致更多的正强化时才使用自我惩罚策略；

• 将自我惩罚与正强化结合起来使用；

• 使用预置惩罚作为威慑策略。预置是指提前作安排，以促使自己选择长期利益最大化的行为。预置的惩罚应能使人厌恶到自己确实不想招惹它。只有当不期望行为被强化至找不到强化物来对抗它时，预置惩罚才是合适的。此外，预置惩罚只能作为临时策略，当期望行为能得到积极后果的支持时就应立即停止。

②单纯的惩罚通常不会培养出新行为，而只能抑制它所针对的行为。虽然在某些情境下自我惩罚可能必需，但仅仅依靠自我惩罚的自我完善计划必然无法获得成功，有时甚至还可能让事情变得更糟。有一种惩罚可在自我导向的早期阶段使用——预见问题行为的消极后果。提醒自己某些问题行为的消极后果不仅可作为预防问题行为的策略，而且还可用于建立并维持自我承诺。

总之，任何形式的自我惩罚都会产生问题，因此应该慎用。当问题行为出现时，个人应优先考虑怎样去强化一种与之不兼容的良好行为，而不是对问题行为本身实施惩罚。

（3）消退。曾经得到强化而现在不再得到强化的行为开始减弱，称之为消退。消退实质上是人类为适应环境变化而内生出来的一类自我调节机制。消退不同于惩罚。在消退中，并没有某种相关性后果紧随行为之后。行为从强化到消退常常表现为行为的发生频率开始时上升，之后渐渐下降。

然而，并非所有行为都会自然消退，有时，消退具有戏剧性效果。如果行为每次发生之后都能得到强化，这种强化被称之为持续性强化；如果行为发生之后，有时能得到强化，有时不能得到强化，这种强化被称之为间歇性强化。间歇性强化具有独特的效应：它让行为变得更加难以消退。间歇性强化有助于解释为什么某些适应不良行为具有持续性。有些人之所以一直做自己不想做的某些事情，往往就在于这类行为得到了间歇性强化。因此，准确辨识并正确运用间歇性强化策略将有助于自我完善计划的成功实施。

3. 前提控制机制

人的行为除受到行为后果的影响外，还受到行为前提的控制。当某种前提唤醒后来得到强化的行为时，就意味着人的行为已经与环境达成了某种平衡。一旦人的行为与其前提、后果已经融为一体，并且不再需要有意识的自我调节的介入时，那就意味着这种行为已经实现了“自动化”。

人的绝大多数行为都受到提示信号的控制。当行为在某种刺激出现时能得到强化，而在该刺激缺乏时得不到强化；或者当某种行为仅同某种刺激一起发生时才能得到强化，那么，该刺激就变成了行为的提示信号。绝大多数操作性行为都受到提示信号的影响。个人每时每刻都要接收来自环境的提示信号，其中能引起某种特定行为的提示称为鉴别性刺激（discriminative stimuli）。通过自我观察，个人完全能鉴别出那些能对行为产生强化或惩罚效应的情境。这种鉴别过程实质上是一种自我学习过程，我们称之为鉴别性学习。

如果前提是某件不愉快事件即将发生的提示信号，那么，它将会导致某种回避行为的产生。回避性学习对消退具有高阻抗性，这就是许多神经质的或适应不良行为是如何被习得，并且一直存在的内在原因。只要控制回避行为的提示还在继续发挥作用，个人就仍会回避那些曾让自己感到不愉快的情境。针对这种不良反应的自我完善策略，就是让自己逐渐进入那些先前回避但现在已不再是问题的特定情境中去，从而让自己确信自己并不会从这种情境中得到惩罚。

人的行为发展一般要经历“他人调节—自我调节—自动化地由刺激控制”这样的程序。一旦某一前提与某一行为之间建立起了直接的联结，该前提就获得了对该行为的刺激控制。此时，个人会以一种自动化的方式来对该前提做出反应。某些不良行为之所以难以被克服，往往就在于它们受到了某种前提刺激的控制。针对这些不良行为的自我完善策略，就是要打破这种前提刺激控制，并对其进行重构，如，插入新的前提来替代原有前提。当自动化提示是某种自我导向式语言时，通过插入新的自我导向式语言前提替代原有的自我导向式语言前提往往能有效打断原刺激控制。即使自动化程序尚未完全建立起来，及时打破不良刺激控制也是十分必要的。此外，通过安排一种期望行为在某种前提下发生，并让强化紧随其后，也能建立起新的反应模式。事实上，个人完全可以通过这种方式主动创造出新的合意的自动化程序。

4. 反射机制

人的自动化控制行为是由人的内在非习得性激发机制所导致的。这些存在着原始的、控制性前提刺激的行为，通常被称为反射作用。由于这类行为是为了对前提性刺激做出反应而发生的，因此，它们有时也被称为反应性行为。反应性行

为的基本特征是前提刺激足以导致特定行为——前提性刺激通过反应性过程而获得了对人的反应控制。通过这个过程，情绪性反应与某些特定前提能建立起特定的联系，从而使得前提性刺激可以诱发相应的情绪性反应。

更进一步的，通过将诱发某种反应的刺激与未诱发这种反应的另一刺激相匹配，也可以在两种刺激之间建立起相关性，这一过程被称为反应的条件化。经过数次这样的匹配之后，个人会对这种条件性刺激做出几乎与对初始刺激完全相同的反应。这样，自动化反应就被传递到最初是中性前提上去了，而曾经的中性刺激就变成了条件刺激。于是，一种新的刺激性控制便建立起来了。

上述过程可用图表的方式表示以下（如表 3－1 所示）：首先，假设有一诱发某种反应的前提 A_1。A_1 总是与另一前提 A_2 相伴随，那么，经过若干次这样的联系之后，A_2 就会发展出一种几乎与 A_1 相同的刺激控制效果。如果这种反应是一种情绪化的反应，那么，通过这种反应性条件化过程，新的前提 A_2 就会发展出一种即使 A_1 没有发生也会诱发这种情绪化反应的能力。于是，A_2 就成了一种条件刺激。然后，这种条件刺激 A_2 又可与另一种新的中性刺激 A_3 相配对，而 A_3 也会诱发出相同的情绪性反应。A_2 与 A_3（然后是 A_3 与 A_4，A_4 与 A_5，依次类推）的这种配对，被称为高阶条件化（higher-order conditioning）。

表 3－1　　反应性行为的高阶条件化

反射作用	A_1→反应	自动化的、非习得性的、被激发的反应
反应性条件化	$\begin{cases} A_1 \\ A_2 \to 反应 \end{cases}$	把这种“激发性”刺激与某些新的中性刺激配对
条件性反应	A_2→反应	在 A_1 不出现的情况下，A_2 产生了这种反应
高阶条件化	$\begin{cases} A_2 \\ A_3 \to 反应 \end{cases}$	A_2（条件化刺激）与一种新的中性刺激配对
高阶条件性反应	A_3→反应	现在 A_1、A_2 和 A_3 都能诱发出这种反应，它常常是某种情绪

显然，高阶条件化过程要比简单的反射作用隐秘得多，以至于常常不被人注意到。事实上，个人从未完全了解自己神秘的情绪反应模式，因为高阶条件化是在极其隐秘的情况下发生的。

而一旦某种情绪已经存在，它就可能成为诱发某种思维的条件。当然，情绪性条件化也可以直接产生。而一旦某种条件性反应被建立起来以后，一种新的刺激就可以与它相结合，这种新的前提也就获得了对这种情绪性反应的刺激性控制（高阶条件化）。经过类似的方式，情绪性反应可以被传递至生活中的许多新刺激上面去。当个人有了新的体验时，他可能会经过条件化情绪性反应机制与新的刺激之间建立起新的联结，最终，这种新刺激也能诱发出最初的情绪性反应。这一过程被称为“经典性条件反射”。

许多外界刺激都是以语言形式存在的。因而，人的情绪反应往往会与某些特定语言形成条件化。如，当个人受到某种语言提示而回避某种危险情境时，他不仅仅只是在针对这种刺激，同时也是在针对描述这种刺激的语言而发展出了一种情绪性反应。当语言作为行为的前提而存在时，操作性过程与反应性过程就会同时出现。当个人对自己使用语言时，这两种影响往往同时存在。如，个人告诉自己某种情境是危险的或令人沮丧的，那么，在他实际遭遇这种情境之前，其实他就已经感受到了恐惧或沮丧情绪。事实上，个人对自己所讲的话既影响行为，也影响情绪。因此，通过重建自我陈述，个人完全可以诱发出更多适应性的情绪反应。这实在是一种十分简单、实用、有效的自我完善技术或策略。

总之，通过条件化，前提可以诱发自动化的情绪性反应。一般情况下，反应性条件化与操作性学习过程往往同时进行。因此，大多数事件链既包含行为成分，也包含情绪成分。许多环境状况不仅会引起人的行为反应，同时也会引起人的情绪反应。亦即前提不仅会对人的行为产生影响，同时也会对人的情绪产生影响。如，有些恐惧就是“认知性习得”的。有些情境之所以有如此巨大的影响，不是因为这些情境多么严重，而是因为个人对自己解释这些情境的方式多么给力。

5. 模仿学习机制

人的许多行为都是通过观察他人的行为而慢慢习得的，这种现象被称为模仿学习。模仿学习机制的存在使得个人不仅能够不断地习得新行为，而且能够不断地去除旧行为。个人完全可以利用模仿学习机制来建立自己新的合意的表现。

通过模仿而习得的新行为遵循与所有其他新行为相同的发展程序：首先让自己的新行为受到有意识的控制；其次通过练习与自我强化来达到自我调节；最后发展成新的自动化的行为反应模式。当然，模仿学习是一个非常复杂的过程，个人通过模仿而习得的某些行为也并非完全是对某一外在榜样行为的简单拷贝。一般情况下，个人会从自己的生活中寻找到许多学习榜样，然后，从某一榜样身上借鉴某些行为，再从另一榜样身上借鉴另一些行为……将所有这些新习得行为融合起来，最终便形成了一个独特的自我。

模仿学习遵循与直接学习相同的原理。通常，个人可从榜样身上获得某些提

示信号，而榜样的行为后果也会影响个人的模仿学习效果。一般情况下，受到强化的模范行为会在自己身上得到加强，受到惩罚的模范行为会在自己身上得到削弱。

三、营造助益性的人际关系

个人的自我成长、需要满足、自我存在、自我幸福、自我实现等均离不开外部环境支持。特别地，助益性的人际关系对于个人成功至关重要。

（一）助益性人际关系的内涵

人际交流的顺利进行必须同时满足以下三个基本条件：一是交流双方都具有接触与交流的意愿；二是交流双方都具有从对方那里获取信息的能力；三是交流双方的接触必须维持一定的时间。然而，这三个条件只能保证人际交流能够顺利进行，而无法确保这种人际交流一定是一种建设性的人际交流。只有助益性的人际关系才能确保人际交流是一种建设性的人际交流。

那么，到底什么才是助益性的人际关系呢？如果一种关系能够让参与交流的各方都能体验到一种心理上的安全感与精神上的愉悦感，从而有助于其内在心理或心灵发生积极而有意义的变化，进而促进其自我成长，那么，这种关系就是一种助益性的人际关系。

（二）助益性人际关系的形成条件

行为科学研究已经证明，人的许多行为都是有条件作用的结果，尽管相互作用的双方也许并没有充分意识到这一点。通过控制条件就可以促使人的行为发生预期的变化，甚至可以借此而控制人的行为。助益性人际关系的形成就充分体现了这一原理。如果参与人际交流的一方通过改变自我态度及其行为方式，就能逐渐诱导对方的心理与行为也发生相应的积极变化，从而最终形成一种助益性的人际关系。人本主义心理学家罗杰斯认为，助益性人际关系的形成需具备以下三个基本条件：真诚透明、接纳欣赏、理解共情。

1. 真诚透明

真诚透明意味着人的体验、意识与表达高度一致，情感、态度、意识始终匹配，自我高度真实。当体验与意识不一致时，我们通常将它定义为自我防御或对意识的否认；当意识与表达不一致时，我们通常将它定义为虚伪或欺骗。如果个人的生理体验在意识中得到了准确反映，并且表达与意识高度一致，那么，他对体验的准确意识就是以其内在的参照系作为依据，并且做到了体验、意识与表达高度一致，情感、态度与意识高度匹配，亦即做到了真诚透明。

保持自我真实是形成助益性人际关系的首要条件。当个人与一个自我真实的人相处时，他的内心才会感到安全；反之，就会小心翼翼而不愿放弃心理防御，积极而有意义的变化就会难以发生。只有当人际交流的一方保持高度真实，另一方才可能报之以同样的真实。因此，要想与他人形成助益性的人际关系，首先要做到能与自己形成助益性的关系，亦即要能保持自我真实。偶然的社会人际交往只需做到尊重、友善即可，但长久、亲密的人际关系必须做到真实、可信。在某一特定关系中，如果有关各方大致做到了真实、可信，一种助益性的人际关系就有可能形成。

真诚透明是一个十分复杂的概念。由于体验与我们对体验的意识难以清楚地区分开，因此，要想对真诚透明作操作性的界定并非易事。不同的人，其真诚透明的程度不同；即使同一个人，在不同的场合，其真诚透明程度也不一样，这主要取决于他的体验是什么，以及他是否能在意识中接纳了这一体验，或者他是否对它进行了心理防御。既然任何一种表达都可用作自我防御，那么，一个依据自己的知觉来说话的人也未必一定真诚透明。如果个人是真诚透明的，那他必定是在表达自己本真的知觉与情感。但我们不能反过来说，凡是表达了自己的知觉与情感的人就一定是一个真诚透明的人。

做到完全真诚透明异常困难，大概只有婴儿能够完全做到这一点。随着年龄的增长，人的生理、意识与表达越来越不一致，人际交流也就变得越来越不真诚透明了。这是因为在现实的社会性人际交流中，个人将自己对相关体验的意识充分表达出来存在很大的风险：他可能遭到拒绝，甚至可能因此而受到威胁或伤害。所以，任何一个正常人都不可能保持完全的真诚透明。一般来说，越是关系亲密的人际交流，其真诚透明程度越高；反过来，真诚透明程度越高，人际交流就可能变得越亲密。

2. 接纳欣赏

接纳欣赏是指人际交流的某一方无条件地尊重并欣赏另一方，并视其为一个具有独特存在价值的人。接纳的气氛能使交流双方都能获得一种心理上的安全感，从而为双方进行意识和无意识层面的探索创造必要条件。相反，任何外在的评判或疾病诊断式的评价对于个人来讲都深具威胁性，都会激起个人的心理防御。只有充分的接纳欣赏才可能促使交流双方发生积极而有意义的变化。如果个人被充分接纳，并且在接纳中没有评判，而只有理解共情，那么，他就会逐渐放弃自我防御而表现出真实的自我。

接纳欣赏意味着以平等、积极的态度待人。平等意味着尊重、避免冒犯对方的尊严、让对方有心理上的安全感；而积极的态度能充分调动他人的积极情绪，从而为人际交流营造一种良好的气氛。然而，人的内心通常总是存在着对表达积

极态度的恐惧，如，担心自己的积极情感遭受冷遇而有损自我尊严等。这种担心直接导致了个人内在心理与外在行为的变化：心理上总是维持着某种疏离感，行为上总是跟他人保持着某种距离，并且表现得事不关己、高高挂起等。然而，事实上，只要个人愿意主动表达自己的积极态度，往往都能获得对方的相应回报。行为的关键在于接纳欣赏。只要个人能够真心接纳并欣赏他人，就一定能够触动对方的内在心灵，进而引发其发生积极而有意义的相应变化。

3. 理解共情

要形成助益性的人际关系，仅有真诚透明与接纳欣赏还不够，除此之外，交流双方还必须做到理解共情。因为只有辅之以理解，接纳才会有作用；而只有在理解的基础上实现共情，交流双方才会感到当下的交流是一种令人惬意的情感交流方式、一种展现自我与表达自我的良好机会。正是在这种良好的人际交流中，个人的安全、情感、尊严、偏好、自我实现等高层次基本需求都获得了有效的满足。

理解共情意味着帮助对方解除外在的评判威胁。几乎在所有社会环境中，人们都面临着某种外在的评判压力，人们终其一生都难以完全摆脱这种压力。对于一个社会组织来说，评判或许是必要的。但是，外在评判确实妨碍了助益性人际关系的形成，也无益于自我的健康成长。因为通常情况下，外部评判与自由天性常常发生冲突。如果个人从心理上屈从于外在评判，并全力以赴地追求获得“积极的”外部评价，那么，真实的自我势必难以维持。相反，如果个人能够远离外在评判，他就能够获得某种心理上的安全感与精神上的自由感，自我责任意识就会慢慢觉醒。如果个人能主动帮助他人解除这种外在的评判威胁，对方就会逐步放松直至完全放弃心理防御而回归真实的自我，助益性的人际关系也就能够逐渐形成。

理论上，助益性人际关系可由参与交流的任何一方发起。任何一方在体验、意识、表达三者之间保持高度一致，都可能诱导另一方也做出相应的反应，最终形成一种相互诱导、相互促进变化的良性循环，助益性的人际关系就会在这种良好的气氛中不知不觉地形成。然而，在现实的人际交流过程中，助益性人际关系的形成往往决定于居人际关系主导地位一方（如父母之于子女、教师之于学生等）的态度与行为。特别地，居人际关系主导地位一方的自我必须健康，亦即居人际交流主导地位一方的自我健康状况从根本上决定了助益性人际关系能否最终形成。因为只有居人际交流主导地位一方的自我足够健康，他才可能始终维持良好的自我态度与行为方式，从而带动人际交流向着积极、健康的方向发展。

（三）助益性人际关系对于个人成功的促进

人的自我存在是一种社会性的存在，人的自我成长必须得到他人的支持。个人生命力的充分表达需要其他相关生命的承受与容纳，个人的生命价值也只能体现于他与其他生命的有序交流与相互合作之中。一定意义上讲，个人生命的意义就在于他能否有效地融自我于相关他人的生活与生命之中。为此，个人必须尽可能地了解并理解他人、充分地接纳并欣赏他人，并且充分地共情于他人，以便最终能够与相关他人之间形成某种稳定的亲密关系。个人越是能够更好地做到这一点，个人的生命价值就越是能够得到最大程度的体现，个人的自我个性就越是能够得到最充分的发展与最有效的发挥。否则，个人将不仅无法正常地发展自我，而且还将遏制自我的正常发展，甚至可能导致自我的毁灭。

助益性人际关系对于个人成功的促进作用是多方面的。首先，助益性人际关系通过解除人的内在心理防御，将促使自我变得更加真实。而自我真实是形成健康自我的基础。其次，助益性的人际交流能有效满足参与各方的高级基本需求。交流各方彼此真诚透明、接纳欣赏与理解共情，能有效解除交流各方所面临的外在评判威胁，从而让人获得一种心理上的安全感；助益性的人际交流是一种惬意的情感互动和有意义的信息交流，因此，助益性人际交流的过程同时也是一个个人获取情感基本需求满足的过程；交流各方彼此接纳欣赏意味着彼此不会冒犯对方的尊严，而在一个到处充斥着外在评判与陈规陋习的社会里，人的尊严往往难以得到尊重，以至于人的尊严基本需求总是处于某种匮乏状态。因而，助益性人际关系的形成对于满足参与各方的尊严基本需求尤具现实意义；助益性人际关系的形成常常以参与各方的共同爱好为基础，所谓“同类相亲”“臭味相投”。因此，形成稳定的助益性人际关系意味着参与各方的偏好基本需求能够得到有效满足；助益性人际关系的形成意味着交流各方相互尊重并彼此欣赏各自独特的存在价值。事实上，助益性人际关系建立的过程既是一个相关各方充分体验自我存在价值与生命意义的过程，同时也是一个充分体现相关各方的自我存在价值与生命意义的自我实现的过程。正因为如此，随着助益性人际交流的深入开展，参与各方的内在心理与外在行为将会发生一系列积极而有意义的变化：内在心力变得更加旺盛、自我认知变得更加健康、体验到更多的成长性快乐、变得更具自我创造力、能有效激发各自的内在潜能，等等，从而为个人成功营造了更加良好的内外氛围，并为个人成功创造了更加良好的内外条件。

第四章　系统成功的基本原则

成功包括目标确定、目标坚持、目标实现三个基本环节。相应地，系统成功的基本原则也包括目标确定的基本原则、目标坚持的基本原则、目标实现的基本原则三个方面。

第一节　目标确定的基本原则

为了获取系统成功，个人在目标确定阶段必须遵循以下基本原则：目标的合意原则、目标的合理原则、目标的分合原则、目标的耦合原则。

一、目标的合意原则

个人在目标确定阶段必须遵循的第一个基本原则就是目标的合意原则，亦即个人所选择的目标一定要是自己真正想要的目标。

目的性是人类生命活动的最基本性质。人是一类具有自我认识、自我调节、自我保存和自我超越能力的特殊生命，人类活动是一种具有明确目的性的有意识的活动。对于个人来说，生命活动的目的性主要体现为个人以自由选择为基本前提、以自我成长为根本动因、以自我需要为内在依据、以自我幸福与自我实现为基本取向、以存在状态改善为现实考量，自主确立自己的人生目标与生活目标，然后执着地追求自己的目标。

确定目标是个人走向成功的第一步。显然，个人首先必须明确自己想要干什么，然后才会有有意识、有目的的行为的发生。在人生的道路上，目标就是方向。没有目标，个人就会迷失在现实生活之中，更谈不上个人成功。

然而，生活要有目标，这只是问题的一个方面。问题的另一方面是，并非所有目标都对个人具有价值。个人确立目标通常源于两类因素：内在动机与外在压力。由此，个人拥有了两类不同性质的目标：基于内在动机的目标（内在目标）和基于外在压力的目标（外在目标）。个人对于不同性质目标的追求，通常会带来完全不同的效果。研究显示，个人幸福和自我实现通常与内在目标正相关，与外在目标负相关。亦即，如果个人所追求的目标并非源自内在动机，那么，即使个人实现了这一目标，他也不可能从这一“成功”中获得深刻的幸福感与自我实现感。研究表明，这一结论具有跨文化的普遍适用性。现实生活中的许多人，虽然其人生起点大致相同（如大学同班同学），可若干年后，其存在状况却相距甚远，其人生境遇也大相径庭。究其原因，乃是由于他们在目标确立上存在显著差异。

有价值的成功就是个人确立自己真正想要的目标，然后集中自己的全部精力去努力实现这一目标。许多成功者之所以能在自己的领域内取得成功，就在于他们所追求的正是自己真正想要的。为此，个人首先必须学会选择。确立自己的目标，实质上就是在为自己的未来做出选择。选择什么并不重要，重要的是自己所选择必须是自己真正想要的。因此，当个人在现实生活中面临许多可以相互替代的目标时，个人一定要选择自己真正想要的并且真正适合自己的目标。事实上，个人知道自己到底想要什么是一个巨大的进步，因为只有知道自己想要什么，个人才能确立起对自己有意义的目标。也只有这样的目标才能给人带来持久动力，并且更容易实现，实现之后也才会产生促进自我健康成长的积极效果。在人生的道路上，个人需要不断地选择和放弃，生命的过程就是一个不断选择与放弃的过程，放弃自己不想要的，然后集中精力去抓住自己真正想要的。唯有如此，个人方可成就一个成功的人生。

然而，现实生活中，许多人所追求的并非自己真正想要的。显然，如果目标不是自己想要的，那么，“成功”就不能给人带来自我幸福感和自我实现感。事实上，我们不难找到这样的经历：当自己实现某一目标后，竟然发现自己并不能从中获得预期的满足感。现实生活中的许多人都在孜孜不倦地为实现自己的某一重大“目标”而不懈努力，然而，当他们“成功”之后，却发现自己很少能从中体验到“成功”之后的快乐感与意义感。究其原因，乃是由于他们所追求的并不是他们自己真正想要的。

合意的目标意味着目标本身体现了个人的内在需要或要求，并契合于自我价值观；同时又能为环境所允许。具体来说，合意的目标必须符合以下基本条件：

（1）有利于自我成长；

（2）有利于自身需要的满足；

（3）有利于自我幸福；

（4）有利于自我实现；

（5）有利于改善自我存在状态。

合意的目标一定是自己自由选择的，而非为外界所强加。个人追求这样的目标并不是因为他人觉得自己应该这么做，也不是为了所谓的外在责任感，而是因为这样的目标对自己具有真正的现实意义。目标一旦实现，就能有效地促进自我健康成长、满足自身需要、改善自我存在状态、增进自我幸福，并能带给自己以生命的意义感与存在的价值感。

个人在自由的前提下自主选择自己真正想要的目标对于个人成功意义重大。首先，选择自己真正想要的目标能让自己变得更幸福。心理学研究表明，精神力量是幸福的一个重要来源。如果个人认为某事很重要，其精神力量就会发挥得更好，个人也就能够从中获得更多的幸福感。显然，对于个人来说，只有自己真正想要的才是最重要的。其次，确定自己真正想要的目标能消除自我内心的矛盾、困惑、焦虑、不安全感等。如果个人生活中总是充斥着许多模糊性与不确定性，那么，其内心就会萦绕着许多存在性困惑，产生许多基于不确定性所带来的自我焦虑感与不安全感。而合意的目标能有效化解这种内心的困惑、焦虑、不安全感。事实上，选择自己真正想要的目标本身就回答了“我是谁?”“我要干什么?”“我为什么存在?”等一系列存在性问题。最后，合意的目标能让自我内心变得更加宁静与和谐，进而促进自我的健康成长。研究表明，能够设定自己真正想要的目标的个人往往会表现得更有活力、更能全身心地投入工作，工作的效率也更高，最终也就更容易获得成功。

二、目标的合理原则

目标的合理原则是个人在确定目标时必须遵循的第二个基本原则。如果说目标的合意原则强调的是目标必须是自己真正想要的话，那么，目标的合理原则强调的则是目标必须是自己真正能要的。

目标合理意味着目标必须明确、具体，并且可以达成；同时，又必须具有一定的弹性与挑战性。

首先，个人所确立的目标必须明确、具体，而不能模糊、抽象。否则，将不具有可操作性。目标明确、具体，并且可以达成，是个人成就一切事业的基础。

其次，目标必须具有一定的弹性。目标如果过于僵化，个人将势必难以根据实际情况对目标及其实施计划进行动态调整。而一旦难以按时完成预定的目标，个人又将从中体验到失败之后的挫折感，甚至可能因此而导致个人对自我目标的完全放弃。

最后，目标必须具有一定的挑战性。人生的目标必须高远，生活的目标不能太过容易实现，否则，将不足以激励自我。目标具有一定的挑战性意味着目标既不能过高也不能过低。如果目标定得过高而脱离了个人的实际能力，个人将势必难以实现自己的目标。几经失败之后，个人的自我心理就会遭受重创，甚至可能因此而失去自信。另外，目标定得过低，虽然个人需要承受的精神压力较小，也容易实现目标，但这样的目标并不足以激励自我；目标实现以后，个人也难以从中体验到成功之后的快乐感与意义感。因此，个人应结合自己的实际情况制定出合理的目标。当然，目标的挑战性只具个体性，而不具普遍意义。因为对于某一个人来说很容易的事，对于另一个人来说可能就很难。

为了能够制订出合理的目标，个人首先必须能够正确地评估自己。亦即个人既不能过于低估自己，也不能过于高估自己。过于低估自己的人虽然可能经常获得一些意外的成功，但这种低估本身就是对自我的一种压抑，最终必将抑制自我的正常发展；过于高估自己的人将被迫长期承受永远无法达成目标的挫折感，最终，个人所期待的成功人生将永远只可能是一种水中月、镜中花。

三、目标的分合原则

目标的分合原则是个人在确定目标时必须遵循的第三个基本原则。目标的分合原则是指个人必须对目标进行分解，同时又能将分解后的目标整合成一个有机统一的整体。对目标进行分解意味着个人要将整体目标分解成为各级子目标，如，将长期目标分解成中期目标与短期目标；将总目标分解成各分目标；将核心目标分解成各支撑性目标等。另外，分解后的目标又必须能够合并起来，亦即各目标之间要能保持相互衔接、相互关联、相互协调。这样的目标体系将既具可操作性，同时又表现出一定的层次性。

整体目标（长期目标或总目标等）虽然能给人以前进的方向，但整体目标本身并不具有可操作性。只有将整体目标分解成为各级子目标，或者说，只有将整体目标具体落实到各级子目标之上，整体目标的实现才会成为可能，系统的个人成功才可能最终实现。当然，分解后的目标应明确、具体，同时又具有一定的挑战性和灵活性，并且还要确保实现各子目标的方式不止一种。

整体目标与各子目标之间相互依存。显然，如果没有长期目标，也就没有中、短期目标；如果没有总目标，也就没有各分目标。短期目标或分目标等为个人提供了走向成功的起点，而长期目标或总目标等则能确保个人在目标坚持过程中始终不会迷失方向，并且当个人遭遇挫折或面临困境时仍能稳步前行。子目标（短期目标或分目标等）的存在除了使目标具有可操作性之外，还能确保在整体目标没有实现以前，个人仍能体验到阶段性成功或局部性成功的愉悦感与自我实现感。伴随着分解后的子目标的不断实现，个人将看到自己的努力正一步步取得

成果，自己的理想正一步步成为现实，这将有效提升个人的自我效能感，进而坚定个人获取进一步成功的信心。

当个人将整体目标分解成为各级子目标之后，在每一层级的子目标中，必有一个关键性子目标。如果将各层级的关键性子目标整合起来，就能得到一条关键目标链。与此同时，为确保各层级子目标的实现，个人需要完成一些相应的事项。在确保某一关键性子目标实现的所有事项中，必有一个关键性事项。如果将各层级的关键性事项整合起来，就能得到一条关键事件链。寻找到这一导向成功的关键事件链至关重要，因为各层级目标的实现主要是由这一关键事件链所直接促成的。关键事件链恰好与关键目标链形成逆向耦合，亦即个人沿着关键事件链开展行动时，恰好能确保关键目标链上的各级关键性子目标的顺利实现；个人循着关键事件链的所有努力，正好将自己一步一步地推向最后的成功——整体目标的实现。

总之，只有遵循目标的分合原则，个人才可能取得成功。如果不对整体目标进行分解，个人将势必陷入某种无以成功的困境之中。因为没有了可以很快实现的子目标，个人也就没有了行为的切入点和马上采取行动的理由。那些虽然确立了自己的目标，却总是迟迟不见行动，或者行动起来拖拖拉拉，以至于最终一事无成的人，就在于他们没有遵循目标的分合原则。

四、目标的耦合原则

目标的耦合原则是个人在确定目标时必须遵循的第四个基本原则。目标的耦合原则是指个人在对整体目标进行分解的基础上，必须确保各目标之间能够实现相互耦合。

耦合原本是一个物理学用语，意指构成某一整体性物体的各组成部件之间能够保持运动的相互协调与一致。在这里，我们借用这一词汇来表示各目标之间能够保持相互协调、相互支持、相互补充、相互促进。目标的相互耦合既包括整体目标与各子目标之间的相互耦合，也包括各子目标之间的相互耦合，以及各阶段性目标之间的相互耦合等。

分解后的目标必须能够保持相互耦合，因为只有能够保持相互耦合的目标所构成的目标体系才是结构合理的目标体系。如果目标体系内部各目标之间能够保持相互耦合，那么，个人追求成功的一切行为就能整合成一个有机统一的整体。这样，个人追求成功的所有行为就能形成合力，个人争取成功的努力就会显得更具效率，行为的最终结果也会表现得更好，个人在追求成功的整个过程中就会显得繁而有序，有条不紊。由于目标体系内部各目标之间环环相扣、前后呼应，个人追求这样的目标将会既具可操作性，同时又不会迷失前进的方向。最终，个人将会在不知不觉中顺理成章地走向系统的成功。实证研究表明，当个人的当前目标能够与自己的人生总目标保持相互耦合时，个人的努力程度往往会更高，个人取得成功的可能性也会更大。反之，如果目标之间不能保持相互耦合，那么，个人追求成功的所有行为就无法整合成一个有机统一的整体。这样，个人追求成功的所有行为就无法形成合力，甚至还可能相互抵消，行为的整体效率就会很低，行为的最终结果也必然会很令人失望，个人追求成功的整个过程就会显得繁而无序，杂乱无章。最终，个人也就无法获得一个成功的人生。

第二节 目标坚持的基本原则

为了获取系统成功，个人必须在目标坚持阶段遵循以下基本原则：自我负责原则、自我导向原则、自我完善原则。

一、自我负责原则

自我负责原则是个人在目标坚持阶段必须遵循的第一大原则。显然，只有自我负责的人才会主动地去思考“自己到底是谁”“自己到底想要什么”“自己到底想要成为什么”等问题，并以此为据确立自己的人生目标与生活目标，然后持续地坚持自己的目标。唯有如此，个人方能获得一个自己想要的成功人生。

自我负责原则是个人成功的最重要原则。个人不仅要在目标坚持阶段遵循这一基本原则，而且要在争取成功的整个过程都始终遵循这一基本原则。亦即个人不仅要为自己的目标确立负责，而且要为自己的目标坚持与目标实现负责。或者说，个人不仅必须为自己的选择负责，而且必须为自己的行为以及行为的后果负责。

（一）为自己的选择负责

个人遵循自我负责原则首先意味着个人必须为自己的选择负责。在确保自我独立与选择自由的前提下，个人到底想要追求什么，到底想要成为什么，其决定权完全掌握在自己手里。因此，每个人都应该成为自己的主人：自己拿主意，自己下决心，自己对自己的人生负责。

敢于自我决定并勇于为自我选择承担自己相应责任的人将会越来越多地体验到一种内在的自我力量感。与此同时，他也必须承受与承担责任相伴而来的内心不安感。亦即自我负责会给人带来一种既令人精神振奋又令人内心不安的微妙而

复杂的内心体验。个人正是在这种微妙而复杂的内心体验中逐渐走向成熟，并在逐渐走向成熟的自我成长过程中不断取得成功的。

（二）为自己的行为负责

个人遵循自我负责原则不仅意味着个人要选择自己想要的理想人生，而且还意味着个人要为自己的理想人生付出自己相应的努力。自我负责不是抽象的，而是具体的；不是虚无的，而是现实的。它具体体现为个人持续地追求自己想要的现实目标，并以自己的现实目标为导向持续地完善自我、持续地改善自我存在状态、持续地获取阶段性成功与局部性成功的所有努力之中。总之，只有能够为自己的行为负责的人才有资格谈论成功，也只有能够为自己的行为负责的人才可能最终获得一个自己想要的成功人生。

（三）为自己的后果负责

个人遵循自我负责原则最后还意味着个人必须勇于为自我选择及其行为后果承担自己相应的责任。权利与责任是对等的。显然，个人在享受自由选择权利的同时，也必须为自己的自由选择所产生的一切后果承担自己相应的责任；个人在充分享受行为自由权利的同时，也必须为自己的行为所产生的一切后果承担自己相应的责任。

二、自我导向原则

虽然个人成功受到环境因素的影响，但从根本上讲，个人成功并不决定于环境，而是决定于自我——目标的确定完全由自我决定，而非为外界所强加；目标的坚持只能由自我来完成，而不可能由他人来完成；成功的意义完全由自我来评判，而不是由他人来评判。因此，个人在追求系统成功的整个过程中，必须始终坚持自我导向的原则。

所谓自我导向就是个人自我决定并自我选择自己的成长道路、自我信赖并自我评判自己的成败得失。

（一）自我决定

自我决定是自我导向的实质。人本质上具有一种自我决定的内在倾向性，这是个人行为的最原始动机。事实上，个人在某一事项上的自我决定意识越清晰，其行为背后的内在动机往往越强烈。人的自我决定内在动机是人类本质特征的一个重要方面，它深刻地影响着人的行为、情绪、思维，最终将对自我形成与个人成功产生重大而深远的影响。正是这种自我决定内在动机引导着个人去从事自己偏好并有益于自我潜能充分发挥的活动。个人潜能的充分发展与有效发挥就实现于个人在自我导向下确立目标、坚持目标并实现目标的过程之中，亦即实现于个人追求系统成功的不懈努力之中。

既然个人成功是自我决定下的成功，那么，认识自我就成为了个人追求自我成功的首要任务。因为只有深刻地认识自我，个人才能弄清楚自己到底想要什么，自己到底想要成为什么，从而能够更加合理、有效地自我导向。

（二）自我选择

人的自我决定内在动机具体体现于人的自我选择决策之中。个人获取系统成功的过程，实际上也就是个人不断做出自我选择的过程。在成功的每一个阶段和每一个环节，个人都必须进行选择。如果个人不能做出正确的选择，个人将势必难以获得一个成功的人生。

自我选择以个人的心理自由为基本前提。只有获得心理上的自由，个人的选择才能真正体现出个人的自我偏好与自我价值观。当然，获得完全的心理自由并非易事，因为人的想法、感受与行为会不同程度地受到内、外强制力的影响或干扰。为此，个人必须努力保持自我真实。因为只有保持自我真实，个人才能真正弄清楚自己到底想要什么、自己到底想要成为什么。自我真实者能体验到自己的真实感受和反应，能更充分地活在当下，能充分地自我信赖，也就能更容易获得成功。

（三）自我信赖

自我信赖是自我导向的内在依据。个人要想成功地自我导向，就必须坚定地自我信赖。因为个人只有真正地自我信赖，他才会拥有自我导向的底气。

为了获得一个成功的人生，个人必须努力做到自我信赖。事实上，在人生的道路上，最值得信赖的是自己，最应该信赖的也是自己。因为在这个世界上，任何人都不会代替自己来承担自己的人生责任，唯有个人自己才能真正承担起自己的人生责任。当然，自我信赖并不会凭空产生。为了达到自我信赖的理想境界，个人必须努力培养自己的社会自立能力，并努力获取必要的社会自立经验。

（四）自我评判

自我导向的最后一个关键问题，就是个人必须将确立成功的评判标准与行使成功的评判权力牢牢掌握在自己手里。当然，自我评判并不意味着个人毫不在意别人的意见，而仅仅意味着别人的评价永远不应成为自己行动的指南，除非自己的内心深处也这么认为。对于别人的看法，个人应持开放的态度。然而，外界的批评（无论友好还是敌意）或赞扬（无论诚挚、奉承还是别有用心）永远只能作为自我验证的参考。并且，确定这些批评或赞扬意义的人也永远只能是自己。这是一项个人永远不能让渡给他人的自我权利，也是一项个人永远无法推卸给他人

的自我责任。

一个真正自我导向的人在确立自我成功的评判标准时必然主要着眼于内部，而非外部。因为他懂得，既然个人成功从根本上讲是自我决定的，那么，成功的最终结果也只能由自我来评判。事实上，任何外在的评判都不会实质性地助益于个人的成功人生。只有当个人追求成功的动力以及评判个人成功的标准主要来自内部而非外部时，个人才能真正地自我导向。

三、自我完善原则

自我完善原则是个人在目标坚持阶段必须坚持的一个最重要原则。自我完善实质上就是在自我导向下不断地调控自我，亦即对自我进行有效管理；自我管理的过程，实际上也就是个人围绕着目标的实现而不断完善自我的过程。

自我管理是一种以目标为导向、以自我为对象、以实现自我与环境相互耦合为最终指向的系统的管理。首先，自我管理是一种目标管理。不管自我管理的目标是消除不良的思维、情绪、行为，或者是获得良好的思维、情绪、行为，或者是为了达成某一特定目标，自我管理都是从当前自我状态出发指向未来某一目标自我状态，同时努力缩小两者之间的差距。其次，自我管理的对象是自我本身。在目标坚持过程中，个人需要不断地调整自我。目标坚持的过程，实际上也就是个人不断完善自我的过程。再次，自我管理的最终指向是要实现自我与环境的相互耦合。任何目标的实现都必须得到环境的支持，个人只有实现自我与环境的相互耦合才可能最终实现自己的目标，从而不断改善自我存在状态。最后，自我管理是个人围绕着目标实现而进行的一种系统的管理。自我管理涉及成功的整个过程及其每一个环节。如，当个人面对多种可能选择时如何在认识自我的基础上为自己确定富有挑战性的目标；如何有效监控自我行为以确保自我行为与既定目标之间的相关性；如何在外在约束和激励机制缺失的前提下根据预定标准对自我认知、情绪、行为等进行有效调控；如何对自己所拥有的时间及相关资源进行合理分配以促成既定目标的实现，等等。任何一个步骤处理不好，任何一个自我管理环节出现问题，都可能对个人成功产生严重影响。

自我完善意味着自我改变：改变自己消极的一面，发扬自己积极的一面；自我完善还意味着自我控制：克服自己消极的行为与心理，培养自己积极的行为与心理。相对而言，个人更应关注自我积极的一面，这是自我完善必须遵循的一个基本原则。尤其是当自己身处逆境之时，个人更应积极地看待问题、乐观地投入生活、勇敢地面对人生。唯有如此，方能充分发展自我并最终实现自我。然而，现实生活中，人们往往更倾向于关注自己消极的一面，这或许正是个人难以获得成功，并且难以充分自我实现的一个重要原因。

在自我完善的整个过程中都会伴随着自我的积极变化：对成长的恐惧日益减少，对自我的信赖程度日益提高；自我接纳的同时接纳他人；意识不再像一个看守那样监视着自我内部的所有冲动，而是与情感冲动和谐相处；鼓励那些以前被拒绝觉知的感受得到真实的体验，并将它们吸收进自我观念之中；外在评价取向逐渐降低，内在评价取向逐渐提高；自我防御逐渐减少，真实自我的成分逐渐增多；攻击性行为逐渐减少，亲社会性行为逐渐增多；幼稚行为逐渐减少，成熟行为逐渐增多；现实自我与理想自我之间的差距逐渐减少，并逐渐趋向一致……所有这些变化都将不同程度地出现在个人的日常生活之中。

自我完善的基本方式是通过有意义的内在学习，即个人在学习中发现、调整并完善自我。有意义的内在学习是一种基于自我内在兴趣的学习。通过学习，个人在客观认识自我的基础上整合并完善自我，同时构筑起一种自我与环境之间的建设性关系。有意义的内在学习的过程是一个终生自我提高的过程：不仅提高自我认知，而且提升内在心灵与自我心智。由于有意义的内在学习的实质是突破自我防御的重重包围而深入自我的内在心灵以探求真实的自我，因此，个人回归真实自我的过程，同时也是完善自我的过程。

人的自我潜能十分巨大，然而，人的自我潜能并不会自动爆发出来，而是需要个人主动地去发现它、激发它，并且有意识地去发展它。系统的个人成功是自我潜能得到充分发展与有效发挥的必然结果，而自我完善就是要让自我潜能得到充分的发展与有效的发挥。当然，自我完善必须立足于促成自我的整体性发展，而非局部性发展。局部性发展只是发展了自我的一部分，它本质上是一种畸形的发展。因此，在目标坚持过程中，个人紧紧围绕自己的人生目标持续地提升自我能力，是个人成功所必须做好的基础性工作。在坚持理想牵引与目标导向的前提下，个人努力提升自我能力以实现个人理想与自我能力相匹配的过程，也就是个人完善自我的过程，同时，这也是个人获取系统成功的根本途径。

总之，个人在目标坚持的过程中必须不断地完善自我。正是这种基于目标导向的自我完善，才最终促成了个人的系统成功。

第三节　目标实现的基本原则

为了获取系统成功，个人在目标实现环节必须遵循以下基本原则：自我享受原则、自我强化原则。

一、自我享受原则

自我享受原则是个人在目标实现环节所必须遵循的第一大原则。趋乐是人的本性，个人追求自我成功首先必须遵从人的自我本性。系统成功是阶段性成功与总体性成功有机统一、局部性成功与整体性成功内在耦合基础上的成功，个人应该充分享受这种阶段性成功与局部性成功所带给自己的快乐，这既是对自我本性的自然遵从，同时也是对个人成功的最佳促进。事实上，能够充分享受成功所带给自己的快乐，既是自我健康的重要标志，也是获取系统成功的基本能力——这意味着自我是开放的而不是封闭的、是包容的而不是狭隘的、是灵动的而不是僵化的、是乐观的而不是悲观的、是积极向上的而不是故步自封的、是进取的而不是保守的。当然，成功的快乐并不会自然产生，它需要个人持续地努力、自律，并且需要承受一定的内心痛苦。在走向成功的过程中，个人需要克服许多困难、抵制许多诱惑、承受许多压力与暂时性失败。此外，自我内部还会经常萌生出许多踌躇与畏缩情绪。为此，个人需要不断地挑战自我，并且不断地超越自我。享受成功的快乐，实质上就是享受不断挑战自我与超越自我的快乐。

个人成功本质上是自我促动的，并且，个人越是获得成功，就越是希望能够获得进一步的成功。系统成功就是由这一自我促动机制所直接促成的。充分享受每一次局部性成功或阶段性成功所带给自己的快乐，就是促发这一自我促动机制，并且持续强化成功的自我促进效应的最佳方式。

个人如何看待问题往往影响个人如何去解决问题。心理学研究表明，自我信念往往能产生自我验证式的效果。人的期望影响行为，进而会影响行为的结果。如果个人预期自己会失败，他就会刻意地去寻找自我失败的理由，从而给自己的心理与行为带来消极的影响；如果个人预期自己会成功，他就会刻意地去寻找自我成功的线索，从而给自己的心理与行为带来积极的影响。最终，个人所得到的往往也就是个人所期望的。实证研究表明：乐观主义者比悲观主义者普遍更成功。悲观主义者通常认为，“失败是因为自己的过错，而成功主要靠运气”；而乐观主义者通常认为，“失败是因为自己努力不够，而成功主要因为自己能力强”。悲观主义者所持的悲观态度导致他们回避问题，并在挑战面前选择退缩；乐观主义者所持的乐观态度导致他们总是直面问题，并集中注意力去解决问题。当乐观的思维方式与现实主义的行事方式相结合时，个人的未来也就会真的如其所期许的那样变得越来越美好。乐观的态度与乐观的思维方式并非天生，个人完全可以依靠自我努力培养出乐观的态度与乐观的思维方式。个人充分享受阶段性成功或局部性成功的快乐，就是在培养自己乐观的态度与乐观的思维方式。因此，每当自己取得成功时，无论这种成功多么微小，个人都应对它予以充分关注，并且充分享受成功所能带给自己的快乐。

有一种理论认为，自我完善与自我享受根本对立，因此，个人只有戒除自己的各种欲望，并在此基础上修身养性，方能不断完善自我。因而，僧侣式的生活对于成为一个自我完善的人是必不可少的。这种“自我完善”模式受到佛家的笃信与推崇，并为广大僧侣所广泛实践。

诚然，过度的贪欲会使人误入歧途，甚至让人坠入无边的苦海。然而，将正常欲望与自我完善对立起来，却从根本上有违于人性。事实上，成功最容易由人的心灵快乐与精神愉悦所促成。因而，自我完善应该是一种遵从于人的快乐本性基础上的自我完善，而不是一种苦行僧式的“自我完善”。事实上，对自身幸福的忽略与熟视无睹不仅有违于人性，而且，这也是导致人类痛苦、罪恶与悲剧的最重要原因。自我享受就是要充分尊重并努力寻求自身需要的合理而有效满足；就是要充分体验当下丰富多彩的现实生活，并从中得到愉悦、鼓舞和力量；就是要充分享受阶段性成功或局部性成功所带给自己的快乐。总之，个人只有以自我享受的方式完善自我，方能获得一个自己想要的成功人生。

二、自我强化原则

自我强化原则是个人在目标实现环节所必须遵循的另一基本原则。系统成功是由相互关联、相互协调、相互耦合的一系列局部性成功或阶段性成功所构成的一个有机统一的整体，因而，每一次局部性成功或阶段性成功都将对下一次成功产生积极的影响。为此，个人必须充分挖掘每一次目标实现所具有的自我强化价值，并且充分利用每一次目标实现对于下一目标实现所产生的强化效应，以最终促成个人的系统成功。

如果个人的人生目标经过了科学而合理的分解，并且各目标之间实现了相互耦合，那么，个人一旦实现了自己的某一目标，实际上，他就已经成功地启动了系统成功的内在自我促动机制——每一次局部性目标或阶段性目标的实现不仅能给个人带来快乐与自信，而且还将为下一目标的实现创造有利的前提，并为个人获取下一次成功提供现实的激励与直接的强化。于是，个人所获得的成功越多，就越是会渴望获得更多的成功。

自我强化原则与自我享受原则相互关联、相互影响、相互促进。个人充分享受阶段性成功或局部性成功所带给自己的快乐，实际上就是对个人争取下一阶段成功或下一次成功的最好强化。个人所实现的具体目标与整体目标的关联度越高，个人从目标实现中所能体验到的快乐感就会越强烈，目标实现对于个人获取

进一步成功的强化作用就会越大。此外，个人还能从目标实现中获得一种已经确证的自我效能感与自我实现感。目标的合意程度越高，个人从目标实现中所能获得的自我效能感与自我实现感就会越强烈，目标实现对于个人的强化效果就会越好。个人正是从这种不断获得的局部性成功或阶段性成功中持续地体验到了生活的美好、生命的意义与存在的价值，从而获得了持续的激励与强化。正是在这种不断获得局部性目标实现或阶段性目标实现的过程中，个人正一步步地迈向更高层次的成功。

总之，个人应该充分利用每一次局部性目标实现或阶段性目标实现对于个人成功的强化效应。事实上，各类目标之间相互耦合程度越高，各类成功之间的相互强化效果就会越好。个人从局部性成功或阶段性成功中所感受到的自我强化效应越高，个人从现实生活中所能体验到的幸福感就会越深刻，个人的整个人生就会越辉煌。

第五章 系统成功的基本内容

生活的主要内容、人生的基本主题，可以概括为四个方面：健康、婚恋、事业、亲子。个人如果能够在这四个方面都取得成功，并保持它们之间的相互协调、相互耦合，那么，他就能够达到一种理想的人生境界。实际上，正是这四个方面之间相互配合、相互支持，才共同支撑起了一个成功的人生。人性的发展，并不是人性某一方面的发展，而是人性的全面发展；人生的成功，并不是个人某一方面的成功，而是个人在这四个方面的全面成功。

第一节 健康

健康既是个人成功的基本内容，也是个人成功的基本前提。健康是成功之本，个人失去健康，也就意味着他将失去一切。因此，系统成功的首要任务，就是要形成一个健康的自我。

一、健康的内涵

自我系统包括身体自我与心理自我两个子系统，相应地，自我健康也就包括身体健康与心理健康两个方面。身体健康与心理健康，两者之间相互依存、相互影响、相互促进，并互为因果，所谓“身心合一”。

（一）身体健康

身体健康是自我健康的基础。生理是心灵的基础。关于生命内核的研究已经揭示，人的心灵是由人的生理与生物特性所决定的。在人的基因深处镌刻着人的心灵密码，基因影响甚至决定着人的心灵。如美国新泽西州立罗格斯大学的格莱博·苏米亚茨基等（G. Shumyatsky 等，1964）发现了决定恐惧的基因，它控制着大脑中一个与恐惧反应有关的区域的蛋白质的分泌。这种基因称为胞浆磷蛋白基因，它能编码并产生胞浆磷蛋白（stathmin）。这些蛋白高度集中于大脑中产生恐惧和焦虑的区域——杏仁体。如果这种基因缺失，人就不会产生恐惧。当我

们从生命内核入手去研究人的心灵时，我们也许可以找到某种防止心灵疾病蔓延的方式，从而使得人的心灵变得更为强健。事实上，人类的所有心理（包括心理疾病）和行为都与基因密切有关。研究表明，无论正常的生理活动还是异常的病理状况都取决于功能基因。现已发现，人类的功能基因大约有 3 万个，它们占全部遗传密码的 5％，剩下的 95％为非功能基因，即不是为产生蛋白质而编码的基因。非功能基因支撑着功能基因，一旦功能基因失效或受损，它们就会随时出来修补或替换功能基因。

虽然，基因的作用巨大，但它们也是可以改变的。人的生活方式可以调节和开启基因，亦即人的后天因素也能制约先天因素。生活方式可让“好”的基因开启，也可让“坏”的基因关闭而使其不能表达，从而减少它们对健康的危害。如，在导致肥胖的多种基因中，FTO 基因就是一个重要角色。相关研究表明，凡是携带双份肥胖基因 FTO 的人，平均体重几乎要比普通人重 7 磅，与非肥胖基因携带者相比，发生肥胖的可能性要大约高 70％。欧洲人一半以上携带有这种基因，但是，拥有这种基因而又积极锻炼的美国阿米什人的情况完全不同。美国宾夕法尼亚州开斯特县有 704 名旧规阿米什人，他们从事不同程度的体育锻炼，其中有些农民甚至仍然使用马拉犁耕地，而另外一些人则从事比较常见的体力劳动。结果，这些携带肥胖基因的阿米什人中，积极参加体育锻炼的人，其体重与非肥胖基因携带者一样；而运动量少且携带 FTO 基因的阿米什人，其超重或肥胖的可能性大大增加。此外，越来越多的证据表明，改变生活方式能有效地阻止癌症的发生。这充分说明，基因并非决定一切，后天的自我行为与环境因素也可以开启或闭合基因，甚至改变人的某些本性。当然，通过生活方式开启或关闭基因需要从小处着手，并且这是一个集腋成裘的漫长过程。

（二）心理健康

心理健康是自我健康的实质。心理健康本质上是人性完善的具体体现，换言之，人性的不完善必然导致个人心理的不健康。

精神强大是心理健康的外在表现，个人心理越健康，其精神就会越强大。精神是生命的真正脊梁，只有精神强大，才是真正的自我强大；只有心理健康，才是真正的自我健康。个人的心理越健康，就越能适应不同的环境，并且越能从容应对自己所面临的各种现实困难或挑战，甚至能够帮助自己绝处逢生。事实上，人们通常所面临的所谓“绝境”，绝大多数情况下都不是生存意义上的绝境，而是精神意义上的绝境。因此，只要个人能够保持自己在精神上不垮下来，那么，外界的一切困难或挑战都难以将他击倒。美国著名心理学家马丁·加德纳（Martin Gardner）的研究表明，在美国 630 万死于癌症的病人中，80％是被吓死的，剩下20%才是真正病死的。

二、健康的标志

和谐是健康的标志。所谓和谐是指存在着明显差别的各部分之间能够相互协调地整合在一起。和谐并不意味着没有差别与对立，而是指能够实现差别与对立的内在统一。《管子》曰："和合故能谐。"系统内部各部分之间和合了，才能保持其行动上的协调一致，系统也才会表现得稳定、高效。

具体来说，自我系统的和谐主要体现在三个方面：身体和谐、心理和谐、身心和谐。

（一）身体和谐

身体和谐是身体健康的外在标志。身体健康的主要外部特征是身体外形的对称和谐。身体外形的对称和谐之所以能够成为身体健康的外在标志，其间蕴含着深刻的生物进化学内涵。

1. 身体外形的对称和谐是身体健康发育的一种必然结果

在人的身体发育过程中，无论是在母体内还是在母体外，都可能遭遇寄生虫、细菌或病毒等的感染、侵袭，从而造成身体外形的不对称。只有那些具有最好基因、抗病力（免疫力）强，并且营养充足的个体，才会发育出完整、对称的体貌。一些国家有关新生儿先天缺陷的研究表明，在怀孕期间感染性病的母亲极易分娩出外形不对称的婴儿，这种婴儿也极易患病，或者其本身就与某种疾病相联系。如，外形不对称的孩子长大后患心脏病的比率极高；不对称牙齿常常是嘴部微生物受严重感染或患病的结果；精神分裂症或精神病患者的指纹极不对称，等等。总之，形体的和谐是身体健康的外在标示，形体不和谐往往预示着身体不健康，这种现象在生物世界中普遍存在。如，近亲繁殖的生物（包括人），其形体不对称者占很大比例，这是由于基因变异或有害基因获得表达的结果。在动物实验中，果蝇受毒素、高温或寄生虫影响后都会发育成极端不对称的体形。

2. 身体是否对称和谐是决定智商高低的一个重要因素

如果个体在发育过程中长期遭遇严重障碍，就会损害大脑结构的完整性，从而造成大脑外形的不对称。其结果是，大脑神经功能严重降低，个人综合智商远低于正常水平。

3. 具有对称和谐体貌特征的个体更容易获得婚恋上的成功，也更容易繁育出健康的下一代

由于对称的体貌特征更具生物吸引力，因此，具有对称体貌特征的人更易找到理想的伴侣（容貌姣好、体形和谐）。实际上，偏好和谐体貌是人类在长期进

化过程中经自然选择而保留下来的一种趋向健康的直觉能力。

人体对称和谐之美的最显著特征是左、右脸庞的对称，特别是左、右颧骨和上、下腭的对称。这种对称和谐的脸部的形成是个体健康发育的结果，如，男性的脸庞对称与否最易受青春期发育的影响。如果一名男子在青春期时发育正常且睾丸激素分泌充足，其左、右颧骨与上、下腭就会发育完善，并且变宽变长，最后就会形成对称的男子汉脸形，从而显示出其男子汉气质。在女性眼里，这样的男子自然更具性吸引力。研究表明：无论男性还是女性都偏好那些面部十分对称的异性，并且愿意选择这样的异性作为自己的配偶。

西班牙格兰纳达大学的曼纽尔·索勒（M. Soler）等人发现，乳房对称是女性健康的主要标志之一。乳房对称的妇女比乳房不对称的妇女更具生育能力。乳房对称与生育能力受激素平衡的制约，个体在子宫中发育受阻或某些遗传因素都会影响女性乳房的对称，进而影响其生育力。美国研究人员对 50 名美国育龄妇女的调查发现，没有生育能力的妇女，其乳房极不对称，左、右乳房圆周体积竟相差达 30%之多；而具有十分对称乳房的妇女，其生育的孩子也最多，她们左、右乳房的体积通常相差不超过 5%。在男性眼里，具有匀称双乳的女性更具性魅力，因为本能的直觉告诉他：这样的女性更健康，并且更具生育能力。

拥有对称和谐体貌的个体由于自身所具有的先天优势，他们将不仅更易获得爱情，而且其婚后生活也可能更幸福。人的性行为受心理与情欲的共同支配，和谐的体貌能带给配偶以美感，并唤起配偶的性冲动。拥有和谐体貌的个体在诱发对方情欲的同时，自己也能从中获得更满意的性生活与更丰富的性体验。显然，在父母身体健康的基础上，再辅之以幸福的婚恋，他们自然能够孕育出更健康的下一代。

总之，人类对和谐体貌特征的偏好经受住了自然选择机制与性选择机制的双重检验。体貌的和谐意味着身体健康，体貌的不和谐意味着身体不健康，从生物学意义上讲，是完全成立的。

（二）心理和谐

心理和谐是心理健康的主要标志。心理和谐的人内心充满着宁静、愉悦、轻快、平和。佛家认为，只有内心平和，才能实现外在的和谐。道家则认为，通则和畅，和则相生。

健康心理的形成，或者说，心理和谐的实现，主要取决于个人的自身需要能否得到有效满足；自我目标是否能够实现或感觉到能够实现；个人对自我存在状况是否感到满意或能否坦然接受实际状况与理想状况之间、自己与他人之间所存在的差距；能否理性地对待一切，并在此基础上实现自我超越等。显然，如果个人的基本需求无法得到有效满足，个人目标无法实现，个人总是对现实感到不满，并且无法接受现实状况与理想状况之间的差距，而又不能理性地自我排解，更谈不上自我超越等，那么，个人内心就会经常性地发生剧烈冲突，当然也就谈不上内心和谐了。

首先，需要的有效满足是实现个人内心和谐的基本前提。自我之所以不和谐，个人之所以出现心理障碍，归根结底都源于其自身需要无法得到合理而有效的满足。显然，只有当个人衣食无忧、居有定所、性需求能得到基本满足、心有所系或情有所归、有尊严感、自我偏好能得到满足、能感受到存在的价值与生命的意义等，其内心才会变得和谐。

其次，内心和谐建立在个人能坦然接受现实存在与理想存在之间差距的基础之上。个人的现实存在状态总是会与自己想要达到的理想状态存在一定的差距，心理和谐者并不是看不到这种差距，而是能够坦然接纳这种差距。亦即心理和谐建立在个人能够坦然接受现实存在与理想存在差距的基础之上。

最后，认知理性与内心和谐如影相随。认知理性常常以内心和谐为基础。显然，内心和谐者较之于内心经常性地发生剧烈冲突者会在认知上表现得更为理性。另外，认知理性又将有助于个人化解自我内心的冲突，进而促使个人的自我心理变得更加和谐。

(三) 身心和谐

自我健康的最终标志是自我身心的全面和谐。“身心合一”，人的身体与心理相互依存、相互影响、相互作用，并且互为因果。

一方面，身体健康状况的改善会引发人的心理上的一系列积极的反应。如，体育运动将导致大脑产生一种内腓肽的化学物质。内腓肽也被称为“快乐荷尔蒙”或“年轻荷尔蒙”，它能帮助个人维持快乐的心情。因此，长期坚持有规律的体育锻炼不仅有利于增进身体健康，而且也有利于改善自我心理与内在心灵。

另一方面，人的心理反过来也会影响人的身体。如，人的情绪常常会引发相应的肢体语言——当人愤怒时，常常会握紧拳头，并呼吸急促；当人快乐时，常常会嘴角上扬、面部肌肉放松等。除了人的情绪会引发相应的行为之外，通过有意识地调整自我行为（如保持微笑）也能带出自己想要的积极情绪。研究表明，当人产生某种行为（如微笑）时，机体内部就会分泌出某些相应的化学物质来反映它，身体内部的这种化学变化将进一步刺激神经系统控制情绪的某些部位产生相应的化学反应，最终将会导致相应情绪的产生。研究表明，内心和谐能有效提升机体的免疫能力。心理和谐者常常为积极情绪所主导，而积极的情绪将促进血液中的一种免疫抗体 S-LgA 的分泌，从而提高机体免疫系统的活力。积极情绪

还有助于患者的自我康复。心理学家泰勒（Taylor）等人研究后发现，在艾滋病感染者中，对自身康复能力抱有乐观态度的人，其症状常常出现得较晚，在康复锻炼中会表现得更好，其生存时间也更长。

三、健康自我形成的关键期

自我成长是身体自我与精神自我协调一致的成长。正常人的心灵成长与其身体成长高度耦合。那些心理成长与生理成长不合拍的人，往往会呈现出某种自我病态。

在自我成长过程中，以下三个时期对于健康自我的最终形成至关重要，它们分别为幼儿期、青春期、中年期。

（一）幼儿期（3～6 岁）

幼儿期的健康成长对于个人一辈子的健康成长都至关重要。幼儿期的主要任务是要通过对自我的肯定以实现自我与空间的和谐。随着孩子自由行走能力的增强，其活动的空间与范围也在明显地扩大。此时，孩子会从婴儿期终日纠缠于母亲的怀抱而逐渐过渡到拉开与母亲的距离，并逐渐增加自己自由活动的比重。此时，孩子的自主性、主动性、自信心骤然增强。这个时期的孩子的主要心理特点，就是相信自己无所不能、无往不胜。他们整日热衷于与童伴进行追逐、打闹，并将自己过剩的精力消耗在能展示自我体力、技能的游戏之中。这一时期，与孩子的自我肯定相伴随的，是他们对父母的违拗。他们对父母的帮助、指示、阻止等总是喜欢用“不”来回答，这是人生的第一反抗期。如果能够顺利地度过这一时期，孩子就能确立起初步的自信心与自尊感，从而为其进一步健康成长奠定必要的基础。

（二）青春期（12～16 岁）

青春期是决定自我能否健康成长的第二个关键期。个人在青春期的主要任务是要通过对自我的否定以实现身、心的和谐。进入青春期以后，人的身体迅速发育，但人的心理发育相对滞后。生理上的快速成熟使青少年产生一种成人感，而心理发展的滞后又使他们仍处于半成熟状态。这种身、心发育的不同步是造成青春期各类心理矛盾（如心理断乳与精神依赖之间的矛盾、心理闭锁与心灵开放之间的矛盾、自我成就感与自我挫折感之间的矛盾……）的主要原因。这给他们带来了极大的苦恼，并且有可能导致他们将自我从外在客观世界中抽回，并重新指向内在主观世界。他们开始强烈甚至苛刻地审视自己的外貌、体征、能力、人格特征等：有时自我欣赏，但更多的是自感不足；有时激情满怀，但更多的是沮丧迷茫；有时我行我素，但更多的是孤单落寞；有时自我感觉良好，但更多的是过分夸大自己外貌、能力等方面的不足……他们的内心总是萦绕着过度的焦虑，他们的精神常常处于矛盾与冲突之中，他们常常徘徊于自信与自卑两个极端之间，并且表现出艾里克森所说的“角色混乱”特征。

由于自我发展的不协调，青少年的自我心理与自我能力明显滞后于自我意识，从而导致他们经常产生难以应付的疑惑感与危机感。对自我的怀疑和否定常常会投射为对家长、权威和社会规则的怀疑和否定，并表现出态度强硬、举止粗暴、漠不关心、冷淡相对、迁怒于他人等一系列青春期特点。这是个人在人生中的“第二反抗期”。青春期所表现出的叛逆行为特点属于青少年自我成长过程中的正常现象，也是每个正常人所必经的人生之路。个人只有顺利度过这一关键期，才可能确保自我的进一步健康成长。

（三）中年期（始自 40 岁左右，历时长短因人而异）

中年期是人生历程中的最后一个重要转折期，个人在这一时期的主要任务是要通过对自我否定之否定以实现自我与时间的和谐。心理学家莱文森研究发现，37～41 岁对于多数男人是一个不稳定、焦虑和变化的时期。后来，他发现这个结论同样适用于女性。在他所研究的被试中，大约有一半人将这一阶段视为实现人生目标的“最后机会”。中年的危机感主要表现为时间上的危机感——一种人生苦短、壮志难酬的无奈和迷茫，故有“中年期危机”之说。在我国民间长期流传着的诸如“人过四十天过午”“人到中年天到秋”等一些说法，也给中年人带来许多消极暗示，从而加重了他们心中的焦虑感与迷失感。按照艾里克森的理论，中年期的主要成长任务就是要有效地获得繁衍感，并且避免停滞感。这里的“繁衍”意指生命和事业的生生不息，亦即追求一种时间上的永恒。在人生的这一特殊时期，大多数人都要放慢或停下奔波的脚步来回顾自己的过去、审视自己的现在、规划自己的未来，许多人都要对自己的人生观、价值观做出某些调整。这是人生的最后一次重大转折，也是人生所面临的最后一次考验。这一时期的持续时间不确定，顺利完成这一转折所需要的具体时间也因人而异。

总之，人的一生只有在经过了“肯定—否定—否定之否定”这样一个完整的周期，并实现了自我与空间、身与心、自我与时间的融合与和谐之后，才算是走完了生命炼狱的过程。有的人终其一生都难以完成最后的转变，从而只能在迷惑、遗憾和怨恨中抑郁而终（这些人在其更年期常常表现出强烈的烦躁感和不适应感）；有的人则能很快完成这一转变，从而最终确保了自我的健康成长。

四、健康的基础

需要满足是自我健康的基础。在研究需要满足与自我健康的关系之前，我们

有必要将基本需求与一般性欲望区分开来，因为两者之间存在着本质差别。首先，基本需求必须得到满足，并且个人也总是在不断寻求基本需求的有效满足；而一般性欲望并非一定必须得到满足，相反，人们常常有意识地抑制某些有损于自我健康的个人贪欲。其次，基本需求的有效满足能促进自我的健康成长；而一般性欲望的满足不具有这种效果。最后，基本需求严重受挫将引发严重后果（如诱发基本需求症候群）；而一般性欲望受挫不会引发严重后果。因此，我们说需要满足是自我健康的基础，主要是指基本需求满足是健康自我形成的基础。

（一）第一类基本需求满足的健康效应

第一类基本需求（食、衣、住、性）的有效满足是身体健康的基础。如果第一类基本需求得不到有效满足，轻则损害身体健康，重则直接危及生命。此外，第一类基本需求的满足还会间接地影响人的精神自我形成。如，当第一类基本需求满足受挫时，人会表现得精神困乏、萎靡不振等。如果这些症状长期持续，它们就会内化成为自我性格的一种特质，最终将会影响心理健康。

在第一类基本需求中，性需求是一项十分特殊的基本需求。在我们的文化传统中，性是一个十分敏感的话题。性欲常常被描述成一种危险的冲动，并且需要加以特别警惕。可事实上，性需求的满足能让人体验到一种最为原始的生命圆满感。性需求的长期严重受挫，将会导致人的整个身心出现一系列的严重病变。

（二）第二类基本需求满足的健康效应

第二类基本需求（安全、情感、尊严、偏好）的有效满足是心理健康的基础，并对身体健康具有积极的促进与提升效应。

安全基本需求的满足在人的心理健康中处于基础性地位。特别是当个人尚处于自我成长外部主导期时，安全基本需求的满足至关重要。研究表明，一个在和平、安全环境中长大的孩子更容易健康成长，更懂得如何在自我成长过程中充分地自我享受；与此相反，一个在动荡、危险与恐惧的不安全环境中长大的孩子，其心理发育与身体发育往往极不相称，其过早成熟的心理实际上是以牺牲自我的整合与健康换来的，并且在其潜意识中总是隐藏着对于安全、稳定、秩序的强烈渴求。人的许多异常心理（如孤立感、不受欢迎感等）与行为（如自私、不合作等）实际上都源自内心深处长期存在着的不安全感；而一旦获得安全感，人的异常心理与行为就会出现明显变化。如，焦虑感与紧张感明显缓解，直至完全消失。临床研究显示，安全感的获取能够产生一系列有益于自我身心健康的效果，如，更安稳的睡眠、更自信的心态等。

情感基本需求的满足包括情感的获取和情感的付出两个方面。正常人不仅具有表达和接受情感的内在需要，而且还具有表达和接受情感的基本能力。情感基本需求满足最有利于人的心理健康，尤其是幼年期情感基本需求的满足对于个人一辈子的健康成长都至关重要。实际上，健康成年人的许多优秀品质（如忍受情感暂时性匮乏的能力、理解他人独立精神的能力、爱但不放弃自主性的能力等）往往都源自幼年时情感需求曾经获得了充分满足。幼儿获取情感基本需求满足的主要方式是通过父母的爱抚。实证研究表明，接受父母爱抚的婴儿更加活跃，对刺激的反应更快。父母轻柔的抚摸能触发幼儿体内一系列复杂的化学反应，如，刺激婴儿大脑产生某些有助于婴儿存活与快速成长的化学物质。定期的抚摸还对某些病症具有辅助性的治疗效果，如，能缓解因早产和出生前被感染了可卡因而出现的烦躁不安症状等。总之，受到别人关爱，尤其是幼年时受到别人关爱的人更容易健康成长；反之，被剥夺了爱，尤其是在幼年时被剥夺了爱的人将会表现出诸多心理病态，如，出现社会适应不良和人际交流障碍等。研究者通过对某些神经症患者进行追根溯源的研究，结果都能发现患者在其生命早期存在情感基本需求严重匮乏的普遍事实。越来越多的证据已经证明，在充满爱的童年和健康的成年之间存在着确定性的因果关系。总之，虽然不同年龄、性别和文化背景下人们表达和获取情感的方式不同，但情感基本需求满足所带来的对于自我健康成长的促进效果则是完全相同的。

尊严之于人绝非可有可无，而是不可或缺。当尊严基本需求获得满足时，个人将会变得更加自信，并且觉得自己有价值、有能力、有力量；反之，就会变得自卑，并且怀疑自己的价值与能力，极端情况下甚至还可能完全自我否定，并视自己如草芥；或者极端仇视，并报复社会——在对他人的恶意伤害中，患者能够获得某种扭曲的心理快感，并释放了自己长期遭受压抑的病态心理。

人的无意识潜能内在地趋向于健康。然而，人的无意识潜能很容易遭受压抑或忽视。偏好的发展就是要促使自我无意识潜能的及时觉醒与充分发展，从而促进自我的健康成长。首先，偏好发展与自我创造性一脉相承。人的自我潜能是创造性灵感的内在本源。事实上，个人沉迷于其中的事情往往也就是个人最具潜质的事情。当个人潜质发展成个人兴趣，并最终形成个人的特有能力之后，人的自我创造力就会达到其最高水平。由此可见，自我创造性的问题首先是一个创造性人的问题，而创造性的人的形成归根结底源于个人偏好的充分发展。偏好发展的过程，或者说创造性人的形成的过程，也就是健康自我形成的过程。因此，对人性的尊重、对偏好发展的重视、对自我创造性的强调，是促进自我健康成长的关键。其次，个人的偏好发展是自我健康成长的一种内驱机制。偏好发展通过自我机能的充分发挥与自我完善功能的自动调节不断地促进着自我的健康成长。最后，个人的偏好发展不仅是自我创造力的内在源泉和健康自我形成的内在驱力，

同时还是个人自我享受的主要方式。正是由于偏好的差异导致了人的自我享受方式的差异。此外，人的认知、性格或人格等的差异，本质上都源自个人偏好的差异。“同类相聚，同好相亲”，正因为人的偏好发展与偏好差异才导致了人与人之间持续地进行分化组合，从而使得社会性人际关系呈现出多样化的存在方式与复杂性的表现形态。

（三）第三类基本需求满足的健康效应

价值需求（自我实现）是人的最高层次基本需求。自我价值是继达尔文主义提出生存价值（survival value）之后的人的第二层次价值。亦即个人不仅拥有生存的权利，而且还拥有追求自我价值的实现的权利。事实上，正是这种追求最能促进个人的自我健康。

首先，个人自我价值实现的基础是充分发挥自我潜能和自我创造力。自我潜能是个人偏好发展的基础，而个人偏好的发展又会推动自我创造力的形成。正是由于自我潜能与自我创造力的高度发展与充分表达才使得个人能够获得一种自我存在的价值感与生命的意义感，从而极大地促进了自我的健康成长。其次，自我价值实现的基本前提是个人必须首先确立起一种主观上的自我价值体系。自我价值体系的确立能够赋予个人以一种强烈的自我责任感和人生使命感，从而将个人的所有日常生活按照某种确定性的内在逻辑有机地统一起来。最后，正常人的精神困苦往往源自个人“成为一个什么样的人，成就一番什么样的事业，追求一种什么样的生活方式和人生意义”这些问题。只有当这些问题获得有效解决之后，个人的精神困苦才可能得以彻底解脱，个人的内在心理才可能维持健康状态，而第三类基本需求的有效满足正好能够解决这些问题。

五、健康的实现

（一）身体健康的实现

影响身体健康的因素很多，其中既包括自我因素，也包括环境因素；既包括先天遗传因素，也包括后天生活因素。在所有这些因素中，以下四类因素最为关键：

1. 积极的心态

心理因素是影响身体健康的最重要因素。特别地，积极的心态对于维持并促进个人身体健康至关重要。没有健康的心理，就必然不会有健康的身体。

2. 作息规律、科学

人的生理机能的正常发挥建立在有规律作息的基础之上。只有作息规律，机体才能维持正常而高效的运转。当然，这种有规律的作息必须同时也是一种科学的作息，亦即它必须与人类长期进化所形成的生活习性相适应，否则，人的身体健康就会受到严重损害。

3. 营养足够、均衡

足够的食物是维持身体健康的必要前提。显然，机体的正常运转必须获取必要的营养物质。没有足够、均衡的营养，身体就会如同没有能源的机器一样而无法正常运转，更不用说维持并促进身体健康了。

4. 坚持适度运动与锻炼

坚持体育运动与锻炼是提升身体健康水平的最重要方式。个人坚持体育运动与锻炼时必须坚持“循序渐进、锲而不舍”的原则。首先，个人必须长期坚持体育运动与锻炼，并形成生活习惯。运动与锻炼切忌忽冷忽热、一曝十寒。其次，运动与锻炼方式必须适合自己。事实上，无论采取什么运动与锻炼方式，只要适合自己，就都能达到提升身体健康水平的效果。最后，运动与锻炼强度应适合自己的身体状况。运动量既不宜过小，也不宜过大。运动量过少，就达不到锻炼的效果；运动量过大，也会损害身体健康。

（二）心理健康的实现

心理和谐既是心理健康的根本标志，也是实现心理健康的根本途径。具体来说，实现心理和谐的基本方法在于个人要努力做到与自己和谐相处、与他人和谐相处、与宇宙万物和谐相处。如果个人能够做到与自己和谐相处、与他人和谐相处、与宇宙万物和谐相处，机体内部就会产生并激发出一种正能量。随着时间的推移，这种零散的正能量将会不断聚集起来而形成更大的正能量；同时将及时化解周围的负能量。渐渐地，个人的内在心理就会变得越来越健康、越来越和谐。

1. 与自己和谐相处

个人追求心理健康的首要任务，就是要努力实现与自己和谐相处。实现与自己和谐相处是维持心理健康的基础。显然，个人只有实现自身的和谐，他才可能去构建起一种与他人乃至宇宙万物的和谐关系。而实现与自己和谐相处的关键在于个人能坦然接受现实自我与理想自我之间的差距，并努力化解基于现实自我与理想自我之间差距所引发的激烈的内心冲突，最终实现对立双方的和谐共存。

2. 与他人和谐相处

在实现与自己和谐相处的基础上，个人还要努力实现与他人和谐相处。实现与他人和谐相处不仅是心理健康的重要标志，同时也是一种生存智慧。要确保自我的生存与发展，个人必须首先尊重他人的生存与发展权利，同时协助相关他人更好地生存与发展，这是由生命进化而来的一种智慧。个人只有深刻地懂得这一道理，并将它内化成为自我价值观念的一部分，才可能真正实现与他人和谐

相处。

与他人和谐相处包括以下基本内容：首先，要与不同层次社会关系的人们（如夫妻关系、亲子关系、朋友关系、同事关系等）保持恰当的亲密关系与较高的接纳、合作水平，并且能够在各种不同社会角色之间实现灵活转换，并保持协调；其次，要能坦然接受自己与他人在社会地位、行为方式等方面所存在的差异；最后，要能坦然接受他人在社会地位、行为方式等方面的改变。

社会性人际关系包括以下四个基本层次：血缘关系、朋友关系、工作关系、一般性社会人际关系。在不同层次的人际关系上，个人实现人际和谐的方式不同，所必须遵循的交往法则也不同。首先，在以血缘为联系纽带的关系中，人际交往遵循情感优先的法则。维系亲人之间关系的纽带是情感，亲情互动的目的也是为了情感。其次，个人在与朋友之间的人际交往中必须遵循人情优先的法则。在中国文化中，家人与朋友之间存在着一条明确的情感分界线，两者之间通常不存在交集，这是中国文化的一个重要特点。再次，工作关系是一种以利益为主要联系纽带，同时也包含一定情感归属成分的关系，个人在与同事之间进行人际交往时一般遵循利益优先的法则。最后，一般性社会人际关系是上述三类关系之外的其他人际关系，这类人际交往主要遵循利益交换的法则。

影响人际和谐的因素很多，除个人因素（如价值观念）之外，社会伦理（包括家庭伦理、人际关系伦理、工作伦理等）、社会法制环境、不同阶层间的相互开放与尊重程度等环境因素也会对人际的和谐产生重要影响。当然，不同类型的人际关系中，各类因素所发挥的作用不同，所产生的影响也存在很大的差异。

3. *与宇宙万物和谐相处*

在实现与自己和谐相处、与他人和谐相处的基础上，推而广之，就是要实现与宇宙万物的和谐相处。和谐是宇宙的本质。毕达哥拉斯认为，宇宙间一切美好事物都是和谐的。和谐是一切事物之所以能够存在与发展的内在根本原因。一切万物皆因和谐而生，也必须遵循和谐的法则才可能持续地存在下去，并求得自身的发展。人类作为宇宙的一部分，自然无法从宇宙之中独立或分离出来。为求得自身的存在与发展，人类必须实现与宇宙万物和谐相处。这既是人类必须具有的一种智慧，也是人类实现自身存在与发展所必须始终遵循的一项基本法则。

为了实现与宇宙万物的和谐相处，人类首先必须实现与自然环境和谐相处。自然环境是人类赖以生存与发展的环境基础，人类不与自然环境和谐相处，也就意味着是在自毁自己的家园，最终必将导致人类自身的毁灭。人类实现与自然环境和谐相处涉及人类自身的生产方式与生活方式。对于个人来说，就是要牢固树立起保护环境的意识，并将这种意识落实到自己的生活方式之中去；对于整个人类来说，就是要牢固树立起可持续发展的思想，并将这种思想贯彻落实到社会经济发展的各个方面与各个环节之中去。

第二节　婚恋

婚恋是个人生活的基本内容。个人生活离不开婚恋，从恋爱到结婚组成家庭，是每一个正常人都必须经历的人生安排。个人在这一人生大事上取得成功，对于个人获取一个成功的人生至关重要。事实上，个人取得婚恋上的成功，不仅是对个人存在价值的一种有力确证，而且还将极大地促进个人取得其他方面的成功——增进自我健康、促进事业成功、为亲子教育创造良好的条件。

一、婚恋的内涵

婚恋包括爱情与婚姻。爱情与婚姻密不可分，它们是同一过程的两个不同阶段或同一问题的两个不同方面。幸福婚恋意味着爱情与婚姻高度耦合。只有当两者之间实现高度耦合时，个人才可能从中体验到婚恋的美好与幸福。尽管爱情与婚姻密不可分，但它们并不是同一回事，两者之间存在着对立统一的关系。

（一）爱情

正常人的爱情是指发生在两个异性个体之间的一类特殊情感。这类特殊情感通常具有以下基本性质：

（1）爱情是人类精神现象中最复杂、最深奥、最不可穷尽的一类情感。“爱”的丰富性和复杂性充分体现了人类精神进化的无限性。人类进化至今，爱情早已成为人类最重要的精神生活，它在人性的发展与实现的过程中占据着极为重要的地位，并且贯穿于人性发展的各个层次与各个方面。爱情拓展了人的精神领域、提升了人的生活品质，并为个人追求自我成功与美好人生提供了巨大的精神动力。

（2）爱情本质上是一种以温柔、吸引、神秘、炙热等为主要特征的美好情感。个人在体验这类美好情感时往往会感到极为愉悦、欣喜。相爱的人在一起时彼此间的距离总是很近，并且总是想触摸或拥抱对方，总是有意无意地偏袒对方。任何情况下，只要看到对方就会感到满足和快乐。真正的爱情是一种男女间精神上的共鸣、一种心灵的相互融合与灵魂的相互渗透。热恋中的两颗心能够实现相互间的神秘交流，所谓“心有灵犀一点通”。这是人类精神交往的一种理想境界：一种灵与肉的和谐统一、一种生命的高度协同与相互融合。爱情是幸福生

活之源，爱能给人带来诸多美妙体验。一个从未跟自己相爱的人共赏过良辰美景的人断难领略到爱情的魔力与人生的快意。

（3）爱情是自发生成的一种表达性的情感。爱情是在人性自由的前提下自然产生的一种自发性的情感，这种自发性的情感并非是要将自己消融于另一个人之中去，而是要在肯定他人并保存自我的基础上实现彼此间的融合。健康的爱情意味着成长而非依附、肯定而非占有、悦纳而非规制、鼓励而非威胁。正因为爱情是自发生成的，所以它是一种表达性的情感而非应对性的情感。真正相爱的人只是在表达自己内心的真实情感。也正因为如此，它才会让人感到幸福；而应对性反应只会带来精神负担。因此，爱情不可强求，所谓“强扭的瓜不甜”。当真正的爱情来临时，个人会越来越倾向于解除自我防御与角色扮演，紧张、焦虑、警戒、隐瞒、谨慎、压抑等负面情绪将会越来越少，而亲密、坦诚和自我表达的成分将会越来越多。

（4）爱情是一种无私的情感。爱情最能打破自我的硬壳，并最大限度地释放自我。爱意味着为对方着想，意味着在任何情况下都相互扶持。真正的爱是包容与信任，是体贴与照顾，是不计代价地付出，是在对方情绪陷入低谷时陪伴左右，是在任何情况下都能给对方以爱的温暖与情感的支持。爱情需要做出牺牲，但与此同时，爱情又会赋予人生以一种无从分析的意义。

（5）爱情是一种非目的性的情感。爱情是一种自然而然的赞赏，一种无所求的、无条件的彼此接纳与欣赏。爱情并不要求报酬，也无任何目的，因为爱情本身就是酬劳和目的。相爱之人为爱而彼此钦慕、快乐、欣赏，而非彼此利用。爱情并不寻求超越自身，事实上，爱情本身就是她自身的果实。爱情会带来许多良好效果，但这并不意味着爱情是由这些良好效果所激发出来的，更不意味着相爱之人是为了获得这些良好效果才彼此相爱。

（6）爱情是一种具有终极性体验的情感。爱情是一种与手段性体验相对的终极性体验，一种基于自身原因而被体验到的情感。爱情不讲求实用，从某种程度上讲，它是被动的。一个敬畏爱情的人总是相信自己的体验，他被这种体验的内在吸引力所吸引，任其进入自我并产生效果——尽情地享受却并不赋予对方什么，不将自我映射到体验中去，也不试图去塑造对方，不标志或象征任何东西，更不存在任何功利性动机，却会在彼此敬畏、彼此赞赏的同时，生发出一种对永不分离的深深渴望。

（二）婚姻

婚姻是人生的大事。人类的婚姻历史可追溯至原始社会，先后经历了杂婚、群婚、对偶婚等，直到现在的一夫一妻制。现代正常的婚姻关系是指男女双方以两性结合为基础，以共同生活为目的的具有夫妻身份公示性的一种契约关系。婚姻是家庭存在的基础，它具有亲密性与排他性等特点。

婚姻虽然源起于爱情，但它远比爱情复杂。婚姻并不如爱情那样具有自发性与非目的性，现实生活中的婚姻除男女双方需具备一定的情感基础之外，它还受到其他因素的影响与制约。亦即婚姻的内涵既包含情感因素，也包含利益因素与社会伦理因素；既包含当事人的自我意愿，也包含家庭、社会、文化、种族、宗教、法律等外在要求。

如果暂时抛开复杂的外在因素，而仅从当事人的主观动机出发，则可将婚姻归纳为以下四种基本类型：

1. 彼此相爱的婚姻

男女双方为了爱情而走到一起，婚姻成了爱情的最终归宿。这是最为理想的一种婚姻类型。爱情如同任何事物一样，也存在着孕育、产生、发展、成熟的成长过程。健康发展的爱情的理想结局是两个彼此相爱的男女最终能够走在一起，并将这份历经风雨的爱情以社会契约——婚姻的形式确定下来，从此不离不弃、相伴一生。显然，这类婚姻最有可能收获幸福，如果婚后的他们能够彼此善待对方的话。

2. 一方有爱的婚姻

一方有爱，而另一方无爱，最后缔结成了婚姻。开始时，某一方对另一方萌生爱意，并主动追求。另一方虽无多少感觉，但终究经受不住对方的一再坚持与持续追求，最终，两人走进了婚姻的殿堂。这类婚姻也具备一定的情感基础，如果婚后双方都善于经营的话，也不排除最终可能获得幸福。

3. 各取所需的婚姻

双方都无爱，但都感到能从对方那里得到自己想要得到的东西，最后缔结成了婚姻。开始时双方并无爱情，而仅仅只是仰慕对方所拥有的某些东西（如美色、金钱、名誉、地位、权力等）。于是，“为了未来”，他们走到一起来了。现实生活中的许多女星嫁入豪门一般都属于这种类型。这是一种相互利用的关系，虽然开始时双方都会有一种新鲜感和满足感，但随着时间的流逝，这种新鲜感与满足感会慢慢消退。当然，新鲜感会比满足感消退得更快。这种关系一般难以长久，也难得善终。由于双方都过于看重自己粗浅的欲望满足，并且误将欲望满足视为爱情或幸福，最终，他们都将被迫经历“以欲望满足为始，以关系破裂为终”的令人沮丧与失望的过程。

4. 麻木不仁的婚姻

双方都无爱，也不能从对方那里得到自己想要的东西，最后缔结成了婚姻。

由于结婚是个人“应该做的事情”，所谓“男大当婚，女大当嫁”。于是，在双方家庭的催促下，或出于某种特殊原因，两人草草结婚并组成了家庭。由于他们开始时就对亲密关系不存什么奢望，因此，婚后的他们通常会漫无目的地游荡在伴侣身旁。他们中的有些人仅仅只是为了所谓的家庭责任而活着，情感上始终处于麻木不仁的状态。他们一味努力工作，却很少关心彼此间的情感关系，甚至为了工作而聚少离多；另一些人则可能设法从婚姻之外寻求情感补偿或刺激，一旦找到了感情的归宿，就很容易导致原有婚姻的破裂；当然，也不排除还有一些人通过婚后的深入了解而彼此萌生爱意，再加之双方都努力经营，最终获得了幸福。

总之，婚姻必须以情感为基础，而感情需要培养。婚后的朝夕相处与相依为命为彼此间的感情培养提供了天然的最佳条件。因此，不管哪类婚姻，只要彼此都善于经营，就可能从婚姻中收获幸福；反之，不管哪类婚姻，如果彼此都不善于经营，就一定无法从婚姻中获得幸福。

（三）婚恋的对立统一

爱情与婚姻之间存在着对立统一的关系。一方面，爱情与婚姻彼此依存。没有爱情的婚姻是不稳定的婚姻，也是残缺的婚姻；而没有婚姻作为最终归宿的爱情也是不完整的爱情。从爱情到婚姻，是一个过程的两个阶段，两者之间内在统一。另一方面，爱情与婚姻又一定程度上存在着对立。恋爱的感觉是神奇的，它让人相信爱情是永恒的，并且相信一切海誓山盟都将成为现实。虽然热恋中的人们都曾目睹过自己父母的爱情有着这样或那样的问题，但他们仍然坚信那只是上一代的事，同样的情形绝不会在自己身上重演！他们坚信热恋的感觉、永恒的爱情、无限的幸福将永远伴随着自己。然而，不幸的是，随着时间的推移，爱情的魔力开始消退，“柴米油盐”等生活琐事开始占据上风。爱情是完全个人化的东西，它可以摒弃一切外在因素而纯粹建立在彼此相爱的基础之上；但现实的婚姻却不是这样。婚姻中掺杂了太多的社会因素，两个人结婚并组成一个新的家庭，实际上是实现了两个社会网络的空间搭结，其背后必然隐含着许多社会因素。即使完全以爱情为基础的婚姻也难以完全避免遭遇激情后的现实困境。通常的情形往往是：开始时，双方都互敬互爱，并感激上苍的恩赐；慢慢地，双方会偶尔发生一些口角，并开始出现抱怨和不满；接着，一种前所未有的失望之情开始慢慢蚕食彼此的激情；最终，婚姻走到了名存实亡的地步。于是，摆在双方面前的只有两种选择：既然爱情已走到了尽头，与其貌合神离并痛苦地生活在一起，还不如离婚以求得彼此的解脱；或者为了孩子、老人或彼此的所谓社会声誉等，两人继续痛苦地生活在一起。

当然，爱情与婚姻之间存在着对立并不意味着爱情与婚姻的冲突必然不可调和，并且一定无解。事实上，只要双方都善于经营，一切问题均可得到妥善解决，爱情与婚姻完全可以实现内在的统一与和谐。最终，婚姻将不仅不会变成“爱情的坟墓”，而且还将成为促进爱情持续发展的最佳保障。

二、婚恋的实质

婚恋现象的实质至少可从生物学与社会学两个方面来得到解释。生物学解释主要从人类进化与生理机制的角度来探究婚恋的实质；社会学解释则主要从人的社会存在与自我成长的角度来探究婚恋的实质。

（一）婚恋的生物学解释

人类的择偶行为具有深刻的生物进化论基础。为了获取足够的生存资源，并将自己的基因传递下去，人类早就进化出了符合自身利益的择偶标准。研究表明，男性和女性都偏好那些具有高宜人性品质的对象，并倾向于选择那些具有合作性、承诺性品质的异性作为自己的伴侣，这种现象具有跨文化和跨人种的普遍适应性。由于男性与女性在抚养后代方面所付出的亲代投资不同，因而，男性与女性在择偶上存在一定的性别差异性。一般来说，女性择偶主要以资源获取能力为导向，亦即女性倾向于寻找那些能提供足够资源的男性作为自己的配偶；并且偏好那些具有高开放性、高外向性、高尽责性品质的男性——高开放性、高外向性意味着有更多机会获取社会资源，而高尽责性表明他愿意与别人分享自己的资源。男性择偶则主要以生育能力为导向，亦即男性通常会寻找那些具有高生育潜力的女性作为自己的配偶；并且偏好那些具有和善、宽容、善解人意等品质的女性。

婚恋现象是一类特殊的情感现象，它体现了人的生理与心理、行为与心理、行为与大脑之间的复杂关系。研究表明，人类情感实际上是人对大脑所分泌的一些化学物质所做出的一种反应。一定程度上讲，人的情感其实就是机体内部这些化学物质的产物。寻求人类情感的生理学原理，其实就是探求这些神秘物质到底是什么，以及它们的作用原理到底是什么。

导致爱情产生的化学物质包括β-内啡呔、多巴胺、苯乙胺、氨基丙苯和肾上腺素等。如，多巴胺是大脑的情爱中心——丘脑所分泌的一种物质，通常被称为恋爱的兴奋剂。当一个正常人正值恋爱季节而遇上自己的心仪对象时，化学丘比特之箭便启动了。此时，丘脑中的多巴胺等神经递质会源源不断地分泌出来。于是，爱的感觉会被源源不断地体验到，幸福感也就随之而产生。当然，人的身体无法一直承受这种像兴奋剂一样的化学物质的刺激，机体也不可能一直处于“心跳加速、面红耳赤、手心出汗”的巅峰状态。因此，到了一定程度，多巴胺

的分泌就会减少，再加上原来的多巴胺会被代谢，于是，爱的激情与幸福感会慢慢变得平缓，甚至消失。一般来讲，热恋和新婚的幸福体验持续不过两三年，这正好符合多巴胺分泌旺盛期限的均值——平均为 30 个月。随着多巴胺的逐渐减少与消失，人的激情会渐渐平静下来。人们因而得出一个结论：一对男女的爱情激情一般只能维持 30 个月左右，接下来便是平静的家庭生活，或者分手。由于爱情不只具有生物学内涵，同时还具有社会学内涵，因此，恋爱之后的结果通常以转入平静的家庭生活者居多。

另一种爱情物质——β-内啡呔似乎对爱情更为重要。当个人由于爱而处于兴奋状态时，大脑会分泌一定浓度的 β-内啡呔，并启动以“分泌 β-内啡呔”为起点、以“产生愉悦感”为终点的生理反应机制。我们通常所说的内啡肽是一大类物质，也被称为阿片样物质，它们与吗啡有类似的功能：让人愉悦，并能镇痛。吗啡镇痛的作用部位在第三脑室周围灰质。1975 年，英国的汉斯·科斯特利兹（H. W. Kosterlitz）与苏格兰的休斯（J. Hughes）等人发现大脑中有两种内源性阿片样物质，即甲硫氨酸脑啡肽、亮氨酸脑啡肽，并证明它们能与吗啡类药物竞争受体，同时具有类似吗啡的作用。后来，研究人员又陆续发现了 β-内啡呔、强啡肽 A 和 B，以及内吗啡肽Ⅰ和Ⅱ等 20 种与阿片类药物作用相似的肽，统称为内源性阿片肽。这些阿片肽分布于中枢神经系统以及植物神经节、肾上腺、消化道等组织和器官。在大脑内，阿片肽的分布与阿片受体分布近似，它们广泛分布于纹状体、杏仁体、下丘脑、灰质、脑干、脊髓胶质区等部位，一般与其他神经递质共存。事实上，人体中凡是具有类似阿片样物质功能的化学物质也都具有爱情物质的作用，如催产素。催产素是由大脑下丘脑室旁核神经细胞所分泌的一种激素，它与抗利尿激素相似，都是一种环状肽链分子。

尽管爱情与阿片类物质和其他化学递质有关，并与大脑某些特定部位的功能相关，但婚恋的复杂性绝非这些化学物质和大脑相关部位的功能所能完全掌控。因为婚恋（特别是婚姻）除了受到生物因素的影响之外，还受到社会因素的影响。

（二）婚恋的社会学解释

爱情是发生在异性之间的一类特殊情感，真正的爱情极少涉及社会因素。尽管爱情本身必然反映社会文化，但社会文化对爱情的影响毕竟是间接的。然而，婚姻却不是这样，婚姻本质上是一种社会现象。现实生活中的婚姻虽然也强调以情感为基础，但她更多地受到情感之外的社会文化因素的影响或主导。婚恋的社会学解释，就是要从婚姻的存在形态——家庭的角度来揭示婚恋的本质。

家庭是个人实现社会存在的基础，并为个人的自我成长提供着最可靠的原始支持。

1. 家庭是作为一种生产单位而存在的社会性实体

婚姻是男女分工协作精神的体现。男女双方通过婚姻而组成一个家庭之后，夫妻双方发挥各自优势，形成了一个优势互补，并具一定规模经济效应的经济共同体。虽然随着社会化大生产的深入发展，家庭已不再具有传统意义上的生产单位性质，但是，家庭作为一种微观形态的社会经济实体仍然履行着分工协作的部分功能。

2. 家庭是作为一种风险交易单位而存在的社会性实体

一对夫妻组成一个新的家庭，通过生儿育女，确实可以确保自己在年迈体衰之后仍能获得某种经济保障，亦即所谓的“养儿防老”。古代中国，在缜密的儒家伦理道德的安排下，“养儿防老”的投资观念深入人心，并且根深蒂固。事实上，家庭确实对个人的社会存在起到了某种实质性的经济保障作用。即使在今天，家庭也仍然承担着部分甚至全部社会保障功能。以人格化的养儿防老方式来实现经济安全，还在中国历史上延伸出了许多的相关风俗、传统或习惯，如，过继、休妻、纳妾等。

3. 家庭成为了情感交流的最主要场所

随着社会化大生产的兴起与发展，家庭作为生产单位与风险交易单位的功能正被大大弱化；家庭结构正从垂直的金字塔式的分辈分、等级次序的结构（大家庭）慢慢过渡到更加扁平的平等的结构（小家庭）。相应地，人们对于有关家庭的社会文化价值观念也在发生着深刻的变化。显然，靠刚性的次序安排逼不出真正的爱情。当经济交易与利益交换功能从家庭中被剥离出来，并由金融市场取代之后，新的家庭更多地是以爱情作为其定位的主要标准。于是，家庭的功利功能正越来越被弱化，而家庭的情感功能正越来越被强化，亦即家庭日益成为家庭成员之间进行正常情感交流的主要场所。这种转型带来了两个必然的结果：一是离婚率越来越高；二是爱情日益成为婚姻的最主要基础和缔结婚姻的最根本原因。

三、婚恋的发展阶段

婚恋的发展具有其自身的内在规律性。理想的婚恋要求男女双方在生理上相互吸引、观念上彼此接近、心理上高度相容、社会背景方面相差不大。如果双方在没有感情基础、必要交往与理性思考的情况下就匆匆结合，将很难形成稳定的并可持续发展的婚姻关系，更不要说婚恋幸福了。一般来讲，正常发展的婚恋需经历以下四个阶段：生理吸引阶段、情感奠基阶段、价值相容阶段、彼此承诺阶段。

（一）生理吸引阶段

婚恋发展的第一阶段，就是男女双方从异性人群中挑选出彼此有好感的异性

个体进行交往。此时，生理吸引是个人选择异性朋友的主要依据。当然，生理吸引建立在彼此兴趣、智力、性格、行为以及个人品质等相似、相容或相吸的基础之上。

以生理吸引为依据选择恋爱对象具有生物进化意义上的合理性。在长期进化过程中，人类早已进化出了选择最合适伴侣的本能能力，如，人类具有通过气味来选择最适合自己的恋爱对象的直觉能力。基因不同，气味也不同，免疫系统也就不同。正是这种差异性有利于一对男女结合之后能生育出更健康的后代。

人与人之间的差异是由单核苷酸多态性（SNP）所决定的，其中人的主要组织相容性复合物（MHC）是决定人与人之间差异的最重要物质。人的组织相容性复合物的代表是人类白细胞表面抗原（HLA）。每个人都拥有唯一的 MHC 基因组合，它位于人的第 6 染色体上。MHC 基因包括为组织相容性抗原编码的基因，它为人体内各式各样的免疫成分编码，同时决定着个体的气味特征。MHC 基因差异较大，越是理想的伴侣。因为生物个体的 MHC 基因变化越大，其免疫力就越强。而只有当父母拥有广泛多变的 MHC 基因时，其后代才会拥有种类繁多的 MHC 基因。

生活在美国南达科他的赫特人是 1874 年从德国迁移过来的，他们至今仍然过着群居的农耕生活。他们在 16 世纪时拥有共同的欧洲祖先。由于具有遗传上的稳定性，他们成了遗传学、社会学等研究的最好群体。赫特人是一群彼此分隔的社会群体，并在族内通婚。他们择偶方式之一就是通过闻气味。赫特人不用香水或除臭剂，而是最大限度地利用 MHC 基因所赋予的自然气味。研究人员从 31 个赫特村落选择了 411 对夫妇作调查，旨在弄清到底有多少对夫妇是因为第 6 染色体上拥有相似的 MHC 基因而结婚的。研究结果表明：具有相似 MHC 基因的赫特人趋向于不通婚，而气味差距大的异性个体才会通婚。气味差异越大，被选择为配偶的可能性越大。亦即决定赫特人彼此相爱并结婚的内在依据是 MHC 基因的相异性。

当然，在人类择偶行为中，气味只是影响婚恋的因素之一。况且，气味只从生物学角度解释了人类具有促进自身进化的择偶能力，而不能从社会学角度解释人类具有趋向健康的择偶能力。择偶是极其复杂的行为，不可能仅仅依靠气味就能断定婚恋是否幸福。但我们确实可以因此而得出以下结论：生理上的相互吸引是引领个人走向幸福婚恋的第一决定因素。

（二）情感奠基阶段

婚恋发展的第二阶段是情感奠基阶段。当生理上相互吸引的一对男女彼此相识之后，接下来便是对角色相容性与共情性的相互试探。一旦他们发现彼此沟通顺畅，并能自然而明确地体会到对方的情感与思想，那么，婚恋便由生理吸引的第一阶段转入了情感奠基的第二阶段。

情感奠基的过程是一种自发、自然的过程，片面地强调付出或攫取都不正确。人天性最乐于给予那些并不企图索取爱的人以爱。一般来说，得到爱的人总是给予爱的人。然而，有企图地给予却往往难以如愿，因为有企图的“爱”是一种不真实、自然的爱。另外，个人也不能在情感上一无所求。假如一方长期付出而得不到相应回馈，付出者迟早会感到失望，直至绝望。有些人错误地认为“牺牲是一种美德”，却没有意识到，如果个人只是为了别人而维持某种关系的话，这种关系迟早难以为继，更不会幸福。开始时可能不觉得，但渐渐地就会发现自己无法从中找到快乐与意义感；再往下，就会觉得自己与对方在一起只是迫不得已，而并非心甘情愿。于是开始失望、抱怨、怨恨，甚至发泄。这样的态度会慢慢影响对方，直至双方都对彼此感到失望，乃至绝望。即使在彼此相爱的前提下，如果双方都将牺牲视为无条件的爱，甚至认为牺牲越大说明爱得越深，也一定会伤及爱情。总之，情感本质上是互动的，最理想的爱情应该是自然地给予，并愉快地接受。接受并给予爱是一种能力，从中反映了个人的自我健康状况与人性完善程度。

真正的爱情是毫无保留地彼此接纳、欣赏与融合。然而，要真正做到这一点却并非易事，它需要双方都具有接受爱并给予爱的足够勇气与能力。只要一方丧失了爱的勇气或缺乏爱的能力，就不可能孕育出美好的爱情。特别地，太强的自我如同一座监狱。个人若想充分享受爱情，就必须成功地从这座监狱中逃出。当然，这需要个人具有冲破自我囚笼的足够勇气，以及大胆追求爱的足够能力。

（三）价值相容阶段

婚恋发展的第三阶段，是通过自然而真实的交流来进行价值观的相互比较。这是一种理性对情感进行过滤的过程。这种理性对情感的过滤十分必要。事实上，没有理性的参与，爱情不可能持续并健康发展。

把爱仅仅理解为一种情感是不全面的，婚恋的内涵不仅止于情感；单纯的情感也不足以带来婚恋幸福，更不足以确保爱情持久。诚然，爱情首先是一种自发的情感。然而，世上没有无缘无故的爱。爱一个人，必有其内在原因。也许这些原因可能还一时无法意识到，或者一时无法解释清楚，但它们确实存在着。其中，双方价值相容，亦即所谓彼此“谈得来”，是其中的最重要原因。

人的核心价值观不会直观显现出来，而需要彼此间进行心的交流，甚至碰撞；需要对彼此行为与生活的长期观察，才能渐渐被感悟或体验到。为某种外在条件（如财富、权力或名声等）而“爱”不是真正的爱，也难以持久；只有在彼

此生理吸引与情感奠基基础上实现核心价值观的彼此相容，才能确保爱情的持续发展。亦即只有基于自我内在条件的爱才是真正的爱。实证研究表明，幸福婚恋往往是由那些品性相仿、观念相近者的结合所促成的。人们通常认为，幸福婚恋的第一步就是要找到一个“最适合自己的人”，这是错误的。幸福婚恋的关键在于要找到一个彼此愉悦、心性相通、价值相容的人；并在此基础上培养出一种亲密关系。幸福婚恋需要彼此间的深入交流与悉心培育，那种把“寻找”看得比“培养”更重要的错误观念，部分原因是受到了某些文学作品的影响——那些经历了许多困难和考验而最终走到一起并缔结了幸福婚姻的动人故事。可问题是，现实生活不是文艺创作。真正的挑战往往在作品结束之后才刚刚开始。

理性对情感的拷问有时令人胆战心惊，甚至近似残酷。然而，只有经受得住理性拷问的感情才是可靠的感情。事实证明，经过理性过滤的婚姻往往更加牢固，更经受得住岁月的雕饰。对情感进行理性拷问，这一点在受过更多教育的人群身上体现得更为明显。如，知识女性在选择伴侣时往往更为挑剔，但她们更换伴侣的现象也更少。

（四）彼此承诺阶段

婚恋发展的最后阶段，就是双方都能向对方做出一个长期的承诺。婚姻离不开彼此间的承诺，只有两人都能向对方做出相伴一生的承诺，他们才会有足够的勇气步入婚姻的殿堂。

承诺是一种责任，它意味着自己要为建设一个美好的共同家园而付出自己一生的努力。个人为自己的幸福婚恋付出应该是一种心甘情愿的付出，而不是一种迫不得已的牺牲。当个人真正爱一个人时，他（她）会觉得帮助对方就是在帮助自己，为对方付出也就是在为自己付出。这正是爱情的魔力之所在。而牺牲意味着个人放弃自己的幸福。当然，严格区分牺牲与付出有时很难。此外，在任何关系中，妥协都是无法避免的，有时甚至还是必需的。但是，从整体上讲，健康的婚恋要能为双方带来幸福，并且结合之后两人都要能过得更好。为此，婚恋双方的行为应出于对双方都有益，尤其是彼此都应为对方多考虑一些，而不是一味地索取，更不能无视对方的需要与感受，甚至认为对方做出牺牲来顺应自己是天经地义的事。总之，只有当双方都对自己要求更严一些，并且都对对方要求更宽一些时，才可能培育出幸福的婚恋。除此之外，别无他法。

经过上述四个阶段之后，一对彼此相恋、相知、相容、相扶的男女至此终于走到了一起，并建立起了一种确定的婚姻关系。然而，构建幸福婚恋大厦的工作并未就此结束。一方面，他们尚需努力建设好自己的小家；另一方面，他们还须努力协调好两个大家庭之间的关系，并努力实现两个大家庭之间的整合。只有在经受住了实现两个人、两个家族之间整合的双重考验之后，幸福婚恋才可能真正持久。

四、幸福婚恋的实现

婚恋幸福是一个十分复杂的问题，它既要求契合于人的自我本性，又要求相容于彼此的存在状态与自我成长——相识前的存在状态要彼此相容，并存在一定交集；相识后又能在自我成长上保持相向或同步。一般来说，幸福婚恋的实现除了要求确保爱情与婚姻的耦合之外，还要求男女双方必须具备以下基本条件：

（一）必要的经济基础

婚姻既是一种社会现象，也是一种经济现象。“贫贱夫妻百世哀”，婚恋的幸福必须具备一定的经济基础，否则，婚恋关系就会如同建在沙漠上的大厦一样，随时都有坍塌的危险。特别是对于男人来讲，他必须要有一份足够养家糊口的正当职业，否则，就不可能赢得幸福的婚恋。此外，为了维持婚姻的稳定，双方的经济能力最好不要相差太大，双方的存在状态最好能够基本接近。如果双方的经济能力与家庭背景过于悬殊，两人的婚后生活将势必会受到严重影响。一般来讲，家境处于明显劣势的一方的自尊将会面临挑战，从而降低婚姻的质量，处理不好的话甚至还可能引发婚姻危机。

（二）相容的社会背景

婚恋不仅仅只是男女双方的个人问题，同时也是男女双方背后的两个家庭的问题。因此，幸福婚恋既要强调男女双方当事人的实际情况（如经济基础、学历背景、职业情况、发展前途、个人能力等），同时也不能忽视当事人的家庭背景。实证研究表明，在以爱情为基础的前提下，有着彼此相容的家庭背景的一对男女所缔结的婚姻更可能幸福。

不管出身于什么家庭，良好的家庭环境都有利于个人的婚恋幸福。一个在良好的家庭环境中长大的人，由于从小获得了见习幸福婚恋的机会，这对于他（她）长大以后如何同异性良好沟通并和谐相处、如何获取婚恋幸福助益极大。反之，一个在不良家庭环境中长大的人，由于父母情感关系令人沮丧，这将使得他（她）不仅没有了学习的榜样和模仿的对象，而且还可能导致其对婚恋幸福完全不抱希望。他（她）可能在整个婚恋过程中都将被迫始终处于疲于应付的状态。一旦经过几次婚恋的失败之后，就可能再也无法站立起来。

（三）快乐而有意义的共同生活

幸福婚恋的最大挑战来自于婚恋双方能否妥善处理好彼此间所存在的差异，

能否妥善解决好共同生活中所产生的矛盾，能否成功地获取快乐而有意义的共同生活。

爱情是婚姻的基础，但爱情并不意味着持久的婚恋幸福。婚恋幸福主要决定于相恋双方能否培养出亲密关系。为此，婚恋双方必须努力寻找并创造快乐而有意义的共同生活。当两人为共同的生活目标而努力时，新的感情最易产生，相互间的理解最易加深。通过共同拟定目标并努力实现共同目标最能加深彼此间的亲密关系，从而为持久的婚恋幸福奠定更加牢固的情感基础。事实上，两人所共同拥有的快乐时光越多，婚恋关系就会越牢固，幸福婚恋就会越持久。两人对过去相处的快乐时光的记忆越深刻，婚恋关系就会越牢固；两人婚后所拥有的快乐而有意义的共同经历越多，幸福婚恋就会越持久。总之，快乐而有意义的共同生活，无论过去还是现在，都将有利于深化彼此间的亲密关系，并为幸福婚恋所不可或缺。

（四）和谐的性生活

性行为与性关系是婚恋的实质内涵。快乐而有意义的共同生活，首先应该包括快乐而和谐的性生活。显然，无论男性或女性都会被和谐的性生活所打动，进而增进彼此间的感情。实证研究表明，成年人的性生活越多、越丰富、越和谐，其所感受到的幸福就会越多。

性需求是实现物种生存与繁衍的原始驱力。当然，人类的性行为不仅仅只是为了繁衍后代，同时，它还是个人创造并享受美好生活的重要方式。人的性需求为人的生物本性所决定，而婚恋让人的这一本性诉求具有了社会意义上的合理性与合法性。然而，爱情不等同于性关系，婚姻也不等同于性交易。事实上，无论自己的伴侣如何具有性魅力，初始的性快感迟早都会褪色。因此，为了保持婚恋的持久幸福，生物意义上的性行为必须辅之以深刻的情感互动。亦即只有以爱情为基础的性行为才是美妙动人的，因为只有这种性行为才是一种情感满足与性满足的良性互动与相得益彰。也正因为如此，恋人间丰富的性生活才会增进彼此间的感情。那些有多个性伴侣或用钱买来的性生活（召妓）尽管很多，但人们只能从中获得短暂的性释放与性刺激，而无法获得深刻的幸福感，因为这种性行为缺乏深度的情感滋润。短暂的欢愉之后，剩下的便只有厌倦与空虚。

和谐的性生活不仅有利于增进婚恋幸福，而且还将对健康、事业及亲子教育等产生积极而有意义的促进作用。如，临床研究表明，如果人的性欲长期得不到有效满足，就会出现易怒、记忆力减退、自控力降低等症状；反之，如果人的性需求能够得到及时而有效的满足，就会表现得精力旺盛，并能激发出其他方面的热情与活力来。

（五）良好的互动模式

幸福婚恋以双方的良好互动为前提。良好的互动是一种建立在平等、互信基础上的互动。显然，一个自我健康者会以一种平等、尊重的态度来对待自己的恋人。良好的互动并不排斥各自的相对独立性。自我健康者既能与恋人保持亲密关系，同时又不会因此而形成某种依附或寄生性的关系，他们在深爱着对方的同时又能维持彼此的相对独立性。事实上，正是这种良好互动与相对独立的内在统一才确保了婚恋的长期稳定与持久幸福。为了形成良好的互动模式，婚恋双方应把握以下几个基本要点：

1. 充分意识到彼此间所存在的性别差异，并且充分尊重这种差异

婚恋不幸福或不够幸福往往并不是因为没有爱，而是因为不懂得怎样去爱。其中一个最重要原因，就是人们对男女之间所存在的性别差异缺乏基本的认知。事实上，那些能将爱情演绎得淋漓尽致，并能将这种美好带入婚恋的整个过程的人们，其与众不同之处，就在于他们懂得男女之间存在着明显的性别差异，并能充分尊重这种差异。

男人或女人常常错误地认为，对方会按与自己相同的方式来思考问题并做出反应。他们错误地认为，如果对方爱自己，那么，对方的反应和表现就应与自己“合拍”，对方的需求和渴望也应与自己一致。正是这种错误的认知导致了男人所给予女人的只是男人自己所需要的，而并不是女人所渴求的；女人所给予男人的也只是女人自己所需要的，而并不是男人所渴求的。其结果是：双方皆不满意，彼此都心生怨恨。

男人与女人在爱情的具体需求上存在着巨大差异（如表 5 - 1 所示）。如，女人喜欢倾诉，喜欢把自己心中的感受全倒出来。此时，女人最讨厌男人不能耐心倾听，而是进行所谓的“指导”；男人遇到问题时喜欢沉默，喜欢独自寻找解决问题的办法。此时，男人最讨厌女人责备；女人总想改造男人，而男人希望的不是被改造，而是被接纳与认可。男人与女人在情感需求方面的差异是由人类进化与社会文化等多种因素所综合决定的。在人类进化的大部分时间里，男人比女人更为强势，这就决定了男人的优势基本需求与女人的优势基本需求存在着很大的差异。一般情况下，女人更看重安全与情感基本需求的满足；而男人更看重尊严、偏好与自我实现基本需求的满足。体现在爱情上，就是男人与女人存在上述情感需求方面的差异。

表 5-1　　男人和女人最看重的情感需求

女　人	男　人
关　心	信　任
理　解	接　受
尊　重	感　激
忠　诚	赞　美
体　贴	认　可
安　慰	鼓　励

2. 追求彼此间的深入了解与接纳欣赏

除了充分意识到并且充分尊重彼此间所存在的性别差异之外，改善婚恋关系的第二个重要方面，就是双方都要致力于追求彼此间的深入了解与接纳欣赏。特别地，双方都应善于发掘对方的优点。如果不懂得如何发掘对方的优点，不懂得相互欣赏，亲密关系将势必难以维持。相互了解、接纳与欣赏意味着双方都能够并乐于展示真实的自我。熟悉自己的伴侣、进入对方的心灵以深入地了解对方，会产生一种更深的亲密感。通过这种方式，不仅爱情能够持久发展，而且还可能创造出更快乐、更有意义的共同生活。事实上，恋人间的共同生活是可以变得更加美妙的。为此，双方都应抱着一种“想被了解”而非“想被认可”的心态——开放彼此的心灵，分享彼此深刻而丰富的梦想与体验。

相互了解是一辈子的事，个人永远都可以从中发现并找到更多的新东西。唯有深入地了解，两性关系才可能变得更有乐趣、更刺激、更丰富。只要双方都能将注意力集中在彼此了解之上，两人在一起无论做什么——锻炼、生活、建设小家庭、照顾与教育孩子、性行为等——都能从中找到快乐与意义感。

3. 及时化解彼此间的积怨

幸福婚恋的第三个重要方面就是如何妥善处理冲突。长期相处，恋人之间将不可避免地要发生一些冲突。冲突并不是问题，问题是如何去解决冲突。恋人之间从未发生过冲突并不意味着婚恋关系一定和谐，而仅仅意味着双方在很多时候都在极力压抑着自己。其实，这种状态才是真正可怕的。因为如果长期不发生冲突，日积月累的压抑与积怨很可能会在未来的某一时点集中爆发，最终将可能导致彼此关系的无可挽回。

冲突有积极与消极之分。积极的冲突多是认知方面的冲突，主要针对对方的行为或思想提出自己的质疑；消极的冲突多是情绪或情感方面的冲突，主要针对对方的情感或人格提出自己的质疑。当冲突发生时，双方都应从认知层面去表达意见，而不应从情感层面去蔑视对方，更不能将它上升为对对方人格的质疑、恶意评价或攻击。特别地，恋人间的所有事情都不应向外泄露，所谓“家丑不可外扬”；更不要假借外力。因为这样做不仅于事无补，而且还将极大地伤害对方。冲突发生之后，双方都应着眼于解决问题，而不是逃避问题，更不宜冷战。因为逃避解决不了问题，而冷战只会让事情变得更糟。

婚恋双方的冲突只能通过良性互动才能化解。良好的沟通与交流不仅可以有效化解冲突，而且还将增进彼此间的感情；不良的沟通与交流不仅无法有效化解冲突，而且还将伤及彼此间的感情。最常见的不良沟通方式就是争吵。争吵是幸福婚恋的最大杀手。其实，恋人间的绝大部分争吵都不过只是为了些琐碎小事。一般情况下，只要双方都能意识到彼此间所存在的性别差异，并以友好的姿态及时沟通，绝大部分争吵都可避免。总之，良好的互动对于维持并增进婚恋幸福至关重要。许多人就是因为没有掌握好沟通方式而伤害了彼此的感情，从而降低了婚恋的幸福，甚至可能导致婚恋关系的彻底破裂。

第三节　事业

事业成功既是个人成功的基本内容，也是个人成功的基础。成功的事业将对人生的各个方面产生积极而有意义的重大影响——促进自我健康、为婚恋幸福与亲子教育奠定坚实的基础。

一、工作概述

（一）工作的内涵

所谓工作是指个人参与劳动的具体方式。“劳动创造了人本身”，正是有意识、有目的的劳动使得人能够从动物界中分离出来。然而，劳动是一个抽象的概念，对于个人来说，他通常是以某一具体的方式——工作来参与劳动。工作的基本内涵主要包括以下几个方面：

1. 工作是个人获取经济收入的主要来源

一定的经济基础是确保自我存在与自我成长的基本条件。在个人成长的早期阶段，家庭承担起了基本的经济保障功能。然而，个人迟早都要自食其力，而且必须承担起养家糊口的责任。为此，个人必须要有一份有稳定收入的工作。没有稳定的收入来源，个人将无法在这个世界上生存与发展，更不要说承担起赡养父

母与养育后代的责任了。

2. 工作是个人实现自我存在的基本方式

个人正是借助于自己的社会职业才拥有了自己特定的社会身份，进而融入特定的社会网络之中去，最终实现了自我的社会存在，并促进了自我的社会化成长。

3. 工作是个人实现自我的主要方式

个人实现自我的过程，也就是个人充分发展并有效发挥自我潜能的过程，同时也是个人充分体现并有效确证自我存在价值的过程，而工作为个人潜能的充分发展与有效发挥提供了现实的舞台，并为个人自我价值的充分体现与有效确证提供了最佳的机会。

（二）工作的境界

不同的工作，对于个人的意义不同。即便同一工作，在不同人眼里，其基本内涵也可能完全不一样。如，有的人可能只是将某一工作视为解决生计的暂时性手段；有的人可能将某一工作视为自己的终身职业；有的人可能如此地热爱自己的工作，以至于将它视为自我实现的主要方式。显然，个人所赋予工作的意义不同，工作的内涵也就不同。以此为据，我们可将个人工作区分为以下三重境界：就业、职业、事业。

1. 就业

求我生存是人性的第一基本诉求。当个人仅将工作视为解决自我生存的手段时，这就意味着他正处于工作的第一阶段——就业阶段。显然，个人为了生存而工作，其努力工作的必要性是显而易见的，并且无须别人提醒。此时，他不会太挑剔工作，也没有挑剔的资本。为了生存，几乎没有什么是自己不能做的。

2. 职业

当个人摆脱生存威胁而进入生活存在状态之后，工作对于个人的意义就会发生变化。此时，个人将不仅关注工作的收入，而且还将关注能否从工作中获得快乐与意义感。此时，个人就进入到了工作的第二阶段——职业阶段。

“男怕入错行”，个人选择什么样的职业，关乎个人一生的生活幸福与自我成长。个人虽然能够适应若干种职业，但并非每一种职业都是自己最喜爱的。此时，个人将面临着自己在职业选择上的第一个重大问题：自己到底对哪一种职业最感兴趣？

研究表明，个人最感兴趣的往往也是个人最具发展潜力的。然而，自我潜能与现实能力并非同一回事。自我潜能只代表了能力发展的可能性，只有当自我潜能发展成为个人的特有能力时，它才具有了确定性的现实意义。人的潜能存在最佳发展期，如果错失了这一最佳发展期，个人潜能将可能再也无法发展成为现实能力，而只能停留于个人兴趣的层次了。这就导致了个人在职业选择时常常面临着这样的困境——自己最感兴趣的职业往往并不是自己最擅长的职业。也正因为如此，个人将面临着自己在职业选择上的第二个重大问题：自己到底最适合于哪一种职业？

个人到底适合哪些职业取决于多种因素，其中既包括环境因素，也包括自我因素；既包括先天因素，也包括后天因素。一方面，职业上的重大成就往往是由个人对与职业相关的某些东西怀有强烈兴趣所直接促成的，个人的成就感也唯有从个人兴趣所导致的卓有成效的活动中才可能获得。因而，以个人兴趣为导向选择职业永远都是必需的。另一方面，生活又是现实的，个人在选择自己的职业时又不能仅凭个人兴趣而无视自己的现实能力。亦即个人选择自己的职业既要充分考虑个人兴趣，又要充分考虑自己的现实能力能否满足职业的要求。只有实现个人兴趣与现实能力的平衡，个人才可能做出正确的职业选择。

3. 事业

工作的第三重境界，就是个人视工作为自己的事业。这是个人进入价值存在状态时的工作境界，同时，也是工作的最高境界。所谓事业是指这样一类工作——它为个人所偏好，并能促进自我人性的充分发展与健康自我的有效形成、能确保自我潜能的充分发展与有效发挥、能充分体现个人的自我存在价值。当个人进入这一工作境界时，个人不仅能从工作中获取维持自我生存所必需的经济收入、充分发挥自我才能、从工作中获得快乐感与意义感，而且还能从工作中体验到生命的意义与存在的价值。此时，不同工作境界的基本目标就已经实现了内在有机的统一。

综上所述，当个人处于不同自我存在状态时，个人所赋予工作的意义是完全不同的，诚如马克思所言，“存在决定意识”。个人所赋予工作的意义、工作的境界与自我存在状态之间存在着内在的、本质的、必然的联系，它们之间构成了一一对应的关系（如图 5-1 所示）。

$$\text{存在状态}\left\{\begin{array}{l}\text{生存}\Leftrightarrow\text{就业}\\\text{生活}\Leftrightarrow\text{职业}\\\text{价值}\Leftrightarrow\text{事业}\end{array}\right\}\text{工作境界}$$

图 5-1 工作境界与存在状态关系

二、个人事业决策

事业是工作的最高境界，也是工作的理想境界。所谓个人事业决策，就是个人如何选择自己理想的工作。

（一）工作的基本利益

不同存在状态下，个人将会赋予工作以不同的内涵。个人所赋予工作的基本内涵实际上代表了个人希望从工作中所获得的利益——个人希望实现的工作目标。将不同存在状态下的工作目标集合起来，就得到了一个有关工作利益或目标的集合。具体来说，工作的利益或目标主要由以下四个基本问题来回答：

（1）自己能否从这一工作中获得合理的收入回报？

（2）自己能否通过这一工作充分发挥自我能力？

（3）自己能否从这一工作中获得快乐？

（4）自己能否从这一工作中获得意义感？

对上述四个基本问题的肯定回答，实际上代表了个人希望从工作中所获得的利益，或者说，个人希望实现的基本目标。能够同时实现上述基本利益或基本目标的工作，就是个人理想的工作。亦即理想工作是同时包含以下四项基本利益或基本目标的集合：

理想工作＝{收入，能力，快乐，意义}

（二）理想工作决策模型

根据个人希望从工作中所获得的基本利益，可以构建起理想工作的决策模型（如图 5－2 所示）。当个人面临多个可能的工作选择时，通过赋予上述四项指标以不同的权值，就能得到不同工作的加权平均值。然后按加权平均值大小对不同工作进行排序，就能从中选出自己最理想的工作。

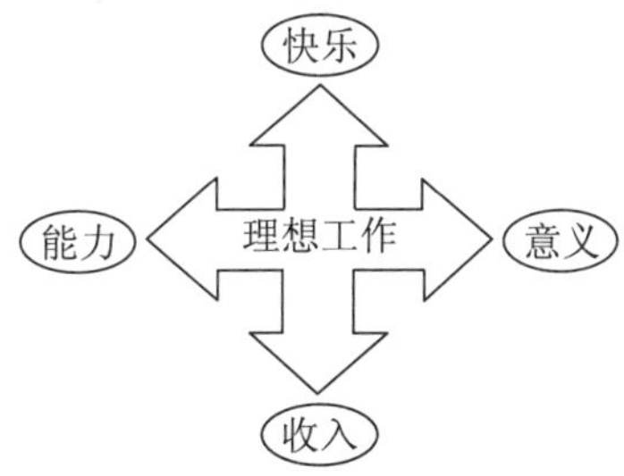

图 5－2 理想工作决策模型

当然，挑选自己的理想工作是一项极富挑战性的任务，它需要个人排除各种内、外干扰，并认真倾听自我内在的声音。特别是当个人回答“自己能否从这一工作中获得意义感”这一问题时，个人需要多次认真追忆并反复追思自己生命中到底有哪些关键事件能让自己终生难忘，能让自己从中体验到生命的意义感与存在的价值感。因为正是这些关键性事件能为个人选择自己的理想工作提供关键性的导引信息。

上述理想工作决策模型也可用作管理工具。如，组织的人力资源部门可用它来选择适合组织要求的新员工。此外，管理者也可用它来帮助员工确定自己感兴趣、有意义，同时又能充分发挥自身优势的职位。这样做不仅可以有效提高员工的投入程度、工作绩效和个人收入，而且能够有效提升组织的整体绩效。

第四节　亲子

没有亲子的人生是一个不完整的人生，而亲子教育不成功的人生也是一个不圆满的人生。亲子教育是最重要的教育。倘若家庭教育不好，即使最优秀的教育家接手以后的学校教育也难以取得最佳效果。然而，亲子教育又是极其艰难的教育。父母齐心协力，用尽毕生心血，也只能勉强制造出几件优秀的“产品”。亲子教育既是一门学问，更是一门艺术。在亲子教育上，没有最好，只有更好。纵观历史上许多“成功者”，他们大都存在着这样或那样的问题。试想，如果他们能够得到更好的教育，他们的成功一定会更大，他们的人生一定会更完美。

一、亲子的内涵

亲子是父母及其亲生子女的简称，它包含着情感、利益与社会伦理等多方面的内涵。首先，亲子是一种基于生物遗传意义上的天然存在。孩子是父母基因的携带者，从亲子关系中最能反映出人的自我本性。

其次，亲子之情是一种最具价值的情感。在所有情感中，亲子之情最为原初、纯粹，也最为可靠。亲子之情近于动物本能，却又高于动物本能。动物保护幼仔完全出自本能，一旦幼仔长大以后，父母便会停止对它的保护。而人类对孩子的关爱与保护终其一生都不会改变。父母从不觉得自己对孩子的爱是一种“牺牲”，也不会去刻意寻求孩子的“感谢”或“报答”，更不会恶意地去利用孩子。没有父母的亲情孕育，个人很难在这个世界上生存与成长；每当个人遭遇困难或不幸时，父母也一定是他（她）在这个世界上最可依靠之人。另外，父母也最能

从亲子关系中找到精神上的寄托与情感上的慰藉。每一个正常人都期望自己的一切不会因为自己的死亡而终结，亲子的存在正好满足了人的这一精神需要。有了自己的孩子，个人便不会觉得死亡是自己一切的结束，而是另一种方式的重新开始，从而实现了人们所期待的“生命不息，生生不止”。因而，父母会觉得，孩子的成功，也就是自己的成功。

此外，亲子之情将对父母的婚恋关系形成有益的补充，进而增进父母的婚恋幸福。爱情是一种基于性需求基础上的浪漫激情。然而，这种浪漫激情很难持久。远古时期，一对情侣共同生活的时间也就是共同抚育孩子度过幼年期的时间。然后，便各自另觅新欢，并且周而复始地重复同一过程。美国新泽西州立罗格斯大学社会学家海伦·费希尔（H. Fisher）在 20 世纪 90 年代通过对 62 种文化进行调查（涉及 62 个国家的 1947 年以来离婚情况）后发现，现代人婚姻的相互吸引时间只有四五年，离婚的高峰期都在结婚后的第四年。由此可见，离婚并不是一种文化现象，而是人类从祖先那里继承下来的基于交配行为的一种遗传特性。然而，如果夫妻双方能够共同养育一个孩子的话，他们便能找到一个能给彼此带来快乐与意义感的共同目标，双方的感情将会因此而得到更好的维系，彼此之间也就能够实现长相厮守。抚养孩子需要双方的合作、责任与投入，这为夫妻双方加深彼此了解、进而增进婚恋幸福提供了最好的机会。

最后，亲子关系是一种包含着权利与义务的社会伦理关系。在孩子没有长大成人之前，父母负有养育子女的义务；而当自己年迈体衰以后，父母又享有被子女赡养的权利。同样的，在自己没有长大成人之前，子女享有被父母抚养的权利；而当父母年老体衰以后，子女又负有赡养父母的义务。

二、亲子教育的基本原则

教育的根本目的就是要充分挖掘人性的积极成分，同时有效遏制人性的不良倾向，最终帮助受教育者获得一个成功的人生。为达此目的，亲子教育必须遵循以下基本原则：

（一）充分尊重孩子的天性以及人性发展的内在基本规律

亲子教育的第一大基本原则，就是要充分尊重而不是压抑孩子的天性，同时，要严格遵循而不是违背人性发展的内在基本规律。

快乐是人的第一天性。孩子获得知识与美德的最佳方式只能通过快乐与鼓励，而不能通过痛苦与惩罚。因此，父母应始终秉承快乐与鼓励式的教育，而不能推行强迫与惩罚式的教育。快乐与鼓励式的教育是一种以孩子为中心、以兴趣为导向的教育。基于孩子兴趣的学习是一种主动式的学习，它能有效激发孩子的内在活力，进而促进孩子的健康成长。因而，亲子教育应首先立足于唤起孩子的学习兴趣。唤起孩子学习兴趣的最好办法就是寓教于乐，如，在幼儿中推行游戏式的教育就是典型的快乐式教育。游戏是所有动物的本能，所有动物都喜欢游戏，动物训练下一代的技能也是在游戏中进行的。根据动物学家的研究，小猫戏弄老猫的尾巴、小狼与老狼之间互相撕咬、嬉戏等，都是为了学习与发展捕食的能力。

自由是人的第二天性。人天性喜爱自由，为此，父母应充分尊重而不是随意限制孩子的自由。对孩子自由的尊重应贯穿于亲子教育的每一个阶段与每一个环节，并具体落实到孩子的所有日常生活之中。如，睡觉时不要把婴儿裹得太紧，在保证孩子安全的前提下让幼儿随意抓取自己想要的东西，尊重孩子的兴趣并创造条件满足孩子的兴趣发展等。

探索是人的第三大天性。在尊重孩子个人兴趣的基础上，引导并鼓励孩子自由地进行探索，是亲子教育的第三个基本要点。为此，父母应积极创造条件满足孩子的探索欲望。对于孩子合乎天性的活动和好奇心，只要这些活动不危及孩子的生命与健康，父母就不应横加干涉、指责或压制。孩子的探索精神尤其不应受到任何清规戒律的束缚，也不应遭受所谓权威的压抑。父母应积极回应孩子所提出的每一个问题，而不应对知识设置任何所谓的禁区，更不应对那些保守主义者所认为不宜谈论的东西画出所谓的红线。否则，孩子的辨别能力就会萎缩。没有了辨别能力，也就谈不上独特见解与创新精神，甚至可能形成病态地接受暗示的不良心理。实证研究表明，在权威压抑环境中长大的孩子，其精神或心理往往存在某些缺陷。

总之，在亲子教育的整个过程中，父母都应充分尊重孩子的天性以及人性发展的内在基本规律。否则，将必然会导致亲子教育的失败。

（二）将孩子的成长导向健康自我形成的方向

亲子教育的根本目的，就是要促进孩子的健康成长。人内在地趋向健康，事实上，每一个孩子都天性愿意向着积极的方向发展。个人之所以最终没有变好，主要因为受到了环境的不良影响。其中，不良的家庭教育是其中的最主要原因。孩子的心灵是一块神奇的土地，父母在上面播种什么，最终就会收获什么，所谓“种瓜得瓜，种豆得豆”。孩子是父母的作品，从孩子身上往往可以折射出父母的自身素养。

健康自我的本质特征是自我的全面发展。因而，父母应致力于将孩子培养成为一个自我全面发展的“人”，而不仅仅只是在某一方面超常发展的所谓“神童”。父母过早地将孩子限制在狭窄的发展空间，将会严重阻碍孩子的健康成长。

许多父母常常先入为主地要求孩子成长成为自己理想中的“人才”，或者凭自己的喜好去随意塑造孩子，并过早地替孩子选定发展的方向，这种做法对于孩子的健康成长极为不利。父母应该懂得，孩子是一个具有自我选择能力并拥有自我选择权利的独立个体，而不是父母实现自我主观价值的工具。如果父母执意不顾孩子的感受与兴趣，也不懂得用正确的方法来引导孩子发展兴趣，将会激起孩子的强烈反感，甚至扼杀孩子原本固有的学习兴趣。按照这种思路来教育孩子，孩子其实不是在接受教育，而是在接受精神摧残。显然，孩子从小在痛苦中学习，他就不可能热爱学习。

孩子的健康成长需要良好的家庭环境。其中，父母之间的关系对于孩子的健康成长最为重要。爱情与亲子之情是人类最重要的两类情感，并且这两类情感之间往往相互联系、相互影响、相互作用。父母的婚恋幸福，他们所能给予孩子的爱才会是健康的。这种健康的爱是那些渴望从可怜的孩子那里得到他们从自己失败的婚姻中得不到情感支持的父母所无法给予的。父母之间没有爱，甚至充满恨，必将导致孩子偏离健康成长的轨道，并为孩子一生的痛苦埋下可怕的种子。孩子本能地感到孤弱，并渴望从父母那里得到保护。父母的幸福爱情最能让孩子在这纷乱的世界中感受到安全感，进而产生探索的勇气。研究表明，那些得不到父母情感支持的孩子常常发育不良——瘦弱、神经质，并会产生某些不良癖好（如偷盗、欺骗）等。

成功的亲子教育建立在良好的亲子关系的基础之上。一般来说，只要父母教育方法得当，并能有效满足孩子的各类基本需求，良好的亲子关系很容易建立起来。良好的亲子关系对于孩子的健康成长至关重要，而不良的亲子关系会严重妨碍孩子的健康成长。研究表明，良好的亲子关系对于减少儿童的退缩、攻击和违纪行为等效果显著；反之，不良的亲子关系将会导致儿童产生退缩、攻击和违纪行为等。不良的亲子关系还将诱发处于青春期的孩子产生孤独、抑郁等心理问题。研究表明，青少年的吸烟、饮酒、犯罪、攻击和性行为等也与不良的亲子关系之间存在着显著的相关性。

（三）将亲子教育与满足孩子的需要有机结合起来

需要满足是自我健康成长的基本前提，因此，父母应合理而有效地满足孩子的需要。能够感知孩子的需要是亲子教育的起点。从孩子出生之日起，父母就应敏锐地感知孩子的需要。除了满足孩子的食、衣、住等基本需求之外，父母还要让孩子从小有安全感、给予孩子足够的情感支持、平等地对待孩子并尊重孩子的独立性与自尊心、为孩子的偏好发展创造良好的条件等。

在所有高级基本需求中，安全基本需求与情感基本需求满足对于孩子健康成长的重要性是显而易见的。然而，与安全基本需求与情感基本需求满足一样重要，却又常常被忽视的，是孩子的尊严基本需求与偏好基本需求的满足。

尊严对于人的健康成长至关重要。显然，任何人都希望得到别人的肯定与赞扬，孩子在这方面的需要尤为迫切。能够得到别人，尤其是父母的承认，对于孩子的健康成长至关重要。为此，父母应该充分尊重而不是随意伤害孩子的自尊心。孩子的自尊心就像一朵娇嫩的花朵，只要稍不留意就会受到伤害。有的父母常常认为孩子无所谓自尊，这是十分严重的错误认知。还有的父母认为只有在大庭广众之下教训孩子才能树立起自己的权威，并令孩子口服心服，这种想法与做法更是异常危险。当着众人，特别是当着小伙伴的面数落孩子，会让孩子在伙伴面前颜面尽失、羞愧难当，并让孩子觉得自己低人一等，同时也给小伙伴们提供了羞辱自己孩子的口实。久而久之，孩子的性格与心理就会被严重扭曲。自尊心和荣誉感是个人品德的基础，失去了自尊心与荣誉感，个人品德就会瓦解。一个失去了自尊心和荣誉感的孩子将是十分可怕的，并且难以再被教育好。

自尊的发展最初表现为个人对于自主感与自我控制感的需要。这种需要在婴儿早期就表现了出来。自主感与自我控制感不能正常发展将会导致孩子的自我成长出现严重障碍。随着年龄的增长，个人开始转向从社会参照物中获取自尊体验和自我价值认同。通过比较所获得的自尊感很大程度上依赖于自己是在和谁比较。研究表明，只有当个人与自己相似的人作比较时，他所获得的自尊感才是可靠的自尊感。学前儿童期是自尊发展的关键期，这一时期自主感与自我控制感的获取建立在儿童对自身与周围环境的自由探索基础之上。此时，如果父母鼓励孩子自由探索，孩子的自发性就会得到加强；如果父母限制孩子作这种努力，甚至对孩子的努力作过度的批评或奚落，孩子的内心就会产生内疚感，孩子的自尊发展就会减慢，甚至停顿。这一时期得不到父母鼓励、支持与保护或受到父母过度保护的孩子，其自主感与自我控制感都将无法正常发展。实证研究表明，高自尊者通常都有一对爱他们的父母，他们以孩子的成就为荣，并能容忍孩子的暂时性失败。这样的孩子长大以后，其生活态度一般都很乐观，并能承受外在的压力。虽然他们也会因失败而失望或沮丧，但他们一般不会因为压力而过度焦虑，并能很快从失败的阴影中走出来。相反，低自尊者通常都有一对不鼓励、不赞同、不支持他们的父母，他们的父母对孩子的失败非常苛刻，而孩子的成功也只能带来短暂的快乐。在这种家庭环境中长大的孩子，其生活态度一般都很悲观，他们对挫败和拒绝过度敏感，对挫折的容忍度极低，并且很难从失败的阴影中走出来。

教育孩子需要耐心，处理与孩子相关之事更需心平气和。当孩子做错事后，父母不应总是用消极、否定的词语来责难、否定，甚至羞辱孩子，而是要用积

极、肯定的语言给孩子以明确的指导。这样的父母在孩子的眼里既威严又可亲。事实上，把孩子吓得浑身发抖，表面上似乎管住了孩子，其实什么问题也没有解决。经常数落、责骂甚至殴打孩子，将会严重挫伤孩子的自尊心。总之，简单粗暴的方式不仅不能教育好孩子，而且还有可能将孩子推向罪恶的边缘。

偏好基本需求的满足对于孩子的健康成长至关重要。孩子的天赋是多方面的，孩子的潜能是十分巨大的。只要父母能及时发现孩子的天赋与潜能，并加以正确引导，任何孩子都可成才。其实，人刚生下来时差距并不大，只是由于个人所接受的教育不同，才最终导致个人在自我成长上出现了巨大差异。无数事实一再证明，后天的教育才是个人成才的决定性因素。孩子的自我潜能能否得到充分发展与有效发挥，关键在于父母，而不在于孩子。事实上，只要父母善于发现孩子的天赋或潜能，并为之创造良好的发展条件，任何孩子都可能成才。绝大多数人的天赋或潜能之所以没有得到充分发展，其根本原因就在于他们缺乏良好的教育，尤其是缺乏良好的亲子教育。

兴趣即潜能。个人所偏好的往往也是个人所擅长的；而个人所擅长的往往也是个人所偏好的。显然，当个人从事自己偏好的事情时会感到特别惬意，自我也就会更健康地发展；而当个人从事与自己偏好无关的事情时往往会感到压抑，其内心也总是会处于躁动不安之中，最终，个人的自我潜能也就难以充分发挥出来，自我成长也必将受到极大限制。幼年期是个人兴趣发展的关键期，此时，父母应充分尊重孩子的兴趣和想法，并在此基础上引导孩子做出合适的选择；而不是将自己的想法强加给孩子，更不能先给孩子定一个框框，然后强迫孩子就范。后者的做法极不人道，因为它违背了人的自我本性，因而必将遭到孩子的极力抗拒，最终，也绝不会有什么好结果。许多“望子成龙”“望女成凤”的父母到头来只能收获失望，乃至绝望，原因就在于他们的孩子本来就不是他们凭空所想象出来的那种所谓的“龙”或“凤”。

(四) 以孩子的终生幸福视为亲子教育的初始出发点和最终归宿

幸福对于人类具有终极性价值，追求快乐而有意义的生活乃是人的本性使然。因此，尊重孩子的天性以及人性发展的内在基本规律，同时也就意味着，父母应以孩子的终生幸福作为亲子教育的基本原则。

现实生活中通常存在着两种极端的亲子教育主张：一种主张是要用严厉的方式，甚至不惜以牺牲孩子的幸福生活为代价来迫使孩子“成才”；另一种主张则是听任孩子自由发展而无须作任何努力。这两种主张都是错误的。前一种方式只会摧毁孩子，即使存在极个别“成功”的现实案例，这种所谓的“成功”背后也必然隐藏着孩子难以名状的精神痛苦、人格扭曲与人性摧残。从系统成功的观点可以看出，这种表面上的所谓“成功”绝不是人生的成功；而后一种主张则意味着父母完全放弃了自己对孩子应尽的教育责任与义务。显然，这两种主张都不可取，因为它们都没有遵循“以孩子的终生幸福作为亲子教育的初始出发点与最终归宿”这一基本原则。

教育孩子追求一个幸福的人生，就是要教育孩子从小学会快乐而有意义地学习、快乐而有意义地工作、快乐而有意义地生活。特别地，作为父母，不能老是盯着孩子的缺点，而是要善于发现孩子的优点，并引导孩子将这种优点发展成为一种获取个人幸福的自我素质或能力。

三、亲子教育的基本方法

要想取得亲子教育的成功，必须采取科学的教育方法。以下是一些具有普遍适用性的亲子教育方法：

（一）因材施教的教育方法

每一个孩子都不一样，即使同父同母的两个孩子，其先天禀赋也存在很大的差异，因而必须因材施教。为此，父母必须在把握孩子成长规律的前提下，深入了解孩子的各方面特点，并在此基础上，采取与孩子成长规律与自身特点相适应的具体的教育方法。

然而，要真正做到因材施教并不容易。它要求父母要有爱心、耐心与恒心，更要有智慧。正因为如此，我们说，亲子教育既是一门学问，更是一门艺术。

（二）说理而非强制、鼓励而非惩罚的教育方法

在亲子教育过程中，父母应致力于诱导孩子产生良好的行为，并鼓励孩子将良好的行为发展成为良好的习惯；而对于不良行为则主要采取说理教育的方法加以制止。父母不宜对孩子施加强制手段，更不能动辄进行惩罚。

良好习惯关乎孩子一生的幸福。一般情况下，父母关注孩子什么行为，这种行为就可能发展成为孩子的习惯性行为。良好的行为习惯很容易在幼年养成，长大以后就很难养成了。同样的，如果个人在小时候就养成了某种不良习惯，长大后也很难改掉。事实证明，许多父母在培养孩子的良好习惯方面做得并不好。

孩子的良好行为需要及时鼓励才会获得强化，否则，这种良好行为就会慢慢停止。鼓励孩子的方法有两种：物质奖励（如给孩子一些零食等）与精神鼓励（如表扬、亲吻、拥抱等）。一般情况下，精神鼓励比物质奖励更为有效，因而，物质奖励通常只是作为一种辅助性的手段。孩子最期待的精神鼓励是获得父母的注意。孩子天性希望得到父母的注意，有时，孩子做出某些不当行为其实也只是为了吸引父母的注意。为此，父母应善用自己的注意力——当良好行为出现时，

父母应及时投注更多注意力；而当不良行为出现时，则应漠然视之，以便让它得不到强化的机会。当父母对孩子提出行为要求时，如果孩子一时没有做到，也不要急于责备。而只要孩子做到了，就应及时加以鼓励。

孩子常常选择能引起父母注意的行为，而放弃父母毫不理会的行为。有些父母错误地认为，关注孩子的坏行为，并对其进行惩罚，就可以制止孩子的不良行为的发展。其实，当不良行为出现时，如果父母过度关注，反而会强化这种行为。惩罚不但解决不了问题，而且还会产生副作用。如果父母长期惩罚孩子，将会使得孩子变得顽固、冷酷和残忍。中国的传统教育主张惩罚孩子，诸如“棍棒底下出好人”“板子青山竹，不打书不熟”“三天不打，上房揭瓦”等，长期以来，不知误导了多少愚昧的父母！不知残害了多少无辜的孩子！总之，中国的传统教育模式，一如由父母决定子女婚配的传统婚配模式一样，是一种缺乏基本人性的教育模式。

总之，父母应多关注孩子的良好行为，并对孩子的良好行为及时给予适当鼓励；而当孩子出现不良行为时，则主要依靠说理、批评、忽略等方式来进行应对，而不宜采取粗暴的惩罚性方法。同时要尽量切断不良行为的习得源。如果孩子的不良行为源自父母，父母就应及时反省。其实，孩子做坏事，根源往往都在父母身上，如，父母未将孩子的精力引向好的方面，或者干脆放任不管。把孩子的精力引向好的方面的最好办法，就是尽早发现并发展孩子的个人兴趣。也唯有如此，方能逐渐培养出孩子健康的内心世界。

（三）情感上充分接纳与行为上明确要求相结合的教育方法

父母身上有两类关键因素对孩子的影响极大：父母对待孩子的情感态度、父母对孩子的要求与控制程度。情感态度有两种：接受与拒绝。持“接受”态度的父母以积极、肯定、耐心、接纳的态度对待孩子，并尽可能满足孩子的合理要求；持“拒绝”态度的父母以消极、否定、不耐心、排斥的态度对待孩子，并对孩子漠不关心。要求与控制程度也有两种：容许与控制。处于“控制”端的父母为孩子制定标准，并要求孩子努力达到这些标准；处于“容许”端的父母宽容放任，对孩子缺乏管教。对上述两类关键因素进行排列组合，就得到了四种基本的亲子教育模式（如表 5－2 所示）。

表 5-2　　父母教育孩子的基本方式

教育模式	维度组合		可能后果
权威型	接受—控制	儿童期	心情愉悦与高幸福感；高自尊和高自我控制；亲子关系良好
		青少年期	高自尊；高社会和道德成熟性；高学术成就；亲子关系良好
专断型	拒绝—控制	儿童期	焦虑、退缩、缺乏幸福感；遇挫时易产生敌对感；亲子关系紧张
		青少年期	自我调整与适应能力较差；亲子关系紧张
放纵型	接受—容许	儿童期	冲动、不服从、叛逆；苛求且依赖成人；缺乏毅力；亲子关系紧张
		青少年期	自我控制能力差；在校表现良好；易产生不良行为；亲子关系紧张
忽视型	拒绝—容许	儿童期	在依恋、认知、游戏、情绪和社会技巧方面存在缺陷；攻击性行为；亲子关系紧张
		青少年期	自我控制能力差；学校表现不良；亲子关系紧张

研究表明，只有权威型的亲子教育模式最有利于孩子的健康成长。权威型亲子教育模式是一种理性、民主的教育方式。一方面，父母以积极肯定的态度对待孩子，并对孩子的需要、行为及时做出热情的反应，而且充分尊重孩子的意见，并鼓励孩子表达自己的观点。另一方面，父母又对孩子有较高的要求，并对孩子的行为表现态度分明。这种教育方式下的亲子关系良好，孩子独立性强，能够自我控制并自我解决问题，自尊感和自信心强，喜欢并善于与人交往，对人友好等。

父母应正确理解父母权威的基本内涵。从根本上讲，父母权威源自父母对孩子的尊重与理解，源自父母的以理服人而非专制粗暴，源自亲子间的良性互动，源自父母渊博的学识与良好的表率等。为此，父母首先应充分尊重与理解孩子，而不是一味地压制孩子，更不能将自我价值观强加给孩子。事实上，父母的主导意识越强，孩子的独立能力越差。其次，父母应学会与孩子平等地进行交流与沟通。许多亲子问题（如亲子间情感疏离、孩子的性格缺陷与心理疾病等）往往源自亲子之间不能进行良好的交流与沟通。良好的交流与沟通建立在尊重、理解、接纳、支持与关怀的基础之上。为此，父母必须改变自己是决策者、孩子是接受者的交流模式。父母不仅要与孩子平等交流，而且还要教会孩子学会尊重、理解、接纳、支持并关心他人，学会换位思考。这将有助于孩子长大以后学会与人

和谐相处，从而为孩子的成功人生奠定良好的人际基础。最后，父母应不断完善自我，并与孩子一同成长。实际上，成功的亲子教育的过程，同时也就是父母不断完善自我的过程。

（四）身教与言教相结合并以身教为主的教育方法

亲子教育首先是父母对自我的教育，成功的亲子教育的过程，同时也是父母自我完善、自我提高的过程。家庭是孩子成长的摇篮，父母的一言一行都时刻影响着孩子。为此，父母在管教孩子之前，首先必须管教好自己。父母应时时、处处为孩子做好表率，而绝不可想说什么就说什么、想干什么就干什么。父母要想让孩子成为有教养的人，自己就首先必须得有教养；父母要想让孩子成为爱学习的人，自己就首先必须得爱学习；父母要想让孩子热爱运动，自己就首先必须热爱运动……除此之外，别无他法。此外，父、母之间应密切配合，并高度协同。孩子出生之前，父母就应在作息、饮食、运动、情绪、生活环境等各个方面充分协调，这对于能否生下一个健康的孩子至关重要。哪一个环节出现疏漏，都将可能导致严重后果。孩子出生以后，双方更应在言行上密切配合，并保持高度一致，否则，孩子就会觉得无所适从。

（五）因势利导而非强迫塑造的教育方法

亲子教育的第五个基本方法，就是要在充分尊重孩子先天禀赋的基础上，采取因势利导而非强迫塑造的教育方法。为此，父母应及时发现孩子的个人兴趣与自我特长，并创造必要条件发展孩子的个人兴趣，并发挥孩子的自我特长。

当然，要想真正做到这一点并非易事。首先，它需要父母具备识别孩子内在潜质的敏锐目光；其次，它要求父母具备因材施教的教育能力；最后，它要求父母具备自我完善的意识、意愿、意志与能力。以上这些，每一项都是父母所必须面对的巨大挑战。事实上，在现实生活中，具备这种敏锐目光与教育能力，并能不断自我完善的父母实在少之又少。正是从这个意义上讲，我们说，优秀的孩子永远都是稀缺的。

第六章 系统成功的研究视角

在研究个人成功之前，我们必须先弄清楚人的内在基本诉求。因为只有通过人的内在基本诉求，我们才能揭示出个人追求成功的内在动力机制，进而厘清个人成功的内在逻辑。

人的内在基本诉求集中体现为个人持续地追求自我存在、自我幸福、自我实现。三者之间相互关联、相互影响、相互渗透，并融为一体。由此，我们获得了研究个人成功的三个基本视角。从这三个基本视角出发研究个人成功，其内在逻辑完全一致，所得出的结论也基本相同。

第一节 自我存在

自我存在是研究个人成功的第一个基本视角。显然，每一个正常人都关心自己的存在，都会思考与自我存在相关的一些重要问题。事实上，个人追求成功，也就是为了实现自我存在。个人为实现自我存在所取得的所有阶段性成功或局部性成功，都具有促成系统成功的现实意义。个人追求系统成功的过程，也就是个人不断确证自我存在的价值，并不断超越自我存在的过程。

一、自我存在理论的基本问题

自我存在理论必须回答以下三个基本问题：

（1）人是什么？

（2）人是如何存在的？

（3）人存在的意义是什么？

第一个基本问题解决的是人的存在的本性或本原的问题；第二个基本问题解决的是人的存在方式与状态的问题；第三个基本问题解决的是人的存在价值的问题。对于个人来说，如果不能对“人是什么”这一问题做出明确的回答，那么，他就势必难以深刻理解自我存在到底意味着什么；如果个人不能围绕“人是如何

存在的”这一问题确立自己的追求目标，那么，他就势必难以持续而有效地改善自我存在状态；如果个人不能明确回答“人存在的意义是什么”这一问题，那么，他将势必会陷入某种存在的迷茫与空虚之中。总之，只要其中任何一个问题得不到解答，个人的存在就算不上是一种自觉的存在。许多人正是因为没有认真思考过这些问题，或者不能明确地回答这些问题，才容易被时下一些似是而非的流行观点所迷惑，甚至于被误导，最终使得自己的存在状态一直得不到有效改善，甚至糊里糊涂地过完自己的一生。

其实，每一种文化都曾试图对人的存在问题给出自己“权威”的解答。在所有这些解答中，有两类解答最为典型：基于宗教的解答与基于道德的解答。基于宗教的解答首先确立一个超越一切的最高存在（如上帝、先知、佛祖等），然后将人的存在与这个最高存在联系起来，最后解答“人是什么”“人是如何存在的”“人存在的意义是什么”等问题。基于道德的解答强调他人或群体的存在是更高的存在，并假定人人都具有道德良知。在此基础上，再回答“人是什么”“人是如何存在的”“人存在的意义是什么”等问题。宗教利用天堂、来世允诺等赋予人的存在以永恒的意义；而道德则从人的社会性出发确立存在的意义，它们都能给人带来更高层次的基本需求满足。正因为这两类解答都能帮助人们解决存在“意义”的问题，从而能够帮助人们避免心灵的空虚与精神的焦虑，因而显示出了其强大的生命力。在现代文化形成之前，这两类解答一直占据着主导地位，并充当着维系人类精神家园的主要角色。即便是在当今社会，这两类解答也仍然具有重大影响力，在某些社会甚至仍然占据着主导地位。

然而，随着人性的不断解放和科学的高速发展，上述两类“权威”解答正面临着越来越大的挑战。宗教的解答依赖于神秘的最高“存在”，然而，对于这一最高“存在”，宗教并不能给出符合科学实证检验要求的证据。显然，如果最高“存在”的存在都存在问题，那么，这种基于最高“存在”的解答也就会显得苍白无力。如，当尼采发现并宣告“上帝死了”的时候，实际上就已经表明，基督教有关存在基本问题的解答已经无法再让人信服了。当理性的个人主义强调人性的自由与个人权益时，道德的解答就已经开始变得软弱无力了。显然，当一向为人所信服的宗教解答与道德解答都不再具有说服力时，对于存在问题的解答就必须重新寻找新的出路。

二、自我存在的依据

“人是什么?”这是自我存在理论必须首先回答的第一个基本问题。在深入探究人的自我存在现象及其内在基本规律之前，我们必须首先弄清楚人到底是什么这一基本问题。

人是什么？简单地说，所谓人，就是具有人之所以为“人”的内在依据的一类特殊存在物。任何存在物都具有其自身存在的依据——本性或本原。人的存在依据，就是人的本性或本原——人性，人的存在亦即人性的存在。人性是人之所以为“人”的本性或本原，这就意味着，人因人性而生成，并由人性所决定。当人存在时，人性便一直存在；当人不存在时，人性便不再存在。

既然人性是人之所以为“人”的内在依据，那么，人的存在必然要遵循人的本性要求——成长成为一个“人”，一个人性完善并不断地趋向于自我健康的存在物。事实上，形成一个健康的自我，既是人性的内在基本要求，也是人的自我成长所必须遵循的内在基本规律。因此，任何有关人的自我存在问题的理论探究，都必须首先符合人性的基本要求；任何为实现自我存在目标的现实追求，都必须遵循人的自我成长内在基本规律。否则，个人将不可能有效地实现自我存在，更不可能在不断改善自我存在状态的前提下实现自我的健康成长。

三、自我存在的层次

“人是如何存在的”这是自我存在理论必须回答的第二个基本问题。自我包括身体自我与精神自我，相应地，自我存在体现为身体自我的存在与精神自我的存在。身体自我的存在是一种生物性存在；精神自我的存在是一种主观价值性存在。然而，个人并非一个孤立的存在之物，他必须与别人结成各种社会性关系才可能实现自身的存在。因此，个人的存在本质上还是一种社会性存在。

（一）生物性存在

人的存在，首先是一种生物意义上的存在。只有在实现生物性存在的基础上，才谈得上其他层次的存在。所谓生物性存在是指人的生命形态的存在。生命是生物的本质特征，维持生命状态是生物性存在的根本标志。事实上，人们总是首先根据人的生命状态来判断一个人是否存在：当个人能够维持其自身生命状态时，人们就说这个人还存在；一旦个人丧失了其自身固有的生命状态，人们就会说这个人已经不存在了。

宇宙演化中最伟大的事件就是在物质世界中出现了生命。生命源于物质，而又高于物质。生命一旦出现，就变成了一个相对独立的自主之体。在物质世界的生存环境中，生命主体具有开放性。生命体与外界环境交换什么、如何交换，完全根据其自身存在的需要或要求来进行。

生命的问题是人类所有原始哲学的最核心的问题。对生命的理解，也就是对人自身的理解。“天地之大德曰生”，在中国几千年的传统哲学里，生的命题是最

根本的第一命题。在我国这样一个具有长期农耕文明的社会里，对生命的理解自然具有其自身的独特性与深刻性。中国哲学有关生的理论中的一个最重要概念就是“阴阳”。实际上，中国哲学有关生命的理论，也就是阴阳和合的理论。《素问》之《上古天真论》曰：“法于阴阳，知于术数，食饮有节，起居有常，不妄作劳，故能形与神俱，而尽终其天年，度百岁乃去。”亦即生命存在的最核心问题就是“形与神俱”，其他一切都只是生命存在的条件。“身心合一”，身、心和谐是实现生命体存在的内在根本条件。中国哲学还常常从生的对立面——死来诠释生命。中国哲学认为，“神气应乎中”，如果神气在形中间，并能对外界刺激做出反应，那么，生命就还存在；如果五脏皆虚，神气皆去，那么，就会形骸独具而生命不再。此外，生命规律体现了天地之道，因此，深刻理解生命，就能深刻理解天地之道。故《中庸》曰：“可以赞天地之化育，则可以与天地参矣。”

达尔文的生物进化论思想将人彻底还原为一种自然生物，将人的存在完全归结为一种生物性存在。现代生命科学进一步指出，生命的原动力来自基因。生命具有以下基本要素：一是基本上由碳、氢、氧、氮、磷、硫、钙等元素构成；二是存在遗传物质（DNA），能复制自我和繁衍生息；三是能进行新陈代谢；四是能与环境进行交流，并且通过适应环境以求得自我生存。人作为一类高等动物，从起源上讲，是由低级生物演化而来的；从自身构成上讲，是由各种细胞构成的，而细胞又由各类元素构成。尽管人具有高度发达的思维能力，并能适应并改造环境，但人毕竟是一种生物。这就决定了人必须遵循生命的自然规律——必须依靠食物以维持生命，必须借助于衣物来保暖御寒，必须借助于住所来睡眠休息，必须通过性交来繁衍后代，并将不可避免地会衰老与死亡，等等。

生物性存在的基本目标是追求生命的延续、快乐与健康。维持生命、体验快乐、追求健康，既是生物存在层次的三大基本任务，也是人性的三大基本诉求。

首先，生存是存在的首要目标，也是人性的第一基本诉求。天地之间，生之为大。如果人的生命得不到保障，其他一切也就无从谈起。求生是人的本能，人的生物本性在人的求生本能中体现得最为直接、最为明显，也最为突出。

其次，趋乐是人性的另一基本诉求。在人的心目中，快乐永远占据着重要地位，甚至被视为一切价值中的最重要价值，并且成为一切价值的最终归宿。尽管人们对于如何才算快乐、如何获得快乐等存在一些争议，但在趋乐的倾向性方面表现得高度一致。显然，没有人会漠视快乐，也没有人会愿意失去快乐。即使过着苦行僧生活的人们也在寻求快乐，只不过他们所寻求的快乐异于常人而已。人们通常愿意为了快乐而付出一些代价，甚至有时愿意为此而暂时忍受一些痛苦。

最后，健康是生命质量的体现，一旦失去健康，人的生命便会黯然失色。健康是快乐的基础，唯有健康者方能体验到生命的快乐。然而，人们常常忽视健康的价值。只有当自己失去健康后，人们才会意识到健康之于生命到底意味着什么。

（二）社会性存在

自我存在既是一种生物性存在，又是一种社会性存在。社会性是人的本质属性，这就决定了人的存在绝不是一种孤立的个体性存在，而是一种基于社会关系的群体性存在。事实上，正是个人与他人所结成的各种社会关系体现并确保了个人的社会存在。

任何社会性人际关系必然同时包含以下三个要素：伦理、情感、利益。其中，伦理是社会关系的外在形式，情感与利益是社会关系的内在实质。当然，在不同社会关系中，上述三大要素所占比重会有所不同。

社会关系首先体现为人与人之间的一种社会伦理关系。社会伦理界定了个人在社会中的位置，个人因此而获得了某种社会身份。在现实生活中，每个人都占据着一定的社会位置，每个人都拥有区别于他人的社会身份。如，在家庭中是父亲或儿子、母亲或女儿；在公司里是雇主或雇员等。事实上，在特定场合，只要称呼一个人的身份，就能知道他是谁。此时，个人的社会身份实际上就表征了个人的社会性存在。

社会关系虽然在形式上表现为各种社会伦理关系，但社会关系的实质却是情感与利益。任何社会关系都是情感与利益的对立统一。在不同社会关系中，情感的具体内涵不同，如，在血缘关系中体现为亲情；在婚恋关系中体现为爱情；在朋友关系中体现为友情；在一般性社会人际关系中体现为同类之间的相惜之情（同情）等。同时，任何社会关系本质上都是一种双方在利益上的相互依存、相互交换的关系。当然，这里所说的利益是指广义的利益——任何有益于自我存在的一切外在支持，而非仅仅只是指经济利益。当然，经济利益是常见的利益形式。

（三）价值存在

人是一种能将自己的生命活动作为自己的意志或意识对象的特殊存在物，这也正是人与动物的根本区别之所在。人的自我意识或存在意识首先是一种自我价值意识。对意义的追寻，对生命和世界的终极价值的理解与建构，既是人性的内在诉求，也是自我存在的基本使命。

生命价值意识的萌生使得人的生命活动发生了根本性变化——它使得人的生命活动开始成为一种自为性的活动，亦即人类已将自己作为生命活动的主体，并将自我生命作为价值意识的对象。因此，人开始日益生长着人之为“人”的

“类”生命本性。这种“类”生命本性与人的生物“种”的本性一起，共同构成了人的双重生命价值自为本性。这就是价值领域中的人的本性。人的生命价值自为本性主要体现在以下几个方面：

1. 体现为追求生命的存在与圆满

生命价值自为本性使人既依存于自身的生物“种”的本性，同时又超越了自身的生物“种”的本性，进而将生命的存在与圆满视为自身的最高需要或价值。因此，人的生命开始从消极依附的自然存在提升为了积极自为的社会存在。然而，作为生命自为的价值主体，人始终处于主体能动性与现实制约性、主体的“实然存在”与自我的“应然存在”之间的矛盾冲突之中，受其纠缠，并为它所推动；时刻抱着对生命价值的总体性与完整性的渴望，并为实现自身的“应然存在”理想而持续地进行着自我创造、自我反思与自我建构。

2. 体现为对生命存在的理性反思

人所面临的最大存在挑战莫过于如何正确处理好主体与客体的关系。人的“类”生命本性总是要通过个性化的形式来表现自己。然而，面对个体生命本性的偏差与扭曲、人和自然的紧张与分裂、个人与社会群体的冲突与对立，人再也不能仅仅以个体价值意识来主导自我，而是必须以“类”的生命价值意识来自问“应该怎样存在”、“应该怎样才能更好地存在”等。个人以“应然存在”的标准来反思“实然存在”中的缺失和局限，其目的就在于消除现实生活中不利于自我存在的障碍，并且不断完善自我与自我的价值建构。生命的价值自为本性就在这一过程中得以持续地确证、提升与超越。

3. 体现为生命活动的自主规定与自我调整

人对生命存在的自我反思，必然导致人对生命活动的自主规定与自我调整。一方面，人的生命价值自为本性的内在差别、对立和矛盾挥之不去；另一方面，人的生命价值自为本性又在不断规制、教化着自己，并在这种持续的自我规制与自我教化过程中不断成就着自己。社会文化对于人的影响与限制，就是通过倡导“应然存在”的规范来引导个人将这种规范内化为个人的价值标准，进而实现个人的自我规范与自我教化才最终得以实现的。

4. 体现为生命的自我创造

人的生物“种”的本性是通过生命的遗传基因而获得的；而人的生命自为本性必须通过生命的创造性活动才能获得。生命个体从父母那里获得了“种”的生命本性，这仅仅意味着个人具备了做人的生物基础，除此之外，个人还必须在后天的学习与实践过程中持续地进行自我创造才能成长为一个具有真正生命自为本性的个体。亦即人的生命价值自为本性并非生而有之，而是要靠自我去创造才能最终获得。人正是因为成为了一类自我创造的生命才从根本上改变了自己的生存方式——从被动适应型的生存逐渐转变为主动适应型的创造性生存，从而使得自己的生命地位，以及自主、自由的自我本性得以持续提升。

总之，人的生命价值自为本性的成长过程确证了人本质上是一类追寻生命价值的不断自我实现与自我超越的对象性存在。人具有双重生命的质的规定性——自然生命的质与社会生命的质。一方面，人生而具有做人的自然生命的质的规定性。所谓自然生命的质，就是人生而具有的遗传生理特质，它是人的本质的物质承担者，是人之为“人”的可能性源始。另一方面，人又具有区别于其他动物的社会生命的质。所谓人的社会生命的质，是指通过人的自我创造与社会交往所获得的一种自为性的类性特质，它以社会历史文化的方式承载下来，又以创造、教育和社会交往的方式融化于人的自然生命，并通过个性化的外在形式体现于人的生命活动之中。忽视人的任何一种生命的质的规定性，都必将导致对人以及人的本质的片面性理解，甚至误解。考察人的本质，就是要说明并确立起生命价值的本体地位，并在人自身的对象性活动中实现“人”是人的最高本质；在此基础上，努力寻求自己自由发展的生存方式与生存状态。实际上，这才是个人应致力于追求的生命的终极性价值。

四、自我存在的意义

“人存在的意义是什么”这是自我存在理论必须回答的第三个基本问题。人的存在到底有没有意义？对这一问题的回答无非有两种：否定的回答与肯定的回答。否定存在的意义虽可免去进一步回答“人的存在意义是什么”的麻烦，但将因此而陷入虚无的存在困境之中。如果肯定存在的意义，那么，接下来就得回答“人的存在意义到底是什么”。一般情况下，人们总是试图找到某一人所向往的最高价值，然后，将自我存在与它相联系。可问题是，我们怎样才能找到这一最高价值呢？果真存在这样的最高价值吗？

然而，无论肯定存在的意义还是否定存在的意义，一个不容否认的事实是：任何正常人都无法忍受没有意义的生活。如果个人觉得生活没有意义，他将势必因此而陷入一种难以名状的迷茫、痛苦与绝望之中。有些人正是因为感受不到生命的价值与存在的意义而得过且过、自暴自弃，甚至因此而走上绝路。由此可见，人的生命意义与存在价值的尊严具有终极的优先性。事实上，个人只有追寻到生命的意义与存在的价值才不会在生活中迷失自我，才会以一种积极的心态去创造自己美好的生活，才会去追寻自己成功的人生。

既然人的生命意义与存在价值具有终极意义，那么，到底怎样去衡量人的存

在价值呢？基本的衡量标准有两个：客观价值与主观价值。

从客观价值的角度来看，人的存在无疑是有价值的。事实上，任何生命的存在都有价值，一切存在着的生命都很美好。作为一类特殊的生命存在物，人类个体之间相互依存、相互说明、相互支持。个人的存在以他人的存在为依据；同时，个人的存在又在为他人的存在提供依据。因而，个人的存在不仅深具内在价值，而且还具利他的外在价值。

从主观价值的角度来看，每一个正常人都能体验到生命的意义感与存在的价值感。当然，不同的人从不同主观价值标准出发，可能得出完全不同的结论。如，享乐主义认为，存在的意义在于享乐，因而，获得快乐是人生最有意义之事；宗教则从最高存在（上帝、真主、佛祖等）出发，提出人的现实存在的全部或最终意义就在于实现自我的救赎，最终确保自己能够脱离现实生活的苦海而进入天堂、仙境或极乐世界。

客观价值与主观价值相互依存、相互影响、相互促进。一方面，正因为个人能够体验到生命的意义感与存在的价值感，才促使他持续地去创造，去寻求自我实现，从而彰显了自我存在的客观价值。另一方面，正因为个人客观价值的不断彰显，才使得个人能够持续地体验到生命的意义感与存在的价值感。

五、自我存在与个人成功

存在问题是生命的本质问题。追求自我存在是人最原始、最基本的诉求。因此，从自我存在的角度考察个人成功，则系统的个人成功包括生物存在的实现、社会存在的实现与价值存在的实现，它们组合起来，便构成了基于自我存在的个人成功目标体系。如果个人能够在这三个方面都取得成功，那么，个人就能成就一个成功的人生。

人的存在建立在需要满足基础之上。个人只有通过创造性地运用自我力量寻求自身需要的合理而有效满足，才能实现自我的独特性与完整性存在，才能实现自我内在的统一与和谐、自我与外在世界的统一与和谐。因此，寻求需要满足与实现自我存在，两者之间具有内在的同一性。

（一）生物存在的实现

人的存在首先是一种生物性存在。生物存在的基本目标就是要维持生命的延续、快乐与健康。当处于这一存在层次时，个人的一切活动都必然紧紧围绕着如何求得自我的生存、快乐与健康而展开。此时，人的生物本性得到了最充分体现。

人类首先必须解决自己的生存问题。显然，没有生存，也就没有存在。先生存后发展，这是自然所赋予人类的必然选择。当然，生存并不等于存在。生存是存在的基础与前提；存在是对生存的进一步丰富与拓展。人不同于动物之处就在于，对于动物来讲，生存既是一种本能需要，也是需要的一切；而对于人类来说，生存只是最低层次的存在目标。除此之外，人类还有更高层次的存在目标，亦即人类的存在内涵远比动物丰富得多。

虽然生存只是人的最低层次存在目标，但它却是人所追求的最基本目标。系统成功的首要目标就是要求得自我生存。显然，只有先让自己活下来，才会有机会去创造并享受美好的生活，去实现人生的理想。一个不具备生存能力的人是没有资格去谈论幸福与理想的。

人的生物性存在的实现建立在第一类基本需求有效满足的基础之上，个人实现生物性存在的根本途径，就是要获取第一类基本需求的有效满足。事实上，第一类基本需求已深深根植于人的内在生理与心灵，并形成了一种基于内在生理与心灵的动力机制。

1. 人对食物的需要具有深刻的生物学基础

研究发现，人控制饥饱的中枢位于大脑的下丘脑，分为饥饿中枢与饱觉中枢。当人体通过血液将机体内部养分的增减、体温的变化、毛细血管里葡萄糖的利用状况等信息传送至大脑的丘脑下部的饥饿中枢（腹外侧核）与饱觉中枢（腹内侧核）时，大脑会及时做出是否需要进食的判断。当葡萄糖的利用程度很高（血糖高）时，它会刺激人的饱觉中枢的活动，同时抑制饥饿中枢的活动；反之，就会刺激饥饿中枢的活动，同时抑制饱觉中枢的活动，从而产生进食的欲望。从丘脑下部所发出的信号也会传输至大脑边缘系统，并在那里汇合经由视觉、味觉、嗅觉、触觉及听觉之类感觉器官所获得的各类信息，最终转化为具体的进食欲望。除葡萄糖之外，胰岛素和脂肪酸也是影响食欲的重要信息来源。当人因精神紧张、外伤或疾病等原因导致丘脑下部出现异常时，信息的传递就会变得不畅，大脑就会因此而无视人的生理状况，最终将导致人的食欲大振或食欲不振。由于饱觉与体内激素分泌有关，因此，饥饿还将影响人的情绪变化。美国得克萨斯州大学西南医学中心的内科学和精神病学教授杰弗里·齐格曼（J. M. Zigman）博士等人经过研究发现，人在饥饿时，胃黏膜会分泌一种饥饿激素（ghrelin），饥饿激素会向大脑提出寻找和享用食物的建议，从而让人对食物产生兴趣或欲望。此外，饥饿激素还能降低人的心理压力，减轻人的抑郁与焦虑情绪。当人寻找并享用食物时会较少关注环境压力，并暂时忘却自身的许多不愉快。此时，人的心情也会发生相应变化——情绪变得更好，抑郁或焦虑情绪减轻，抵抗压力的能力增强等。食物除了影响人的饥饱与情绪外，还将影响人的感觉与认知。人对

美的感受与认知最早源于食物。这一点，在中国的会意造字上表现得最为明显。如，“美”是由“羊”和“大”会意而成的，“鲜”是由“鱼”“羊”会意而成的，所谓羊大为“美”，鱼羊为“鲜”。

2. 人对衣物的需要是由人的生理结构和生物习性所决定的

人是一类特殊的恒温性胎生动物。在漫长的自然进化过程中，人的体毛逐渐退化，并失去了其原本具有的保暖御寒功能。这也是人类有别于其他动物的特殊之处。动物仅靠自己的皮毛就足以抵御严寒；如果动物的皮毛仍不足以适应自然气候变化的话，它们会通过冬眠或迁徙等方式来适应气候的变化，从而求得自身的生存。由于人类的毛发已失去了其原本具有的保暖御寒功能，人类必须借助于衣物才能适应自然气候的变化，否则，人类便无法在漫长的严冬中生存下来。人的整个生理结构与生物习性都是与人的这一需要相适应，并围绕着这一需要来组织的。

3. 有规律的休息与睡眠是确保人的生物性存在的基本前提

人的所有生理机能的正常发挥都建立在保持机体有规律的休息与睡眠的基础之上。有规律的休息与睡眠是维持人的正常生理机能，乃至人的生命活动的基本方式。研究发现，在人的中枢神经系统中有主管机体休息与睡眠的特定的功能专区。这些特定的功能专区一旦受损，人的睡眠就会出现紊乱，人的整个生理机能将会因此而受到严重影响。必要的休息与睡眠对于任何正常人来说都是必不可少的。在人的一生中，有1/5～1/3的时间是在睡眠中度过的。睡眠不足将会降低人的免疫系统功能，损伤人的大脑，诱发各类疾病，严重的甚至可能危及生命。如，哈佛大学的研究人员发现，在晚间工作的女性患乳腺癌的概率增加了50%。在超过10000名接受调查的女性中，晚间工作的人患乳腺癌的机会比白天工作的人提高了1.5倍。女性上夜班打破了长期形成的日落而息、日出而作的生理节律，从而导致体内褪黑素分泌的减少和雌激素分泌的增多。这样的女人更易患心脏病、抑郁症，以及各类癌症。因上夜班而睡眠不足的男性也面临同样的健康风险。日本在2005年所进行的一项调查研究发现，昼夜倒班的男性患前列腺癌的概率几乎是上白班的男性的3.5倍。

4. 性需求的满足对于实现人的生物性存在具有特殊意义

生存与繁衍是一切生物的本能诉求，人类的生存与繁衍诉求是通过性需求来表达，并通过性需求的满足而得以实现的。任何一个发育正常的成年人都会有性需求，并具有性能力。当人产生性需要时，生殖系统内部会分泌出某些特殊化学物质（如荷尔蒙等）。人就是通过这些特殊的化学物质来反映自己的性需求，并调节自己的性心理和性行为的。

总之，没有第一类基本需求的有效满足，就没有人的生物性存在。吃饭和喝水是为了补充身体所必需的物质与能量；穿衣是为了保护身体不受严寒的侵袭，并维持机体内部正常生理机能所必需的恒温环境；休息是为了消除身体的疲劳与心理的紧张；睡眠是为了维持机体内部的正常生理机能；性需求满足是为了促进机体的健康成长，并实现人类自身的生存与繁衍等。虽然这些基本需求的具体内容与满足对象物各不相同，但它们的最终指向完全一致——维持自我的生物性存在。这些基本需求的满足物存在于环境之中，他们就是个人为实现自我生物性存在所必须追求的目标。

（二）社会存在的实现

人存在于特定的社会环境之中，因而必然要与他人结成一定的社会关系。社会关系是社会存在的实质，个人实现社会存在的根本任务，就是要处理好这些涉及伦理、情感与利益的各类社会关系——或者维持已有的社会关系，或者建立新的社会关系，或者改变不合理的社会关系。

个人从出生之日起就天然地获得了某些社会关系（如血缘关系），并继承了某些社会关系（如种族关系、阶级关系等）。然而，这些原始的社会关系尚不足以全面规定个人的社会性存在，在后天的社会化成长过程中，个人还必须建立更多新的社会关系（如婚姻关系、同事关系等）。通过建立新的社会关系，个人不断拓展着自己的社会存在空间，从而使得自己的社会属性变得越来越丰富、复杂。个人所建立的社会关系越多，个人的社会存在空间就会越大；个人所建立的社会关系越复杂，个人的社会存在就会越丰富。

人的社会性存在的实现建立在第二类基本需求有效满足的基础之上，个人实现社会性存在的根本途径，就是要获取第二类基本需求的有效满足。个人建立各种社会关系的过程，也就是个人获取第二类基本需求满足的过程，同时，也是个人实现自我的社会性存在的过程。

1. 安全基本需求的有效满足对于个人的社会化成长起着至关重要的作用

研究表明，在母亲身边玩耍的孩子比不在母亲身边玩耍的孩子更愿意与其他同龄孩子交往，更容易与其他同龄孩子之间建立起良好的伙伴关系。当母亲在孩子身边一定范围之内时，孩子的创造力更好，心理学家将这一范围称为“创造力圈”。此时，孩子勇于尝试，跌倒了可以自己爬起来，原因就在于孩子的心理有足够的安全感。成年人虽然不再需要亲人的陪伴，但成年人同样需要安全感，否则，其社会存在的质量就会受到严重影响。实证研究表明，那些有足够安全感的人要比那些缺少安全感的人更勇于面对现实，生活得也更快乐。大多数情况下，安全感本身即能帮助个人避免某些危险。如，当遭遇天灾人祸时，安全感最有助

于个人从不幸中尽快解脱出来；而如果缺乏安全感，个人从中解脱出来的困难就要大得多。

2. 情感是社会关系的核心要素之一

情感基本需求的满足情况很大程度上反映了个人的社会存在状况。一个情感需求长期得不到有效满足的人，其情感世界将会变得贫乏而病态，他可能会焦虑地寻求他人的接纳与情感支持，并表现出一种对情感的无止境渴求；而一个情感需求得到充分满足的人，其情感世界往往丰富而美好，并且更能忍受情感的暂时性匮乏。

情感需求的有效满足最能给人带来心理上的安全感与精神上的幸福感。无条件的爱是幸福生活的重要源泉，它能源源不断地给个人以精神力量，并为个人营造一个生活上的“幸福圈”。幼年时得不到父母情感支持的孩子往往缺乏安全感，其内心总是充满着恐惧、自卑、畏缩与胆怯，长大后也会变得内向、忧郁、悲观。由于情感需求的长期匮乏，他们可能从幼年起就会思考一些诸如生死与人生命运之类的问题，并企图从哲学思考或神学思想中寻求某种精神寄托。情感需求的长期匮乏将带来严重后果，同样的，情感需求的不健康满足也会带来严重后果。亦即情感需求的满足必须来自健康的情感支持，而非某种病态的“爱”。

3. 尊严基本需求的满足充分体现并有效确证了个人的社会存在

个人的自尊发展反映了个人的人性觉醒程度及其自我成长水平。研究表明，稳定的高自尊者由于能在自我评价与自尊水平之间保持一致性，因而他们通常具有较高的自我幸福感水平。人的自尊发展经历了依赖性自尊、独立性自尊和无条件自尊三个阶段。显然，只有当自我成长到一定阶段时，个人才会获得某种理想的自尊水平，所谓“三十而立，四十而不惑，五十而知天命，六十而耳顺，七十而从心所欲，不逾矩。”当然，自尊发展到最后阶段并不意味着个人已经完全消除了自尊的依赖性与比较性。别人肯定自己时会感到高兴，别人否定自己时会感到不悦，这是人之常情，也是人性使然。

4. 偏好基本需求的发展与满足状况与人的现实社会性存在高度耦合

人生来就具有一种被称之为潜能或“天赋”的特殊潜质，这种潜质在自我的社会化成长过程中会以爱好或兴趣的形式表达出来。如果个人顺着自己的爱好或兴趣发展下去，个人先天的潜能或“天赋”就会发展成为后天的特有能力（特长）。个人潜能发展存在最佳发展期，一旦错过了最佳发展期，个人的某些潜能就可能很难再发展起来，有些甚至可能永远无法再获得发展。如，3 岁以前是人的语言最佳发展期，如果错过了这一最佳开发期，人的语言能力的发展就会受到严重影响。教育的理想状况，就是要充分挖掘个人的内在潜能，并使之得到充分发展与有效发挥；自我成长的关键，就是要及早挖掘自我的这种内在潜能，并使之得到自由发展与充分发挥。遗憾的是，由于受到各种内、外因素的影响与制约，大多数人的自我潜能都未能得到充分发展与有效发挥。

偏好的发展或满足意味着个人选择做自己喜欢做的事，过自己喜欢的生活方式，跟自己喜爱的人建立起亲密的社会性关系。如果个人能够做到这些，那么，个人的自我潜能就能得到充分发展与有效发挥，个人的自我创造力就会被充分激发出来。显然，对于个人来说，自己认为重要的事情必定是自我偏好的事情；而只有个人偏好的事情才能促进自我潜能的充分发展与有效发挥。当个人潜能得到充分发展与有效发挥之后，个人的存在价值就能得到有效确证与充分体现，个人的经济基础、社会基础就能随之而得以持续巩固或提高，自我成长也会随之而得以持续促进。随着经济基础、社会基础的不断巩固或提高，以及自我成长的持续促进，个人的社会存在状况将会得到相应的改善或提升。

（三）价值存在的实现

价值存在是最高层次的存在。所谓价值存在，就是个人通过构建自我价值体系，并在追求自我价值实现的过程中充分弘扬人性以形成一个健康的自我，最终达到自我成长的终极目标——自我实现。虽然人的价值存在同生物存在、社会存在密切相关，但价值存在仍然具有不同于生物存在与社会存在的地方。

1. 价值存在的需要不同于生物存在的需要与社会存在的需要

生物存在的需要是一种生存性需要，社会存在的需要是一种发展性需要，而价值存在的需要是一种自我实现的创造性需要。个人的创造性需要就是要在创造性劳动过程中全面而自由地发展自我，并充分地实现自我。个人就是在这一过程中现实地确证并充分地体验到了生命的意义与存在的价值。事实上，每一个正常人都希望能够充分地发展并完善自我，都希望能够从生活中获得一种生命的意义感与存在的价值感，这是人的本性使然。

2. 价值存在的关键在于确立起一个相对稳定的自我价值体系，这是个人实现价值存在的基本前提

人的自我存在包括身、心两个方面——身体的存在是一种有形的存在，心灵的存在是一种无形的存在；身体的存在是一种生物性存在，心灵的存在是一种价值性存在。人的心灵崇尚宁静、和谐，厌恶躁动、混乱。当个人确立自我价值体系之后，个人的心灵就能获得一种内在秩序；反之，人的心灵就会陷入一种躁动与混乱状态之中。个人构建起一个稳定的自我价值体系，就是在为自我成长与自我实现奠定良好的心灵基础。个人将会在接下来的自我实现的努力中持续地体验到一种生命的意义感与存在的价值感。亦即个人要想体验到生命的意义感与存在

的价值感，就不能没有个人信仰。

信仰是个人生活的目标，也是个人成功的内在精神动力。如果把人生比作杠杆的话，那么，信仰就是其支点。有了信仰，人的心灵就会变得安宁、充实，并富有活力；反之，就会变得躁动、失落，并无精打采。信仰越坚定，内心就会越安宁；信仰一旦动摇或崩溃，人的内心就得被迫承受失衡的痛苦，同时会努力重建自我信仰。

与善恶的可选择性相比，人的生死富贵常常带有很大的偶然性和被决定性。生命存在的被决定性决定了人的存在很大程度上也具有某种被动性与被决定性。因而，个人的主观努力并不总是一定能够获得自己期待的理想效果，个人的行为结果也往往难以尽如人意，甚至可能与自我初衷背道而驰。这种与自我意愿相背离而又无法自我控制的结果常常使人对人力之外的力量产生某种不安感或恐惧感，从而使得自我精神世界很难得到妥善安顿。信仰最重要的功能之一，就在于它能对各种存在层面赋予意义，并做出解释，从而能够及时化解个人内在的心灵困惑，并带给个人以深刻的精神慰藉。

3. 人的价值性存在是一种超越性存在

自我存在是一个开放的、不完善的、有限的存在。个人要想实现存在的完整性，就必须不断地超越自我的现实存在。个人的生命意义与存在价值就体现于个人与这种不完善的、有限性的缺憾进行持续的顽强抗争之中，体现于个人在这种抗争中执著地完善自我所展现出来的崇高人性之中，体现于个人对自我成长与自我实现的永无止境的追求之中。

人生的孤独、有限、不完美等是自我存在的本真状态，个人应坦然接纳这一点。因为只有当个人具有深刻的生命意识与坦然接纳的态度时，他才能勇敢地面对人生中的困难、失败、烦忧和孤独，才能淡然面对人生中的利益、名誉、地位、金钱，并始终以平和的心态来看待所有的一切。而只有当个人有了如此的从容、坦荡与平和时，他才能在纷繁复杂的现实存在中维持自我的完整与和谐。也只有当个人能真正做到面对生活困境不悲观失望与消极沉沦，而是鼓足生活的勇气时，他才可能超越自我的有限性存在，并且依靠自我力量去创造一个自己的美好人生。

4. 价值性存在是一种主观性价值与客观性价值内在有机统一的存在

一方面，人的价值性存在是一种基于主观价值意义上的精神性存在。人的生物性存在需要物质生活，人的价值性存在需要精神生活。物质生活主要围绕人的生物性存在而进行，精神生活主要围绕人的价值性存在而进行。在人的精神生活中会形成各种有益的知识、观念与意象，凝练出不同层次的理想与信念，并伴随着出现各种情绪或情感，同时塑造并磨炼出人的自我意志。精神生活的核心或关键在于个人能否确立起一个相对稳定的自我价值体系。只有当个人确立起了一个自我价值体系，并在践行自我价值体系的过程中不断地实现自我时，他才能体验到一种生命的意义感与存在的价值感。另一方面，人的价值存在又是一种基于客观价值意义上的社会价值性存在。当人的主观价值得到充分实现时，人的客观价值也就有了确证的机会与实现的依据。事实上，在一个正常的社会里，一个充分自我实现的人必然同时也是一个具有社会价值的人，一个有益于社会并对社会作出重要贡献的人。最终，个人也就因此而实现了自我主观价值与社会客观价值内在有机的统一。

第二节　自我幸福

自我幸福是研究个人成功的第二个基本视角。幸福原本是哲学研究的一个主题，但近年来，经济学、心理学、教育学、社会学、医学、文学、历史学等也开始对幸福研究表现出极大的兴趣。虽然目前有关幸福的诸多问题还不十分确定，但“人的生命真谛与生活意义在于获得幸福”这一命题已越来越广泛地为人所接受。幸福对于人类具有终极性价值，其他一切都只是达成幸福目标的工具或手段。

一、幸福的基本内涵

幸福有狭义与广义之分。狭义的幸福是指个人所体验到的一种主观幸福感，而广义的幸福则是指个人整个人生的幸福，亦即个人获得了一个幸福的人生。

（一）狭义的幸福

幸福本质上是一种主观体验，个人幸福感源于个人从现实生活中所体验到的快乐感与意义感。

1. 幸福的基本要素

幸福意味着个人能够从生活中获得快乐感与意义感。其中，快乐感意味着个人能够充分感受到当下生活的美好，而意义感意味着个人能从当下生活中体验到一种生命的意义感与存在的价值感。快乐与意义密不可分，两者之间相互关联、相互影响、相互促进。一方面，生命的意义感离不开个人的快乐体验。事实上，个人生活中的快乐体验本身就是生命意义的一种体现。另一方面，意义感的获得能够直接带给个人以深刻的快乐体验。当个人心存使命感时，个人往往更能从生

活中体验到深层次的快乐。

趋乐是人的本性，对生命意义的追求更是自我成长的内在根本动力。因此，个人追求幸福，必然会同时追求快乐与意义这两种基本价值。真正的幸福者会在自己觉得有意义的生活方式中尽情地享受生活中点点滴滴的快乐。这种状态不会只仅仅局限于个人生命的某些时段，而是贯穿于个人生命的整个过程。

幸福的发展具有层次性。低层次幸福意味着个人能经常性地体验到快乐，同时能有效避开抑郁、焦虑等消极情绪；高层次幸福意味着个人能够充分感受到生命的意义感与存在的价值感。

（1）快乐。快乐是幸福的第一基本要素。个人如果想要获得幸福的生活，就必须能够从自己的当下生活中体验到快乐。在完全没有快乐，甚至频繁地感受到痛苦的生活中，几乎没有幸福可言。

趋乐是人的天性，追求快乐是合乎人性的一种健康行为。显然，任何一个自我健康者都不会刻意回避或阻挠快乐事情的发生，而是会在条件允许的情况下去尽力地寻找快乐，并且尽情地享受快乐。

快乐是一种积极的情绪，它在人的生活中发挥着十分重要的作用。我们很难想象一个缺乏积极情绪的生命将会是一个什么样子。当然，幸福并不意味着个人不会经历痛苦，或者完全没有负面情绪。事实上，期盼无时无刻的快乐是不现实的，甚至还有可能因此而引发人的某些负面情绪。自我幸福者也不是不存在情绪上的起伏，但整体上会维持一种积极的情绪基调，并且很少会受到负面情绪的控制。亦即快乐是一种常态，而痛苦只是其中的某些小插曲。

当然，快乐并不等于幸福。首先，在情绪上，幸福并非只包含快乐，同时也可能包含某些痛苦。如，一个母亲在生下自己孩子时会体验到巨大的生理痛苦，但她仍会由衷地感到幸福。其次，幸福的基本要素除快乐之外，还包括意义感。最后，幸福是有条件的，而快乐可以没有条件。

（2）意义感。意义感是幸福的另一基本要素。人是有灵性的动物。人之所以具有灵性，乃是因为人能够从平凡的生活中感受到不平凡的生命意义，能够从自然的生命存在中感受到生命的存在价值。因此，从增进自我幸福的角度来看，凡是能给人带来生命意义感的事情，即便其价值再小，也远比那些不能带给人以生命意义感的事情更具价值。

2. 幸福的基本特点

实证研究表明，幸福的人们通常具有以下基本特点：

（1）热爱生活。对生活充满热情、兴趣与希望；

（2）生活有目标，工作有条理；

（3）乐观地面对生活，不庸人自扰；

（4）活在当下。不沉溺于已逝的过去，不沉迷于虚幻的未来；

（5）从事自己喜爱并对自己有意义的工作；

（6）积极思考；

（7）懂得并善于清除自己的负面情绪；

（8）爱好体育运动；

（9）喜爱社交，善于并乐于经营自己与相关他人所结成的亲密关系等。

从幸福的人们所具有的共同特点中可以看出，幸福其实并不神秘，更非可望而不可即。事实上，任何正常人都能通过自身努力而获得幸福，并且不断增进自我幸福。只要个人存此意愿，并采取切实可行的有效措施将上述特点融入自己的日常生活之中，个人很快就能获得幸福，并持续地增进自我幸福。

（二）广义的幸福

广义的幸福是指个人获得了一个幸福的人生。所谓幸福人生，是指个人在遵循自我本性的基础上，通过自我创造以追寻生活的快乐与存在的意义所达成的一种理想的人生境界。幸福人生意味着个人既有明确的人生目标，同时又能在目标坚持的过程中充分体验到当下生活的快乐与生命存在的意义。

1. 生活的基本模式

系统成功理论强调个人整个人生的幸福。为此，个人必须努力协调好现在与未来的关系，亦即个人在充分享受当下幸福生活的同时，又能为自己未来生活的幸福奠定更加坚实的基础。

如果我们将关注当下幸福与关注未来幸福作为两个坐标轴，并以横轴代表现在，以纵轴代表未来，其中，箭头方向表示正向取向，那么，我们可将人的生活方式归纳为以下四种基本类型（如图 6－1 所示）：

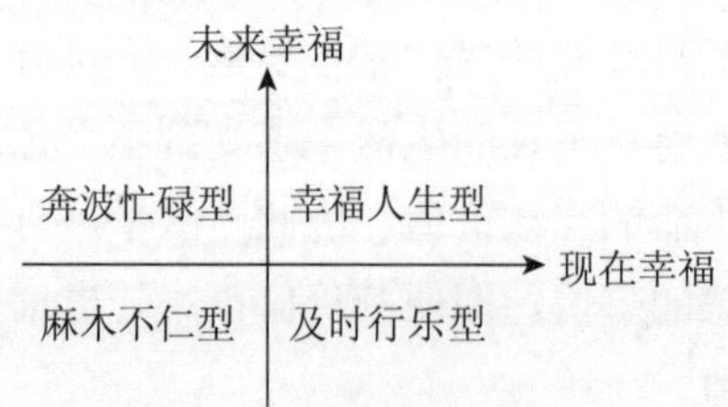

图 6－1　生活的基本模式

（1）及时行乐型。这类人只关注当下快乐，而极少顾及未来幸福，甚至为了及时行乐而牺牲未来，并常常因此而误入歧途，从而为自己的未来埋下痛苦的种

子，如，为图一时快感而尝试吸毒等。他们崇尚“逃避痛苦，及时行乐”，因而是典型的享乐主义者。他们认为，幸福生活就是不断满足自己的欲望。因而，只要能让自己感到开心的事情就值得去做，直到有更快乐的事情出现时为止。表现在爱情方面就是轻取轻舍，追求一时的新鲜与刺激。但新鲜劲一过，他们马上就会开始物色下一段感情。然而，研究表明，缺乏挑战与意义感的生活并不足以给人带来持久而深刻的幸福体验。

当然，享乐主义与享乐并非同一回事。享乐是一种改善生活质量的手段；而享乐主义是一种生活态度，一种生活价值观，一种生活方式。当个人将享乐视为高于一切的生活目标时，它便成了享乐主义；当个人将享乐视为改善生活质量的手段时，则享乐不仅能有效增进自我幸福，而且还将有利于个人的自我成长。因此，享乐是可取的，而享受主义是不可取的。

(2) 奔波忙碌型。这类人只关注未来幸福，却忽略了当下幸福，甚至为了未来幸福而不惜牺牲当下幸福。他们相信牺牲现在可以换取未来，因此，他们虽然并不喜欢自己正在做的事，却还是尽心地去做。每当面临现实困难时，他们总是会拿未来的希望来安慰自己。每当完成一项任务后，他们也会有一种如释重负的感觉。但很快，焦虑与压力感又会不期而至。他们终生奔波忙碌，却感受不到生活的快乐。这类人的本质特点就是被动服从而非自我主导。他们常常被身边的人认定为“成功”的典范和学习的榜样，但他们却为自己感到悲哀，因为自己的“成功”经历并未给自己带来幸福。他们的内心总是经常性地充满了矛盾与冲突，却又不知到底如何去改变自己。

这种将人生幸福一味寄托于虚无缥缈的未来，却对自己的当下生活毫不在意的态度，实际上割裂了幸福人生的内在逻辑。现在是过去的未来，未来是将要到来的现在，将所有现在联结起来，便构成了自己的整个人生。因此，没有了现在，实际上也就没有了未来或人生。过去的已然过去，未来的尚不可知，其实，个人真正能够把握住的只有现在。

(3) 麻木不仁型。如果说“及时行乐型”代表为现在而生活，“奔波忙碌型”代表为未来而生活，那么，麻木不仁型则代表沉迷于过去而放弃现在与未来。这类人既不享受当下生活的快乐，也不寄希望于未来。他们对人生不抱希望，对生命没有期待，对生活缺乏热情，更谈不上激情。他们实际上已经放弃了追求幸福人生的努力，也不相信生活是有意义的，存在是有价值的。这种心态被心理学家 Martin E. P. Seligman 称为“习得性无助”。一旦个人陷入这种“习得性无助”的困境，那么，只要遭遇生活的挫折或失败，就会感到无助、无望，甚至绝望。于是，便只能选择放弃，选择向命运屈服，甚至完全听天由命。

(4) 幸福人生型。这类人既注重当下幸福，也希望通过自身努力争取到一个更加幸福、美好的未来。他们认为，现在与未来都很重要，并且两者都不可或缺；当下幸福与未来幸福并不完全对立，也不相互排斥，而是可以兼得。有时，他们也会为了未来幸福而暂时牺牲一些当下快乐，如，为了未来而刻苦学习并努力工作等。但即便如此，他们也仍会十分珍惜自己当下的生活，十分珍惜自己所拥有的一切——健康、亲人、事业、婚恋等。

总之，奔波忙碌者一味地寄希望于未来，而放弃寻找并享受当下的快乐；享乐主义者一味地注重当下的快乐，而完全不顾未来幸福；麻木不仁者既不相信未来，又不把握现在，他们实际上已经完全失去了追求幸福生活的意愿与意志。以上三种生活方式都不可取，因为它们都不能帮助个人获得一个幸福的人生。只有当个人既立足于寻找并享受当下生活的快乐，又致力于争取一个更加美好的未来时，他才可能获得一个幸福的人生。

2. 幸福人生的基本问题

幸福人生是由多种因素所综合促成的。在影响人生幸福的诸多因素中，以下四类因素最为关键：健康、婚恋、事业、亲子，它们从根本上决定着一个人的人生是否幸福。

(1) 健康。健康是幸福人生的基石。个人追求自我健康，也就是在为自己的幸福人生奠基。为此，个人需构建起一种趋向健康的自我发展模式，包括健康的身体发展模式与健康的心理发展模式。健康的身体发展模式包括坚持科学而有规律的作息、保证全面而均衡的营养、坚持适度而经常性的体育锻炼等内容。

健康的心理发展模式就是要在充分尊重人性并且遵循自我成长内在基本规律的前提下，采取切实可行的有效措施完善自我思维、情绪与行为，同时用积极的思维、情绪与行为替代消极的思维、情绪与行为。为此，个人首先应学会自我接纳。显然，任何人都不可能完全克服自己人性中的全部弱点。正确的态度应该是学会接纳并适应自我人性的弱点。其次，要善于管理自己的情绪。个人应在悦纳自我的前提下重点关注自己的积极情绪，同时努力促成消极情绪向积极情绪的转化。特别是当面临困难或不幸时，个人不能悲观失望，而应将它视为促进自我成长的难得机会。如果个人能将这种反应方式发展成为一种思维习惯，将能极大地增进自我幸福。在所有情绪中，压力是最常见的一种负面情绪。其实，压力并不是问题，问题在于个人如何看待压力。压力也并非毫无价值，一定的压力甚至还有益于个人的自我健康，如，体育锻炼时，机体就需要承受一定的压力。当然，个人不能长期处于过度压力状态之中。如果个人承受的压力过久、过大，而又得不到及时排解的话，就可能诱发各类疾病。研究表明，80%的身体疾病都与个人

所承受的压力过久、过大有关。压力过大还将影响人的思维，并降低人的自我创造力。因此，个人必须学会接纳压力、适应压力、调节压力并释放压力。最简单、实用的方法就是学会自我放松；同时尽量做到劳逸结合。研究表明，适当的工作与休息交替进行往往更有益于自我健康。总之，只要处理得当，个人在一个充满压力的环境中仍然能够获得幸福。最后，要养成良好的行为习惯。在思维、情绪与行为三者之中，行为往往最具可操作性。一旦个人养成了良好的行为习惯，就会对个人的思维与情绪产生积极的影响。

此外，健康以自我发展为基础，一个自我健康的人必然同时也是一个自我全面发展的人。因而，一切有利于自我发展的措施、方法或行为都将有利于自我健康，最终将对个人幸福产生积极而有意义的影响。

（2）婚恋。婚恋是人生的大事，幸福婚恋为幸福人生所必需。人的许多基本需求都是从幸福婚恋中获得满足的，其中既包括低层次基本需求，也包括高层次基本需求。幸福婚恋的价值除了体现于婚恋能带给人以直接的幸福体验之外，还体现于它能促进婚恋双方取得健康、事业及亲子教育方面的成功。

①爱情是幸福生活的主要源泉。爱情具有独特的幸福价值，许多情况下，爱情就是幸福的代名词。每一个正常人都渴望爱情。人的生命离不开爱情，生命的最大意义就在于拥有爱。爱情能使人的整个生命焕然一新。有爱的心灵就像镜子，从中可以反映出人性的丰富与美好；而没有爱的生命必将黯然失色。

②婚姻将巩固并加深爱情，从而提升幸福人生的境界。婚姻是契合于人性要求并有利于实现个人社会存在的一种制度性安排，婚姻幸福所带给个人的价值是全方位的。婚后彼此间的情感慰藉与相互支撑足以让彼此共渡难关，并同享安乐。研究表明，婚后的男女会变得更加成熟可靠、更有责任心、做事也更有恒心。各国人寿统计的综合报告显示，已婚者往往比未婚者更长寿，死亡率更低，而在犯罪、发疯及自杀方面则要少得多。事实上，一个人如果长期不结婚，其心理往往容易变得不正常。或者说，这本身就是心理不正常的一种外在表现。虽然世界上不同时代有过不同的独居哲学，如，禁欲主义者和早期的基督徒就认为，个人完全可凭自己的意志，至少无须他人帮助，就可以实现人生所能实现的尽善尽美。可事实上，没有一种独居哲学真正结出了健康的人性之果。因为单个男人或女人本质上都是一种不完整的存在，男人或女人必须通过与女人或男人相结合才能体现出自身的生命价值，才能实现“人”的完整性存在。因此，理想伴侣的不可获得或错失往往意味着个人的生命价值难以完整地、不打折扣地得以实现。

（3）事业。事业通常被人们用作衡量个人成功的最重要指标。事实上，事业成功不仅是成功人生的基本内容，也是幸福人生的基本保障。

①一般情况下，个人收入主要来源于自己的工作报酬。因此，事业成功意味着个人可以获得更多的工作报酬，从而为自己的幸福人生奠定坚实的物质基础。

②事业能为个人生活不断注入新的活力。目的性是生命的基本性质，也是快乐生活的基本条件，而事业能让个人生活具有明确的目的性。研究表明，个人最难忍受的苦闷生活就是无所事事。事业不仅能让人免除这种苦闷，而且还能带给个人以持续的快乐感与意义感，从而让自己的生活变得更加充实、丰富、美好、幸福。事实上，当个人心系事业时，即使暂时无所事事也会情有所归，而不至于感到精神空虚。此外，事业成功所带给个人的快乐与意义感还是治疗个人心情忧郁与精神空虚的最佳良药。

③事业为个人提供了自我成长的机会和实现自我的平台。由于事业寄托着个人的偏好与价值观，因而，事业成功最能带给人以深刻的满足感与幸福感，并且这种满足感与幸福感是任何其他东西所无法替代的。事业让人的自我潜能得到了最充分发展与最有效发挥，它让人不仅不觉得工作苦闷、烦琐，而且还能从中体验到一种自我实现感。现实生活中的许多人之所以不幸福，主要原因就在于他们找不到施展才华的机会。他们常常迫于生活压力而被迫干一些简单、烦琐而无须过多技能的工作。如果个人长期陷入这种状态而得不到有效改善，并且又看不到任何希望的话，他将会因此而感到十分烦躁、苦闷与痛苦。由于无法从工作中获得价值感，久而久之，个人也就真的会怀疑自己的能力与价值。

（4）亲子。亲子在增进个人幸福方面的价值是多方面的。

①每个人都必须面对死亡。如何坦然面对死亡，这是每个人都必须接受的一大人生挑战。亲子的存在让人觉得自己死后，自己的生命与灵魂能以另一种方式继续存在下去，这在一定程度上能够有效化解人们对于死亡的恐惧。

②个人可从亲子关系中获得一种深刻的情感满足。亲子在所有亲人中始终处于最重要位置，亲子的存在能让自己的整个家庭充满无限的温馨与无穷的欢乐。

③个人可从亲子教育中获得一种深刻的自我实现感。从新生命诞生到长大成人，父母不仅无怨无悔地付出，而且还能从中获得一种极大的满足感与幸福感，这大概是人间最大的奇观。事实上，孩子的每一步成长都浸透着父母的心血，同时也能给父母带来深刻的幸福感与自我实现感。任何文化背景下，父母能将自己的孩子教育成才都是一件十分光荣的事，他们将受到来自家族、社会的普遍赞扬与尊敬。因此，亲子教育的成功既是个人的最大成功，也是个人的最大荣耀。

④亲子的存在可让人在自己年迈体衰后获得一种生活上的经济保障。在社会生产力低下，或者个人经济基础较差的情况下，亲子的一个基本功能就是经济上的保障功能，亦即所谓的“养儿防老”。

二、幸福的决定因素

个人幸福主要受以下三类基本因素的影响：遗传、生活环境与自我成长。

（一）遗传

遗传是人的一切心理与行为的生物学基础。毫无疑问，个人幸福也必然受到遗传因素的影响。研究表明，双胞胎（特别是同卵双胞胎）倾向于具有相似的幸福水平，这就如同他们具有相似的体貌特征一样。遗传为个人幸福提供了一个发展的原始基点，个人一生的幸福都始终受此影响。

（二）生活环境

人是环境的产物，自然受到环境因素的影响与制约。良好的生活环境（如，快乐的童年、融洽而和谐的家庭环境、稳定而可观的收入水平、助益性的人际关系等）将有助于增进个人幸福；不良的生活环境（如，严酷或痛苦的童年、家境贫寒、严重的疾病、缺乏基本的生活来源、恶劣的人际关系等）将会导致个人幸福水平的下降。

（三）自我成长

遗传与环境因素只解释了个人幸福的部分原因，决定个人幸福的其他原因则主要来自个人的自我成长。事实上，自我成长从根本上决定着个人的人生最终能否幸福。自我成长虽然受遗传因素与环境因素的影响，但从根本上讲，自我成长是个人自我主导、自我选择、自我努力的结果。虽然个人无法改变自己所面临的内在遗传条件与外在环境条件，但个人面对自己的现实状况也并非完全无能为力，个人仍然可以通过发挥自我主观能动性来增进自我幸福，如，个人虽然出身卑微或家境贫寒，但个人仍然可以通过自身努力来改变自己的命运。反之，如果个人不能以积极的心态面对生活，那么，即使个人拥有良好的生活条件，也仍然可能感受不到生活的幸福。因此，从根本上讲，人是自我决定的。

个人的幸福感主要取决于个人是否拥有积极的思维、情绪与行为。个人完全可以通过完善自己的思维、情绪与行为来增进自我幸福。研究表明，训练自己积极地思维、关注自己的正面情绪、养成自己良好的行为习惯等，均能有效地增进自我幸福。为此，个人应将自己的思维、情绪与行为列为自我完善的主要目标。亦即通过完善自己的思维、情绪与行为以促进自我的健康成长，最终达到增进个人幸福的目的。

1. 思维

个人幸福受到个人思维的影响。具有积极思维习惯的人，其幸福度往往较高；具有消极思维习惯的人，其幸福度往往较低。因此，个人应该努力培养自己进行积极思维的习惯。如，针对自己所遭遇到的一些不愉快之事，个人可通过以下方式来培养自己的积极思维习惯——理性分析客观事实、坦然接纳生活中的不完美、通过换位思考理解他人等。

2. 情绪

个人情绪影响个人幸福。积极的情绪有利于增进个人幸福，消极的情绪将有损于个人幸福。因此，个人应竭力减少自己的消极情绪，同时努力用积极的情绪替代消极的情绪。如，每天坚持追忆并整理自己一天中的美好事情将有助于培育自己的积极情绪。特别是对于抑郁者来说，这是一个十分实用而有效的工具。在运用这一工具时，个人不能只关注同一件事，因为这将降低自己提升积极情绪的效果。这一现象在心理学上被称为“适应”。此外，说服自己原谅他人也能有效增进自我幸福。原谅意味着放下——放下怨恨、愤慨或报复等消极情绪。如果个人总是怀着怨恨、愤怒或报复等负面情绪，并且沉溺于反复追忆自己过去所遭受到的侵犯或伤害，将会极大地降低自我幸福。如果个人能够有效克服这种不良心态，不利的局面马上就能得到有效改观。

3. 行为

人的心理与行为密不可分，两者之间相互联系、相互影响、相互作用。研究表明，如果个人能够以良好的行为替代不良的行为，个人的自我幸福感就能获得有效提升。一旦良好行为受到行为后果的反馈与强化，这种幸福感还将被进一步放大。慢慢地，个人就能培养出自己良好的行为习惯。

最能带给人幸福感的行为，是那些对自己深具意义的行为。下列四类行为通常对个人幸福深具意义：

(1) 工作层面的行为。当个人全身心地投入到自己所喜爱的工作中去的时候，个人往往能够从中获得意义感。

(2) 精神层面的行为。当个人找到自己的精神寄托时，常常会觉得生活富有意义。最典型的例子就是宗教。当具有共同信仰的一群人聚集在一起时，他们能够从中获得心理上的安全感与情感上的归属感。

(3) 关系层面的行为。努力与他人保持良性互动并建立亲密关系的行为往往能给人带来意义感。

(4) 社会层面的行为。当个人超越狭隘的自我，并努力摆脱纯粹的自利价值取向，进而采取一种与他人、社会乃至宇宙万物和谐相处的行为时，个人往往能够从中体验到一种更高层次的意义感。

三、幸福的价值

幸福是人类的最高理想，幸福对于人类具有永恒的终极性价值；幸福是人性的基本诉求，显然，每一个正常人都会追求幸福。因此，无论对于个人还是社会，幸福都深具价值。

（一）幸福的个人价值

1. 幸福能促进自我的健康成长

当个人感到幸福时，他的整个身心都会处于良好状态。此时，他的生理机能与心理状态能充分协调，并能发挥出各自的最佳效能——精神上更加朝气蓬勃，工作效率更高，自我创造力更强，克服困难的勇气更大，人际关系更好。其实，每个人都能感受到，当自己心情愉快时，生活的各个方面似乎都变得更顺畅了，自己的生活态度也似乎变得更积极了，自己的包容力、理解力和宽容之心也似乎变得更高了，承受困难和挫折的能力也似乎变得更强了。即使一个品德较差的人，当他心情愉快时，也会流露出其人性所固有的善良的一面，行为上也会表现出更多的利他性。大量临床实践证明，积极情绪对于增强机体的免疫力与康复力效果显著。如，当人高兴时胃口会更好，而悲伤时食欲会减退；在战场上，胜利者的伤口往往比失败者的伤口愈合得更快、更好；事实上，幸福者的寿命也普遍长于不幸福者等。

反之，不幸福所诱发的消极情绪将会严重损害自我健康，很多疾病（如，内分泌功能失调、免疫力下降，肿瘤的出现等）的产生与发展都与消极情绪直接相关。大量科学实验表明，不良的心理因素是一种强烈的致癌剂，这一点已在动物身上得到了确证。现代医学实验证明，不良心理因素及过度紧张、抑郁、悲伤等消极情绪可以通过类固醇作用而使得胸腺退化，从而造成免疫性 T 淋巴细胞的成熟障碍，并抑制其免疫功能，进而诱发癌症。频繁的生气、恼怒、抑郁等不良情绪将会导致肠胃、心血管、脑部和皮肤等疾病。如，愤怒、焦虑情绪会导致结肠功能亢进，并降低结肠持续收缩，最终使得结肠变窄，溶菌酶分泌增加，肠结膜变脆，并出现斑点出血，甚至糜烂、溃疡；过度紧张、长期焦虑等精神负担将诱发甲亢等。此外，心理紧张很容易导致肌体内分泌功能失调，使儿茶酚胺类物质——肾上腺素、去甲肾上腺素等过量分泌，从而诱发身体产生一系列病变，如，导致血压升高、心跳加快、消化液分泌减少、胃肠功能紊乱等，同时可能伴随出现头昏脑涨、失眠多梦、乏力倦怠、食欲不振、心烦意乱等症状。这种不正常的生理反应反过来又会进一步加重人的紧张心理，进而形成恶性循环。人的精神状态对于人的心血管机能也有明显影响，如，当情绪激动时会出现心动过速，害羞时会出现面部血管扩张等。临床研究表明，心绞痛往往在情绪激动时才会发生。当情绪激动或过度脑力劳动时，神经系统将处于高度兴奋状态，血液中儿茶酚胺含量就会增加，从而引起血管收缩、血压升高，并且增加心肌的耗氧量，最终将会造成突发性心绞痛，严重者甚至可能诱发急性心肌梗塞而致人死亡。

2. 幸福有助于个人成功

人的认知、情绪与行为相互影响、相互作用，并互为因果。幸福感是一种良好情绪，它能带来认知上的深刻变化：摆脱功利取向的羁绊，超越认知偏见，并进入存在性认知的新境界。个人的自我特性也会发生深刻变化：对自我有更高的认同感，更愿意展现真实自我，自我潜能能够得到更充分发展。幸福感本质上是一种具有强烈自我认同感的体验，它能导致个人产生包容一切的接纳与欣赏态度。研究表明，快乐的性格更容易孕育出个人的聪明才智。因而，一旦个人拥有快乐的性格，成功便会成为一种习惯。反之，不快乐性格会成为个人认知上的巨大障碍，它将妨碍个人做出理性判断，并可能诱发各种不合理行为，最终将妨碍个人成功。不快乐的心理与性格还是各种不道德行为和问题心理的内在诱因。如果个人受到不良情绪的长期控制，就很容易形成自私、狭隘、唯利是图等不良品质以及相应的人生观。事实上，现实生活中不乏意志坚强、志存高远者，他们各方面都很优秀，并拥有巨大的成功潜力。然而，他们在追求成功的过程中屡屡失败，并且常常犯同样的错误。究其原因，乃是因为他们的不快乐性格及其所导致的自我障碍妨碍了他们的成功。对于他们来说，失败实际上已经成为了一种自我潜在需要。

总之，个人成功必有其成功的内在原因。那些在特定时期仅仅依靠个人运气、机遇和一时的小聪明而取得暂时成功的人只可能昙花一现。没有成功的性格，个人很难成就一个成功的人生。

（二）幸福的社会价值

幸福不仅深具个人价值，而且还深具社会价值。社会群体是由社会个体所组成的，当更多的社会个体变得更幸福时，将会导致社会群体也变得更幸福。普遍幸福的社会群体的存在必将催生出健康的群体价值观，进而形成健康的社会文化。健康的社会文化的形成反过来又会孕育出更多健康的社会个体，进而形成良性循环。反之，当更多的社会个体变得不幸福时，将会导致社会群体也变得不幸福。普遍不幸福的社会群体的存在，必将催生出不健康的群体价值观，进而形成不健康的社会文化。不健康的社会文化的形成反过来又会孕育出更多不健康的社会个体，进而形成恶性循环。

通常情况下，个人的不幸福会通过各种方式发泄出来。一旦这种发泄形成某

种社会现象，就会汇集成一股可怕的破坏性力量。此时，人性中阴暗、消极或暴戾的一面会被充分放大。实际上，社会动乱、革命或起义等一系列社会动荡，都是特定的病态社会文化在特定时期的集中爆发。这种特定时期的病态文化，从根本上讲都源自特定时期的病态社会心理；而病态的社会心理又源自社会群体普遍的不幸福，以及群体内部过于明显的制度化的苦乐不均。然而，任何重大的社会动乱都会以不同的方式带来相同的毁灭性后果。在人类历史的长河中，多少文明被毁，多少血雨腥风，多少社会动荡，从根本上讲，无不源自社会的整体不幸福。没有社会群体的幸福，没有苦乐大致均匀的现实社会条件，历史的悲剧就很难被避免。总之，实现社会大同的崇高理想必须建立在普遍的社会幸福，以及苦乐大致均匀的基础之上，否则，表面上的暂时平静，只不过是在为下一次更大的社会动乱积蓄更多的破坏性力量而已。

因此，为了避免历史悲剧的重演，整个社会都应充分尊重个人追求自我幸福的权利，并且采取一切有效措施帮助更多的人实现其幸福人生的目标。充分尊重个人追求自我幸福的权利，并且采取一切有效措施帮助更多的人达成其幸福人生的目标，实际上就是在铲除滋生病态社会文化的土壤。另外，个人追求自我幸福，实际上也就是在为这个世界变得更幸福、更美好、更和谐作出自己的贡献。

四、幸福的内在机制

（一）幸福的内在生理机制

幸福本质上是一种主观情绪体验。探究幸福的内在生理机制，就是要探求人的情绪决定的内在生物学原理。

生命的潮汐因幸福而升，因不幸福而降。如果将人的情绪从正向到负向依次排序，即可得到“快乐（正向）→平静（中性，即非正向也非负向）→抑郁（负向）”这样一个情绪序列。在这一情绪序列中，快乐与抑郁分置两端。由于快乐与抑郁是完全相反的两类情绪，因此，只要我们能够把握其中的一种，也就意味着，我们能够同时把握另一种。

日常生活中，人的情绪总是在“快乐→平静→抑郁”序列之间游移。幸福者更多地停留于“快乐→平静”区间，而较少地停留于“平静→抑郁”区间。然而，人的快乐情绪并不总是容易获得，反倒是抑郁情绪常常如影随形。尽管不同国家的抑郁症患者的分布情况存在一定差异，但几乎在所有国家，抑郁症患者都占据着总人口的相当比例。据不完全统计，抑郁症患者占总人口的比例大致在6%～15%，并且随着生活水平的提高，这一比例似有进一步蔓延扩大之势。如何克服抑郁情绪对人的折磨，并在此基础上努力提高社会的整体幸福指数，已然成为各国所面临的一个十分严峻的现实问题。因此，从问题解决的角度来看，从抑郁情绪入手探究幸福的内在生理机制似乎更具现实意义。

显然，每一个正常人在其一生中都难以完全避免产生抑郁情绪。从表面上看，诱发抑郁情绪的直接原因是各类外在因素，如，工作业绩不佳、个人生活不顺、妇女产后不适、节假日晕眩等。然而，进一步研究发现，导致抑郁情绪产生的根本原因并非来自外在环境，而是源于自我本身。抑郁情绪的产生、恶化或缓解具有确定的生理学基础，并具有其特定的内在规律性。

研究发现，人的血清素（5-羟色胺）与人的抑郁情绪的产生直接有关。血清素对于人的情绪、睡眠、性欲、食欲和环境感知等都起着重要作用，如果大脑中这种物质含量较低，人就很易情绪低落而产生抑郁情绪。正因为如此，5-羟色胺也被称之为人体的快乐激素。除5-羟色胺之外，去甲肾上肾素、多巴胺等也具有与5-羟色胺相似的功能。临床研究发现，5-羟色胺、去甲肾上肾素和多巴胺等分泌越少，抑郁症就越严重；而抑郁症越严重，5-羟色胺、去甲肾上肾素和多巴胺等的分泌也会越少，两者之间互为因果。

5-羟色胺是由大脑中的5-羟色胺神经元（神经细胞）分泌的一种生物化学物质，这些神经细胞沿脑干中线分布，并发出长轴支配着从脊髓到皮质的整个神经系统。前脑的5-羟色胺几乎全部来源于中脑背侧中缝核神经元，其末梢密集区包括下丘脑、皮质、海马回、杏仁核、纹状体等。5-羟色胺的分泌与大脑神经细胞的结构密切相关。研究发现，抑郁症病人中存在着神经解剖学意义上的改变现象，如海马回体积缩小等。严重的抑郁症患者、慢性或复发的抑郁症患者，特别是未经治疗的抑郁症患者，其海马回体积缩小现象十分明显。海马回体积缩小意味着海马回中可分泌5-羟色胺的神经细胞在减少，5-羟色胺在大脑中的浓度也就会相应地减少。尤其是在漫长的严冬，由于缺乏阳光，大脑中清除5-羟色胺的蛋白分子又不断清除着5-羟色胺，更使抑郁症患者的抑郁症状雪上加霜。

大脑中有一种微型蛋白分子能让人脑中的5-羟色胺浓度发生变化。这种微型蛋白粒子是运载5-羟色胺的载体。在不同季节，这些蛋白粒子在人脑中的活跃程度不同。在光照不足的秋、冬两季，它们表现得极为活跃，因而，它们清扫人脑所有区域的5-羟色胺的效率也更高。再加上大脑内的5-羟色胺分泌减少，人也就更易感到压抑，甚至抑郁；而在春、夏两季，由于阳光充足，这种微型蛋白粒子对5-羟色胺的清除就会相对少一些，人也就会因此而感到更加愉快。正因为大脑中的5-羟色胺浓度在不同季节大不一样，因而导致人对一年四季的感知很不一样。

2000年诺贝尔医学奖得主之一的格林加德（Paul Greengard）发现了另一种

调控大脑细胞如何对5-羟色胺起反应的物质——P11蛋白质。通过对接受救治的抑郁症病人的大脑组织进行研究后发现，抑郁症患者的大脑组织中的P11蛋白水平大大低于非抑郁者。对动物的相关实验研究也证实了这一结果。现在可以肯定，P11蛋白就是人们长期以来都在探寻的5-羟色胺调节因子。这种调节因子的作用机制为：大脑中的P11蛋白增多→神经细胞表面1B（5-羟色胺受体之一，迄今已经发现有14种不同的5-羟色胺受体，它们左右着血清素的多少，并被大脑细胞所利用）增多→5-羟色胺发挥作用→阻止或减少抑郁产生。在这一系列神经递质的反应过程中，如果上游的P11蛋白减少，就会引发一系列连锁反应，最终导致抑郁情绪的产生。

厘清了抑郁情绪产生的这种内在生理机制之后，我们就能找到应对并治愈抑郁情绪的基本思路。首先，由于阳光影响大脑中与抑郁情绪产生相关的各类生物化学物质的分泌，因此，应对秋、冬季节阳光减少引起大脑内诸如5-羟色胺等物质减少的一个有效而实用的方法就是改换环境，即像候鸟一样把秋、冬环境换成春、夏环境。因为在明媚的阳光下，大脑中的蛋白分子将会因失去积极性而不能大量清除大脑中的5-羟色胺；同时，大脑分泌的5-羟色胺、去甲肾上肾素等也会增多，人们也就会因此而感到更加心情舒畅。其次，通过药物治疗方式增加体内的5-羟色胺和多巴胺等物质也能有效改善人的抑郁状况。现在人们所使用的抗抑郁药——百忧解（Prozac），其药物的作用原理就是通过产生更多的5-羟色胺供大脑细胞使用而达到减轻抑郁情绪的目的。5-羟色胺等神经递质是在神经细胞突触间发挥信息传导作用的物质，它们发挥作用后就会被突触前细胞摄取，或使其失去活力。另一种药物——抗抑郁药5-羟色胺再摄取抑制剂（SSRI）就是通过阻断5-羟色胺的再摄取而使神经细胞突触间隙中的5-羟色胺增多，从而增强5-羟色胺的神经传递，最终起到抑制忧郁的作用。此外，抗抑郁药还能通过第一、第二信号系统的作用升高脑源神经营养因子（BDNF）和廿二碳六烯酸（BHA）以营养和修复神经细胞，并使其恢复正常分泌5-羟色胺、去甲肾上肾素和多巴胺等的功能，最终达到缓解抑郁的目的。最后，针对P11蛋白的产生也将是治疗抑郁的潜在新方法。

（二）幸福的内在心理机制

人对幸福的感知是一种特殊的心理现象。探求幸福的内在心理机制，就是要透过幸福这一特定心理现象揭示出幸福感之所以产生并发生变化的内在基本规律。

现代心理学认为，人对外部世界的感知一般需经历以下三个阶段，它们分别对应于人的三个心理区域：

1. 舒适区

舒适区（Comfort Zone）是一个让人感到得心应手并舒适惬意的心理区域。个人处于这一区域往往意味着个人正身处熟悉的环境、正和熟悉的人交往、正从事自己熟练掌握的工作等。虽然个人在这一区域会感觉舒适，但如果长期处于这一区域，个人将很难学到新的东西，相应地，个人的自我成长也会变得很慢。此外，个人长期停留于舒适区意味着个人在避开挑战压力的同时也失去了体验挑战所能带给自己以快乐感与意义感的机会。因此，舒适区并不是一个能够持续地给人带来深刻幸福体验的区域。

2. 延展区

延展区（Stretch Zone）是舒适区的外向拓展。个人进入延展区意味着个人正进入自己不太熟悉的环境、正和不太熟悉的人交往、正面临自己很少接触到的新工作、正涉足自己从未涉足过的新领域等。此时，个人所面临的挑战往往既不太难也不太易，亦即个人所面临的压力和激励均处于最佳值。个人虽感压力、不舒适，甚至还有些无所适从，但正是这种个人完全可以承受的挑战能够极大地激发个人的自我潜能，自我也就因此而能够更快、更好地成长。最终，个人将能从这种可以明显感受到的自我改变中体验到一种深刻的快乐感与意义感。因此，延展区是一个能够持续地给人带来深刻幸福体验的区域。

3. 恐慌区

恐慌区（Stress Zone）是一个让人感到非常忧虑、恐惧，甚至不堪重负的心理区域。个人进入这一区域意味着个人正进入到了一个自己完全不能适应的新环境，或者个人所面临的新任务完全超出了自己的能力范围，因而引发了内心的极度恐慌。由于恐慌区是一个隐藏着潜在危险的区域，因而，个人进入这一区域需要得到外在的物理保护或精神安慰，否则，将可能引发严重后果，甚至可能导致自我心理的崩溃。因此，恐慌区不仅不能给人带来幸福感，而且还会给人带来痛苦，甚至可能导致自我的倒退。

人类天性追求轻松与舒适，并逃避紧张与压力。然而，如果个人总是待在自己的心理舒适区的话，他就很难有所改变。因此，为了促进自我成长，为了增进自我幸福，个人应该有意识地逐步拓展自己的心理舒适区。自我完善的过程，实际上也就是个人不断拓展自我舒适区的过程。个人每一次尝试新的挑战都会带来自我的新变化，个人都能从中体验到一种从压力到适应、从不舒服到舒服所带来的满足感与幸福感。因此，每当面临新挑战时，个人不应刻意回避，而是应该勇敢面对，并努力应对。如果个人能够经常有意识地计划做一些自己过去感到不太舒服的事情，以便不断地寻求自我新突破，渐渐地，自己的舒适区就能不断得到

拓展。最终，能让自己感到舒适与快乐的事情就会变得越来越多。

个人有意识、有计划、有针对性地自我延展的基本步骤以下：改变习惯→逃离自己的舒适区并进入自己的延展区→养成新的习惯并形成新的自我舒适区→……自我就在这一螺旋式的上升过程中不断成长，幸福感就在这一循环往复的过程中持续获得。当然，自我延展应该是一种渐进式的延展，而不是一种跳跃式的延展；应该是一种持续性的延展，而不是一种忽冷忽热式的延展。

由于一旦延展过度，自我心理就可能越过延展区而进入恐慌区。此时，由于自我心理受到强烈恐惧感与焦虑感的控制，个人将不仅达不到自我延展的目的，而且还将可能导致自我的倒退。因此，为了减轻延展过程中的紧张感与压力感，个人应逐步扩大自己的延展区，亦即理想的自我延展要求一次延展的跨度不能过大。总之，一切自我延展行为都必须遵循“适度延展”与“渐进延展”这两个基本原则。

五、幸福的障碍

每个人都会在自己的生命旅程中经历许多痛苦，每个人都会在自己追求幸福人生的过程中遭遇许多障碍。归纳起来，影响个人幸福的障碍包括以下三类：经济条件障碍、社会环境障碍与自我成长障碍。

（一）经济条件障碍

经济条件是影响个人幸福的第一大障碍。显然，不具备一定的经济条件，个人幸福就失去了必要的物质保障。首先，没有一定的经济基础，人的许多需要无法得到正常满足，如，个人生活所必需的食、衣、住等无一不需具备一定的经济条件。一定程度上讲，物质财富确实可以有效增进个人幸福，尤其是当个人尚处于生存状态时，物质财富更是能直接提升个人的自我幸福感。其次，不具备一定的经济条件，个人就难以获得真正的独立与自由。显然，只有当个人具备一定经济基础时，他才会有资本对自己不喜欢的工作说“不”，才会有条件去做那些能让自己感到快乐并对自己有意义之事。最后，某些情况下，获取物质财富本身就是一项充满挑战性的工作。它能给人提供创造的灵感与成长的动力，并能带给人一种成功之后的自我实现感。事实上，财富与幸福都为人所向往。从根本上讲，两者之间并不相互排斥，而是相互促进。

然而，如果个人过于迷恋物质财富，个人的人生幸福也会受到严重影响。事实上，个人幸福与他所拥有的物质财富并非绝对成正比，物质财富的增长也并不意味着个人幸福的必然增加。实证研究表明，高收入者确实对自己的生活感到比较满意，但高收入人群的幸福度并不必然比低收入人群高，许多高收入者的幸福度甚至远远低于低收入者。事实上，许多人在变得更富有之后不但没有变得更幸福，反而变得更不幸福了。因此，物质财富只是实现个人幸福的手段，它本身并不能直接给人带来幸福。遗憾的是，人们常常混淆幸福目标与财富手段之间的本质区别，有时甚至不惜牺牲自我幸福来换取个人财富。许多情况下，人们获取财富的欲望甚至远远超过追求生命意义的欲望。之所以存在这种现象，主要源自人类自身所固有的财富崇拜心理倾向。

人类对财富的崇拜具有深刻的进化心理学原因。在人类进化的早期，由于生存环境异常严酷，储存更多的物质生活资料就成为了人类确保自我生存的必要手段。储存更多的物质生活资料意味着早期人类可以顺利度过下一个严寒的冬天，可以应对因家庭成员生病或新成员降生所急需的食物保障等。显然，只有那些具有物质储存偏好的个体才可能生存下来，而不具备这种偏好的个体将会惨遭淘汰。渐渐地，人类偏好物质储备的习性经过自然选择而被保留了下来，并且内化成为了人类的一种内在心理机制。因此，一定程度上讲，人类甚至不是在为生活而积累财富，而是在为积累财富而生活。

（二）社会环境障碍

人是环境的产物，因此，个人幸福必然受到社会环境的影响。良好的社会环境之于个人幸福的价值是不言而喻的。在良好的社会环境条件下，个人需要更易满足，健康自我更易形成，幸福人生更易实现。反之，如果社会环境恶劣，个人需要就难以得到有效满足，自我成长必然受到严重影响，幸福人生必然面临严重障碍。

恶劣的社会环境对于个人的独立与自由也是一种严重威胁。许多情况下，这种威胁所带给人的压抑与痛苦往往令人难以言表。特别地，如果个人在自我成长早期就遭遇到了恶劣的社会环境，个人将不得不面临一个不快乐的童年，这委实是人生的最大不幸。当然，如果个人能有幸接受更高教育，他将仍有机会选择更好的环境。如果离开学校之后还能找到一份自己喜爱的工作，则个人的生活质量还将获得进一步提升。然而，这种好运气与好机会并非每个人都可获得。另外，个人即使获得了这种机会，幼年的不幸遭遇仍将会对个人幸福产生负面影响。这种负面影响不只意味着个人失去了一段快乐时光，而主要在于年轻时所经历的那些痛苦、所接受的那些错误观念将会长期潜伏下来，并且成为个人幸福的一个隐形杀手。

有一种理论认为，只要是人才，就总会有出头之日，所谓“是金子放在哪里都会放光”。许多人以此为据，提出对青年人的早期修理不仅无碍，而且还将有益于其更快、更好地成才。这是一种十分荒谬的论调。恶劣的社会环境对于个人

摧残与扼杀的威力是异常巨大的。诚然，有些人确实可以从逆境中脱颖而出。然而，这毕竟只是极少数。那些原本可以成才，却被恶劣环境所扼杀的潜在人才又有多少？此外，个人确实都能适应各种不良环境，也不得不适应各种不良环境。然而，这种适应并非没有代价。其所付出的代价就是：无法形成一个健康的自我，无法获得一个幸福的人生。

（三）自我成长障碍

个人之所以不幸福，除了受到经济条件与社会环境的制约之外，还因为自我本身存在某些障碍。相对于经济条件障碍与社会环境障碍，自我障碍对于个人幸福的影响往往更为严重，也更为深刻。

事实上，幸福人生并不容易获得。幸福源自健康，却又高于健康。然而，即便是自我健康者，也仍然存在影响个人幸福的诸多自我障碍。

1. 先天性自我障碍

进化心理学认为，人类本身存在着许多基于进化而形成的有损于自我幸福的障碍，如，对愉快情境的习惯化与适应化倾向、社会比较倾向、对等值收益和损失的不对等反应倾向、适应性的痛苦情绪，等等。

（1）对愉快情境的习惯化与适应化倾向。为求得自我生存，远古人类必须迅速习惯并适应那些愉快的情境。如，狩猎获得了食物或建造了更好的住所能给远古人类带来快乐，但如果他们太易满足于现状而不再思进取的话，他们就难以在严酷的生存环境中生存下来，或者说，他们将无法更好地生存下来并获得持续进化。事实上，正是这种对愉快情境的习惯化与适应化倾向才促进了人类的不断进化。

另外，这种对愉快情境的习惯化与适应化倾向在促进人类持续进化的同时，也成为人类幸福的一大障碍。如，人们原以为获得食物、衣物、家居用品、汽车或房子后会感到更幸福，可事实证明，获得这些东西之后不久，人们便会很快习惯或适应这种生活，幸福感便会随之而下降。于是，人们又会萌生出获取更好生活条件的新的欲望，所谓“人心不足，欲壑难填”。这就是人的本性。正是这种对愉快情境的习惯化和适应化倾向导致了个人的幸福感并不会随物质生活的丰富而得到同步提升。

总之，人类本性需要不断改善生活条件，不断体验新的更好的生活。因为只有这样，才可能维持其原本固有的幸福感水平。为此，个人可考虑将自我需要分拆开来，以便能够形成某种渐次满足的态势。这样，个人的习惯化与适应化步伐就会放缓，个人就能从这种适度而持续的满足过程中体验到更多的幸福感。由此可见，遵循自我需要的适度满足原则不仅能有效促进自我健康成长，而且还能有效提升自我幸福感。此外，为了能从同样的需要满足中体验到更多的幸福感，个人还应主动培养自己的“惜福”意识。因为只有真正懂得“惜福”的人，才能从自己的当下生活中感受到更多的美好，才能从自己所拥有的现实生活中体验到更多的幸福。

（2）社会比较倾向。社会比较偏好也是人类在漫长进化过程中所形成的一种适应性心理机制。社会比较倾向促使远古人类努力争取成为同类中的优秀者，因为只有这样，个人才能从激烈的生存竞争中获得更多、更好的生存资源，从而确保自身的生存与繁衍。

远古人类的活动范围十分有限，所有个体都只可能选择自己的同伴作为社会比较的参照对象。由于所有个体的竞争起点大致相同，因此，当原始人类确定了自己的社会比较参照对象之后，自己通过竞争胜出的可能性是完全存在的。然而，在各类媒体高度发达的今天，人们从各种传媒中所看到的都是特定事物的最美好、最优秀的一面。这种呈现于人们面前的各类理想形象绝大多数都是一般人所难以企及的，甚至是永远都达不到的一种虚幻境界。当个人将自己的现实状况同自己所看到的这种经过特殊处理而集成的理想“标准”进行比较时，个人将永远只可能是“失败者”，这就必然导致个人产生持续的挫折感与低自尊感。

（3）对同等收益和损失的不对等反应倾向。对同等收益和损失的不对等反应倾向是指个人从某一损失中所感受到的负向情绪强度往往要高于从同等收益中所感受到的正向情绪强度。人类的这种心理同样是从进化中获得的。远古时期，只有具有这种心理习性的个体才能更好地适应环境，并求得自我生存。如，那些体验过失去猎物而产生强烈消极情绪的远古人类会在更强烈的补偿动机的驱使下去努力捕获更多的猎物以弥补自己所遭受到的猎物损失，这就大大提高了其生存下来的可能性；而那些缺乏这种心理倾向的原始人将会因为没有捕获到更多猎物而难以生存下来。最终，在自然选择机制的作用下，人类慢慢进化出了“对同等收益和损失的不对等反应的倾向性”，并将它内化成为了人类的一种先天性的自我心理机制。

然而，人类从远古祖先那里继承下来的这一心理机制已经日益成为妨碍自身幸福的一个严重障碍。因为它意味着个人要想获得某种幸福感就需获取更多满足物，而体验到等量的痛苦感却只需失去一点点就足够了。于是，在现代社会条件下，尽管人们已经得到了许多，但由于难免在生活中要失去一些东西，而失去所带来的挫折感又远远超过获得所带来的愉悦感，于是，人们总是会感到不满足，总是会感到不幸福。

（4）适应性的痛苦情绪。痛苦情绪（如焦虑、恐惧、愤怒、抑郁、嫉妒等）

是随着人类的进化而逐渐获得的。由于痛苦情绪的存在有利于远古人类更好地适应环境以求得自身的生存，因此，经过自然选择，它们就被保存了下来，并已内化成为了人类的又一特殊心理机制。如，当远古人类遇到危险或威胁（如，野兽来袭等）时会感到恐惧与焦虑，正是这些恐惧与焦虑情绪驱使着他们努力回避自己所面临的各种危险或威胁，从而最终确保了自我的生存。另外，这些痛苦情绪的存在又会极大地降低个人的幸福感。最终，人类进化所形成的所有适应性的痛苦情绪在有效提高人类生存的可能性的同时，也成为影响人类感受幸福的又一严重障碍。

2. 后天性自我障碍

影响个人幸福的自我障碍既包括先天性自我障碍，也包括后天性自我障碍。后天性自我障碍主要是指经后天习得或形成的一些妨碍个人幸福的消极认知、情感与行为。

（1）错误的认知。个人在幼年时所接受的一些有违人性的错误观念将会严重妨碍个人幸福。事实上，人的许多不幸福往往源于幼年时所接受的一些错误观念。随着年龄的增长，个人的认知能力虽然也在不断提高，但个人始终难以完全摆脱幼年时所接受的一些错误观念的影响。这些错误观念长期束缚着自我，成为了个人幸福的一种无形障碍。

（2）不健康的情感。个人的情感发展受先天遗传因素的影响，但更多的是在后天的社会化成长过程中形成的。不良的生活环境、不幸的人生经历、痛苦的自我体验等都将导致个人产生诸多不良情感，进而形成某些不健康的情感反应方式。正是这些不良的情感与不健康的情感反应方式极大地限制了个人的自我成长，严重地妨碍了个人感受现实生活的美好的能力，从而极大地降低了个人的主观幸福体验。

（3）不良的行为方式。不良的行为方式是不良行为的自动化反应模式的一种外在显现，其背后往往隐藏着极为复杂的自我心理反应机制。事实上，人的行为与心理相互依存、相互影响、相互作用，并互为因果。一方面，不良的行为方式反映了个人的不健康心理，如，过于自私的利己行为往往是极端自私心理的一种外在显现。另一方面，不良的行为方式又会诱发出诸多消极心理，或者强化其原本固有的不健康心理，如，过于利己的行为必将招致他人的反感与提防，久而久之，个人将更加难以得到他人的尊重、支持与帮助，这反过来又会进一步诱发个人的其他不健康心理，并强化其原本固有的自私心理，从而形成一种恶性循环，最终必将导致其自我幸福感的持续下降。

六、自我幸福的实现

个人追求自我存在的所有活动便构成了个人的现实生活。幸福是生活的终极目标。理论上，任何有益于增进自我幸福的事情，对于个人来讲都深具价值，都值得去做。不同的人采取不同的方式、方法追求自我幸福，最后殊途同归。

（一）幸福的源泉

从根本上讲，幸福源于需要的满足。需要满足不仅能带给人以生理上的放松感，同时也能带给人以心理上的愉悦感和精神上的意义感。虽然个人不幸福的原因很多，但归根结底都源自个人需要的无法满足。

需要发展的层次性决定了人的幸福也具有层次性。当较低层次需要得到满足后，个人又会寻求更高层次需要的满足。正是在寻求更高层次需要满足的过程中，人的本质力量得以不断发展、发挥，人的自我得以持续成长，更高层次的幸福感也就随之而产生。

人的需要满足是在自由、自主的自我创造过程中实现的。正是人的自由、自主与自我创造性揭示了幸福的本质内涵。人是一种具有自我创造性的存在物，而需要是人从事劳动创造的内在动机。如果不进行劳动创造，个人就会找不到自我存在的依据，幸福也就无从谈起。既然幸福是在劳动实践的过程中产生的，当然也就必然会随着劳动实践的发展而发展。然而，如果劳动是一种外在的、强制的、不自由的劳动，那么，它所带给人的将不会是幸福，而是痛苦。亦即只有在自由、自主中创造，个人才会感受到幸福。

需要满足确实能给人带来幸福感，然而，如果只是一味强调需要满足所能带给人的暂时性快乐，而忽视了需要满足之于健康自我形成的适应性关系，那么，需要满足将可能不仅不能促进自我健康，而且还会损害自我健康，最终将损害人的长远幸福。为此，个人在追求需要满足时，应致力于将这种满足保持在与实际需要相适应的水平上。个人既不能刻意压抑欲望，也不能过度纵欲，而应追求与实际需要相适应的欲望满足，亦即个人必须遵循需要的适度满足原则——健康原则。事实上，只有适度的快乐才代表了人的健康状态，也只有需要的适度满足才真正有助于自我健康，从而为个人的长远幸福奠定坚实的自我基础。

幸福必须置于自我全面发展的背景下来理解。事实上，人的全面发展与自我幸福具有内在的同一性。一方面，幸福为人的全面发展指明了方向；另一方面，只有当人的全面发展真正指向幸福时，人的全面发展才具有现实意义，并且才可能真正实现。全面发展以需要满足为基本前提，而幸福又与人的全面发展内在同一。因此，需要满足不仅决定着个人能否全面发展，而且还决定着个人的整个人

生能否幸福。

1. 为了生存，人必须获取食、衣、住、性等基本需求的满足

显然，足够的食物、温暖的衣服、安全的住所、基本的医疗保健、和谐的性生活等，都为幸福生活所不可或缺。当个人因温饱问题、子女教育问题、老人赡养问题等而忧心忡忡时，他是不可能感受到幸福的。在解决生存所需的基础上，个人还会追求更惬意的生活，从而致力于寻求安全、情感、尊严、偏好等基本需求的满足。当第二类基本需求得到有效满足时，个人将能从中体验到更丰富、深刻的幸福。然而，最具价值的幸福感还是在发展自我、发挥自身潜能的自我创造过程中获得的，亦即个人最深刻、最具价值的幸福源自个人的自我实现。实际上，个人的生命力、创造力和自我潜能能够在何种程度上得到充分发挥，个人幸福也就能够在何种程度上得以实现。个人生命力与创造力的全面、自由而充分发挥，既是个人追求自我实现的必然结果，也是对个人存在价值的现实确证。个人正是在充分表现自我生命力与创造力的过程中才获得了自我的独立与自由。自我创造赋予幸福以本质的内涵，赋予存在以现实的意义。个人只有通过不断发挥自我生命力、创造力和内在潜能以创造客观社会价值，才能彰显自我存在的价值与意义。个人的自我潜能发挥得越充分，个人为社会所创造的价值越大，他就越有可能为社会所承认，并获得相应回报，也就越有条件获取自身需要的满足。

2. 人的需要的不断丰富和持续发展不断丰富着幸福的内涵，并不断提升着幸福的层次

需要的不断丰富、发展与满足的过程，也就是幸福的内涵不断丰富、幸福的层次不断提升的过程。显然，当人的劳动时间主要用于获取生存所需满足物时，幸福的实现主要与获取生存所需满足物的活动相联系；随着生存威胁的解除，个人用于获取生存所需满足物的劳动时间将会越来越少，而用于获取生活所需与价值所需满足物的劳动时间将会越来越多，从而导致个人所获满足物变得越来越丰富。最终，将会形成包括物质需要和精神需要、生物存在需要与社会存在需要以及价值存在需要在内的多层次与多样化的综合性需要。

3. 人的需要的发展与人的全面发展互为前提，并相互促进

正是个人需要的发展与个人的全面发展的相互依存与相互促进才促进了个人幸福的发展。一方面，个人需要的发展意味着个人的物质与文化生活将变得越来越丰富，个人将因此而获得更多幸福的机会，从而促进个人的全面发展。另一方面，个人越是全面发展，他对于物质与精神满足物的需要就会变得越旺盛，同时，个人所创造的物质与精神财富也会变得越来越多。正是在获取需要满足的自我创造过程中，个人才源源不断地体验到了生活的幸福感。由于人的需要发展与

人的全面发展是一个逐步提高，并且永无止境的过程，这就决定了社会生产力的发展也必然是一个逐步提高，并且永无止境的过程。最终，个人幸福也必然是一个逐步提高，并且永无止境的过程。

（二）幸福的实现方式

人的生命活动主要集中在三个方面：学习、工作与生活。因此，个人追求自我幸福，也就是要努力实现快乐而有意义地学习、快乐而有意义地工作、快乐而有意义地生活。

1. 快乐而有意义地学习

人天性对外部世界充满着兴趣与好奇，个人了解并探索外部世界的过程，也就是个人不断学习的过程。个人只有通过学习才能适应环境，从而确保自我存在，并实现自我的社会化成长。

对于个人来讲，学习原本就是一件快乐而有意义之事。然而，从幼年时起，我们就被过多地灌输了诸如“先苦后甜”之类的观念。这实际上是在接受这样的暗示：学习原本就是一件令人痛苦的事，个人并不能从学习中获得快乐与意义感；并且个人只有先忍受学习的痛苦，才能换取未来的幸福。显然，要实现快乐而有意义的学习，个人首先必须克服这种错误的观念。

快乐而有意义地学习的能力实质上是一种情感能力，它从根本上决定着个人能否通过学习而获得幸福。许多人从小就从父母或老师那里接受了以成绩为唯一目标的观念，这种“学习”既背离了学习的本质，也违背了人的天性，因而，它不仅不能给人带来快乐与意义感，而且还会遏制个人情感能力的发展。

快乐而有意义的学习是一种沉浸式的学习。所谓沉浸式的学习，就是个人完全沉浸于学习体验之中。此时，个人的感觉与体验已合二为一，个人的行为与感知也已融为一体。个人在感受学习快乐的同时，还能体验到一种自我处于全神贯注而不受外界干扰的最佳状态时的美好。事实上，只有沉浸式的学习才是最具效率的学习，也只有沉浸式的学习体验才能将“学习之苦”转变为真正快乐而有意义的学习体验。

要实现自我沉浸式的学习，个人首先必须要有明确而具体的学习目标与切实而可行的学习计划。其次，个人的学习计划必须紧紧围绕自己的人生定位与职业定位，而非偏离自己的人生定位与职业定位。这样，个人的当下学习就已与未来目标合二为一，个人的未来目标已然成为个人感受当下快乐的内在依据或内在动因。再次，个人要将学习视为生活的一项基本内容、一种生活习惯、一个获取生活乐趣的基本方式。最后，学习任务的挑战性必须适度。学习任务的挑战性过大而学习能力不够，就会让人感到焦虑；学习能力高超而学习内容太过简单，就会

让人感到乏味；只有当学习任务的难度与学习的技能完全匹配时，沉浸式的学习体验才可能真正出现。然而，在中国式的教育体制下，孩子们的学习压力普遍太大，而学习的难度又大大超过了孩子的能力范围，以至于许多中国孩子一想到学习就感到痛苦、焦虑。这实际上是在摧残孩子，并且这种摧残将会危害孩子的一生，使得他们终生都可能感受不到学习的快乐与意义。另外，没有任何挑战的学习也不能给人带来快乐与意义感。真正的学习的快乐与意义感来自于个人对挑战性学习任务的完成。事实上，个人失去应对挑战的机会，也就失去了沉浸式体验的机会，同时也就失去了获取战胜困难的宝贵人生经验的机会。当今社会的许多“富二代”“官二代”“星二代”们，年纪轻轻就已拥有了本不该属于他们的一切，这实际上并不能给他们带来幸福，反而可能会让他们身陷危难。他们中患抑郁症的人越来越多，而一旦心理抑郁，他们又有条件进行发泄式的挥霍，如吸毒、嫖娼、飙车等。最终，将无可避免地导致严重的个人问题、家庭问题与社会问题。

2. 快乐而有意义地工作

工作的基本价值之一，就是能给人带来深度的幸福感。个人做自己喜欢且能发挥自我能力并可获得一定报酬的工作，能够极大地增进自我幸福。许多人之所以因为工作而不开心，只是因为他们在从事着自己并不喜欢的工作；或者太过看重工作收入，而忽视了工作所能带给自己的快乐与意义感。除收入提高、职位升迁与能力发挥等能给个人带来工作的快乐与意义感之外，个人对于工作的态度与定位、工作环境等也会影响个人从工作中所能体验到的快乐与意义感。

（1）研究表明，工作态度直接影响个人的工作体验。“想做”比“能做”更重要。“能做”仅仅意味着经验与技能，而“想做”意味着责任与使命感。许多理论“指导”个人去寻找一份“适合自己”的工作，而不是鼓励个人去寻找一份自己真正想要的工作；大部分职业介绍所与职业测评机构往往注重对个人能力的测试，而不强调个人的工作态度，这实际上是在误导人们的职业规划。自然，工作能力非常重要，但是，工作能力只有在确定了融合快乐与意义感的目标之后才能显示出其价值。如果个人对自己提出的第一个问题是“我可以做什么”，这就意味着他是在优先考虑某些实际问题（如工作报酬、外部期待、职位升迁等）；如果个人对自己提出的第一个问题是“我想做什么”，这就意味着他是在优先考虑什么能给自己带来快乐与意义感，亦即个人选择工作的初始出发点与最终归宿都是为了追求自我幸福。

（2）个人对工作的定位很大程度上决定着个人能否从工作中获得快乐与意义感，以及能够在多大程度上获得快乐与意义感。如果仅仅视工作为谋生的手段，个人就很难从工作中获得快乐与意义感；如果视工作为职业，个人就能从工作成绩与职位升迁中获得满足感；而对于视工作为事业的人来说，工作就是使命，工作就是目标。工资和升迁固然重要，但工作本身更重要。为了弄清楚自己能否真正从工作中获得快乐与意义感，个人应该经常问自己这样一些问题：我能从这一工作中获得快乐吗？我会为更快乐、更有意义的工作而辞职吗？到底什么原因使得自己不愿意放弃自己目前的工作？……

(3) 研究表明，外在环境能帮助个人从工作中获得更多的快乐与意义感。因此，一个优秀的管理者应该懂得怎样去创造一个良好的工作环境以不断提高员工的满意度与工作绩效，如，提供给员工一个难易适中的岗位；创造条件激发员工的个人才华与自我潜能；让员工获得更大的自我发挥空间；让员工在组织运作中扮演更加重要的角色，而不仅仅只是一个被动的执行者，甚至是一个无关的旁观者；让员工感受到自己的重要性，等等。实际上，组织的管理者创造条件让员工体验更多的快乐与意义感是提高员工工作效率的唯一途径。因为此时，员工的目标与组织目标已实现了高度耦合，甚至合二为一。当然，个人不能坐等好的工作从天而降，也不能坐等工作环境自动变好，而应主动从当下工作中寻找工作的快乐与意义感，如，为自己设定明确而富有挑战性的目标；主动承担更多的责任；主动参与自己喜爱的岗位；主动要求被调换到自己能从中找到快乐与意义感的岗位上去等。

(4) 如果个人无论怎样努力都无法从当下工作中寻找到快乐与意义感，那么，就应考虑更换工作。当然，离开自己长期从事的工作是一个十分艰难的决定。有时，由于现实条件的限制，更换工作可能变得非常困难。然而，大多数情况下，个人仍然可以找到自己理想的新工作——既能获得一定的收入，又能发挥自我能力，还能从工作中寻找到快乐与意义感。许多改变的困难其实都是自己想象出来的，一旦付诸行动，许多事情其实并没有自己想象的那么难。其实，个人唯一感到恐惧的，应该就是恐惧本身。

3. 快乐而有意义地生活

个人的所有生命活动，便构成了个人的现实生活。广义地讲，学习与工作也是生活的一部分。生活的真谛在于幸福。个人或许可以忍受没有快乐与意义感的生活，但这种生活一定不会给自己带来幸福。

快乐与意义感是幸福生活的两大基本要素。快乐有两个基本来源：基于外在感官满足的快乐与基于内在精神满足的快乐。基于外在感官满足的快乐是短暂的，感官刺激停止之后，快感马上就会消失。要想维持这种快感，就得继续保持原有刺激。另外，人的感官对外在刺激具有适应性，因而，单一的刺激方式很难维持原有的快乐强度。要想获得更多的快乐，就必须改变感官刺激的方式。显

然，如果个人循着感官刺激的路径走下去，将势必陷入纵欲的歧途而难以自拔，最终必将导致自我身心的极度疲惫。总之，感官刺激所带给个人的快感是不稳定的、短暂的和肤浅的。个人要想获得稳定的、持久的、深刻的快乐体验，必须通过内在精神的满足。而最深刻的精神满足源自个人对自我存在价值与生命意义的体验。

人的存在是有价值的，因而也是美好的。如果个人能深刻明白这一道理，必将有助于自己体验到生活的美好与幸福。许多人都不能感受到存在的美好，这或许正是个人难以体验到生活幸福的内在根本原因。当然，充分体验到存在的美好与生活的幸福是有条件的——必要的经济基础以维持自我的生物性存在，丰富的精神生活以维持自我的价值性存在，和谐的社会环境与助益性的人际关系以维持自我的社会性存在。

生活是丰富多彩的，个人感受生活的幸福，首先必须善于发现并充分感受到生活的美好。美使人身心愉悦，丑使人身心压抑，趋美避丑是人的天性。虽然不同社会文化背景下人们对于美的表达方式不同，虽然不同的人从不同角度以不同的审美标准来看待同一事物可能产生完全不同的审美效果，但人类趋美避丑的天性是完全相通的。人的审美与人的认知相互关联、相互影响。人心中的美好意动越多，人的认知能力就会越发达；认知能力的提高反过来又会进一步提升人的审美能力。当然，品味生活中的点点滴滴的美好需要维持一种相对宽松的生活状态，超负荷的工作或过重的生活压力将会严重妨碍个人对美好生活的感知。研究表明，时间上的充裕比物质上的富裕更能提升个人的幸福感。时间充裕意味着个人有更多时间去作对自己有意义的事、去感受当下生活的美好；时间紧张则意味着个人正被迫承受巨大的学习、工作或生活压力。然而，在现代社会，时间短缺已然成为一种普遍现象，这或许正是导致人们幸福感普遍降低的一个重要原因。为此，个人应努力简化自己的生活，同时要学会自我减压。

除了善于发现并充分体验当下生活的美好之外，个人感受生活幸福的另一基本途径就是要充分感受存在的价值——既包括感受一切外在存在物的价值，也包括感受自我存在的价值，同时还包括感受自我与外在环境融为一体的超越性价值。一切存在之物都具有其自身存在的价值，无论它们能否满足个人需要。如果个人能全面而深刻地感受到这种存在性价值，那么，他便能更深切地体验到生活的美好。事实上，当个人能深切感受到存在的价值时，即使生活暂时还很艰苦，个人也能感受到当下生活的美好与幸福。

快乐而有意义地生活的关键在于要“活在当下”。活在当下意味着个人尽情领略现实生活的美好、充分发掘当下生活的乐趣、全面感受事物存在的价值、深入领会个人生命的意义。人生是由当下的时间之流所构成的，因此，不能把握当下也就意味着不能把握过去和未来；放弃当下也就意味着放弃整个人生。个人只有将注意力集中于当下，并且努力从当下生活中寻找到生活的快乐与存在的意义，方能真切地感受到生活的幸福，方能成就一个幸福的人生。努力活在当下以寻求快乐而有意义的生活有三个基本途径：做自己喜欢并对自己有意义的事、过自己喜欢并对自己有意义的生活、跟自己喜欢的人保持亲密的关系。

（1）追求幸福人生的最佳切入点，就是做自己真正想做的事。由于自己喜欢做的事情完全合乎自我意愿与自我需要，因而，它能给人带来现实的快乐与意义感。事实上，越是自己想做的事，就越能充分发挥个人的自我潜能或天赋，个人就越可能从中体验到生活的美好与幸福。而这反过来又会让个人对自己所做之事更加热情、投入。生命是短暂的。为了能够充分体验到当下生活的美好与幸福，个人应该首先确定哪些事情是自己真正想做的，并对它们进行排序，然后依次将其付诸实施。为此，个人应经常问自己这样一些问题：自己所做之事真的对自己有意义吗？它们真的能给自己带来快乐吗？要想真正弄清楚这些问题，个人必须努力保持自我真实，并认真倾听自我内在的声音。对于那些自己不愿做而又无法完全避免之事，也应尽量减少其数量，或者用自己想做之事替代它们。个人虽然难以完全避免受到内、外因素的干扰，但个人完全可以做到尽可能少地将时间花在自己不喜欢与无意义的事情上，尽可能多地将时间花在自己喜欢并对自己有意义的事情上，这样做，即能有效提升个人的幸福度。当然，个人在各种事情上到底应该花多少时间，要根据自己的实际情况具体确定。

（2）生活幸福意味着自己当下的生活正是自己真正想要的生活。只有自己真正想要的生活才能充分激发个人的自我创造力与自我潜能。如果个人的当下生活并不是自己真正想要的生活，那么，个人的自我创造力与自我潜能就会受到抑制，个人的自我成长就会受到束缚，个人的生命活力就难以得到释放，个人也就难以从当下生活中体验到生活的美好与幸福。

（3）跟自己喜欢的人保持亲密关系，或者跟自己喜欢的人生活在一起，能够极大地增进个人幸福。经常与自己要好的朋友、亲人等共度美好时光，分享彼此的经历、想法和感受等，能有效解除自我内心的寂寞，并及时安抚自我内心的痛苦；能让人充分感受到当下生活的美好，并真切地体验到存在的快乐。

每个人都有一条生活的幸福基准线，个人的幸福感总是围绕着这条基准线上下波动。一般情况下，个人的幸福基准线保持相对稳定，并且不会随意外事故的发生而出现根本性的突然改变。另外，个人又都拥有获取更多幸福的巨大潜力。为了能让自己变得更幸福，亦即为了能向上移动自己的幸福基准线，个人必须首

先改变自己。自我改变需从大处着眼，从小处着手。从大处着眼意味着个人要对自己的生活做出全新的规划，然后分步实施；从小处着眼意味着自我改变需从细微处入手，并持之以恒。显然，改变不会在一夜之间发生，个人只有坚持日积月累的自我完善，方能达到移动幸福基准线的目的。为此，个人在实施自我改变计划之前，必须首先找好切入点。好的切入点要求难度适中，并且具有可操作性。自我改变本质上并非要对自己的生活完全推倒重来，而是要在自己的现有生活中增加一些自己喜欢、有意义并能有效发挥自我能力之事，或者从现有生活中挖掘出新的快乐与意义来。通过赋予当下生活以更多的意义，通过从当下生活中发现更多的快乐，个人完全可以提升自己的幸福水平——向上移动自己的幸福基准线。

自我改变的基本前提是要自我接纳，包括接纳自己的痛苦与失败。如果个人能够以积极的心态来面对自己的痛苦与苦难，那么，痛苦就能成为自己宝贵的人生经验，苦难也能成为自己的良师益友。事实上，自我成长常常发生在自己觉得痛苦之时。人生不如意之事十之八九，即便是非常幸福的人，也不可能完全没有痛苦。生活存在许多缺陷，充分地接纳这些缺陷，是获取幸福人生的基本前提。完美主义的想法只会降低自我幸福感，极端的完美主义更是一种人格障碍。

幸福感并不完全取决于个人得到了什么或身处何境，而主要取决于个人用什么样的心态来看待自己的生活。事实上，个人看待或描述自己生活的方式本身即能影响自己在其中的体验。一般情况下，个人关注什么，个人往往就会体验到什么。如果个人选择有意识地去发现自己生活中的积极部分，个人的幸福感就能得到提升。有时，痛苦更多地来自于个人对痛苦本身的关注，而非绝对地来自于痛苦本身。

个人关注什么，就会有什么样的体验，这是由人的意识与潜意识性质所决定的。人的潜意识影响人的意识；而人的意识又主导着人的潜意识。一般情况下，当意识向潜意识发出指令时，潜意识会毫不保留地接受，而不管这种指令是真实的还是虚幻的。潜意识一旦接受意识的指令，就会调动所有自我潜能来完成这项指令。因此，如果个人更多地关注事物的积极方面，潜意识就会引导自我更多地感受事物积极的一面；如果个人更多地关注事物的消极方面，潜意识就会引导自我更多地感受事物消极的一面。于是，关注失败的人总是会接收到与失败相关的信息，并且总是会抱怨生活的不幸；关注成功的人总是会接收到与成功相关的信息，并且总是能够从逆境中看到希望。如果个人总是沉浸在失败的阴影之中，这就无异于给自己套上了一副无形的精神枷锁，个人的自我情绪将会因此而变得越来越抑郁，个人的自我认知将会因此而变得越来越消极，个人的自我意志将会因此而变得越来越消沉。而那些能在逆境中百折不挠的人，哪怕经历了常人难以忍受的苦难，却依然能够从艰难困苦中看到未来与希望。由于他们信念坚定，并且坚持不懈地努力，最后，他们真的如愿以偿地取得了自己想要的成功。

除了更多地关注生活中的积极的一面之外，个人还可以通过积极的自我暗示来提升自己的幸福感。积极的自我暗示实质上是意识对潜意识所发出的一类积极指令。如果个人经常对自己保持积极的自我暗示，渐渐地，这种暗示（意识对潜意识的指令）就会渗入到自己的潜意识之中去。久而久之，自我潜能就会被慢慢激发出来，最终，个人也就真的会朝着那个方向去发展。

总之，幸福是值得争取的，幸福是需要争取的，幸福是完全可以争取的。事实上，任何一个正常人，只要自己愿意努力，就都可以凭借自我力量去创造一个完全属于自己的幸福人生。

七、自我幸福与个人成功

成功与幸福相辅相成。一方面，成功能够增进个人幸福；另一方面，幸福感的获得又有助于个人成功。实证研究表明，幸福者在生活的各个方面（包括健康、婚姻、事业、人际关系等）往往更容易取得成功。

（一）目标确定与自我幸福

从幸福的角度考察个人成功，则成功人生的基本目标包括生存状态下的求我生存、生活状态下的求我快乐、价值状态下的生命意义。如果个人能够在这三个方面都获得成功，那么，他就能够成就一个成功的人生。

有梦想的人是幸福的。个人设定自己的人生目标，实际上就是在掌控自己幸福人生的方向。事实上，仅仅通过确定目标并深信自己完全有能力实现自己的目标本身，就足以让人从中体验到某种幸福感。人生就像一场旅行，没有目标的人生就像一场没有目的地的旅行，个人势必将因此而陷入一种漫无目的的游荡状态之中。如果个人不知道自己的人生方向，甚至连自己去哪里都不知道，那么，人生的每一个岔路都会让自己感到迷茫，并且极易受到外在因素的干扰与诱惑。而一旦确立起了自己的人生目标，那么，个人就不会再感到迷茫，并能抵御外在的干扰与诱惑。明确的人生目标给人指明了前进的方向，并赋予生活以明确的意义。有了明确的人生目标，个人的现实生活将不再是一个个支离破碎的片段，而是一个能够实现相互耦合的有机整体。明确的人生目标，就像协调各个音符的交响乐的主题。单一的音符也许没有什么特别的意义，然而，一旦它们组合成为一部交响乐，就会显示出其动人的美妙来。

确立自己的目标必须完全由自我主导，因为只有自我主导下所确立的目标才

真正反映了个人的自我意愿与自我需要，个人也才能从目标实现中体验到成功的幸福。为此，个人必须不断强化自己的自我责任意识，并在此基础上自我主导自己的生活与人生。也只有当个人真正做到自我负责并自我主导时，他才能在面对外来压力时仍能坚持走自己的路。否则，就会处处受制于人而无法充分地发展自我并有效地发挥自我，最终，个人也就只能收获一个失败的人生。

为了更好地自我负责并自我主导，个人必须努力保持自我真实，并坦然接纳自我。只有当个人完全听从自我内心的召唤去选择自己真正想要的生活时，他才能体验到生活的美好与存在的价值。其次，要从自我探求入手弄清自己的真正需要，并以此为据去确立自己的目标。个人能否从学习、工作或生活中体验到幸福，关键不在于学习、工作、生活的具体内容到底是什么，而在于个人的学习、工作或生活目标是否真正契合于自我兴趣、自我价值观与自我需要。总之，搞清楚自己真正想要什么，什么才能给自己带来快乐与意义感至关重要。而要做到这一点，个人必先保持自我真实。

（二）目标坚持与自我幸福

为一个有意义的目标而奋斗最能源源不断地给人带来幸福感。如果将成功比喻为爬上一座山峰的话，那么，幸福绝不仅仅只存在于做出爬山决定与爬上山顶的那一刻，而更多地存在于充满挑战性的整个攀爬过程之中。

目标坚持的过程，也就是个人充分发挥自我潜能的过程。正是自我潜能的充分发挥最能给人带来幸福感，个人最感充实与愉悦的时刻往往就在个人为追求某一目标而将自我能力发挥得淋漓尽致之时。事实上，无论从事什么工作，只要个人感到能将自我潜能充分发挥出来，他就能够从中深切地体验到快乐与意义感。而如果个人不能将自己的人生理想落实于自己的具体行动之中，他就难以充分地发展并有效地发挥自我潜能，自然，他也就难以从生活中体验到幸福。

个人在目标坚持的过程中将无可避免地要遭遇各种困难、挫折，甚至失败。幸福并不意味着自己的生活中没有困难、挫折与失败，幸福的人一样需要面对困难，需要克服各种障碍。个人正是在克服困难、挫折与失败的过程中才体验到了生活的快乐与意义感。相反，如果个人能轻易地获得自己想要的所有东西，能毫不费力地满足自己的所有欲望，那么，个人幸福必将因此而大打折扣。有时，人的空虚仅仅由于自己的需要太容易得到满足。其次，经历困难、挫折与失败能让人认识到幸福的来之不易，从而让人更加珍惜自己所拥有的一切，并对生活心存感激与感恩之情。正是这种惜福之心与感激、感恩之情能极大地增进个人幸福。最后，正是在目标坚持过程中成功克服各种挑战才确证了个人的自我价值，从而让人深切地体验到幸福。事实上，一个没有经历过任何挑战的生命是脆弱的。人生最大的悲哀与不幸就在于事事顺心而无须努力，可一旦希望破灭，却再也生不起奋斗之心，并且再也无法凭自己的力量站立起来。

（三）目标实现与自我幸福

从根本上讲，个人不幸福源于自我才华无法得到施展、自我需要无法得到满足、自我价值无法得到确证。目标实现意味着个人能力不仅得到了充分发挥，而且还得到了充分发展；自我需要不仅得到了有效满足，而且还具备了继续满足的更好条件；自我价值不仅得到了充分体现与有效确证，而且还具备了进一步彰显的更好的基础。由此可见，目标的实现能够从根本上提升个人的自我幸福感。

目标实现所带来的幸福感不仅存在于最终目标实现之时，而且也存在于各类局部性目标或阶段性目标的实现之时。某一目标的实现对于维持并强化个人争取进一步成功的内在动机意义重大。对美好未来的预见与憧憬只能短期内维持个人的行为动机。显然，无论目标多么伟大、前景多么诱人，都难以给人提供长久的行为动力。只有局部性目标或阶段性目标的不断实现才能持续地给人以激励，从而确保个人对目标的长期坚持，并促使个人在目标坚持的过程中持续地完善自我。

系统成功理论指出，幸福是一种境界，而非一个终点；幸福人生是一个过程，而非一种静止状态。某一具体目标的实现并不意味着个人成功的一次性完成，而仅仅意味着下一次成功的开始。成功人生是由许多局部性成功或阶段性成功所共同促成的，正是这些局部性目标或阶段性目标的不断实现能够给人带来持续的幸福体验。人生没有最幸福，只有更幸福。事实上，任何人都不可能达到完美无缺的理想幸福状态，任何人都可以永远趋向更幸福。因此，与其浪费精力去思考自己是否幸福、到底有多幸福，或者为自己没能达到理想的幸福境界而懊恼、沮丧，还不如去探求自己到底怎样才能变得更幸福。

第三节　自我实现

自我实现是研究个人成功的第三个基本视角。任何正常人都渴望自我实现。自我实现既是人性的内在基本诉求，也是自我成长的终极性目的。

自我实现是具体的而不是抽象的，是现实的而不是虚幻的。它具体体现于个人自我成长的过程之中，并由个人的现实生活目标来具体承载。事实上，每一次具体目标的实现都承载着个人的一次现实的自我实现。成功的人生必定同时也是一个自我实现的人生，个人追求成功人生的过程必定同时也是一个追求自我实现

的过程。正是从这个意义上讲，我们说，从个人成功来考察自我实现，或者从自我实现来考虑个人成功，两者之间具有内在的同一性。也正因为如此，自我实现成为了研究个人成功的一个基本视角。

一、自我实现的基本内涵

自我实现有狭义与广义之分。狭义的自我实现意指人的一项基本需求，广义的自我实现意指个人致力于追求系统的个人成功。

（一）狭义的自我实现

狭义的自我实现是从人的基本需求的角度来看待自我实现。同食、衣、住、性、安全、情感、尊严、偏好基本需求一样，自我实现也是人与生俱有的一项基本需求。

狭义的自我实现包括以下基本内涵：首先，自我实现是个人希望不断发展自我并完善自我的一种内在基本动机。其次，自我实现是个人希望不断发挥自我潜能的一种内在基本诉求。这种内在诉求是人性的一部分，它源自人的自我成长内在基本趋向。最后，自我实现预示着正常人都有一种追求自我存在价值或生命意义的内在终极性需求。除了通过充分发展自我、完善自我、发挥自我以形成独特自我之外，正常人还具有一种建立自我价值体系并寻找生命意义或存在价值的内在基本需要。实际上，追求生命意义或存在价值与成为独特的自我是完全内在一致的。

（二）广义的自我实现

广义的自我实现是从系统成功的角度来看待自我实现。自我实现是个人在自由、自主的创造性活动中，通过充分发挥自我潜能，通过全面发展自我、有效实现自我、不断超越自我以实现对理想自我的无限逼近，而最终得以实现的。实际上，无论一个正常人的人生状况如何，他总是会趋向于将自我全面而充分地展现出来，总是会在现实生活中积极地寻求发展自我、实现自我，并且不断超越自我；个人追求自我实现的过程，实际上也就是一个全面发展自我、有效实现自我并且不断超越自我的过程。自我的全面发展意味着个人的自我潜能与自我创造力能够得到充分发展与有效发挥、个人的生命意义或存在价值能够得到充分体现与现实确证。正是个人在充分发展并有效发挥自我潜能与自我创造力的过程中，个人的生命意义或存在价值得到了充分体现与现实确证，亦即个人充分地实现了自我，并且实现了对现实自我的不断超越。这一自我实现的过程，同时还是一个能动地创造美好生活并且充分地享受美好生活的过程，一个获取幸福人生的过程。由此可见，追求成功人生、自我实现、获取个人幸福，三者之间密切相关，并且内在统一。

广义的自我实现可从多个方面进行考察。如，从自我存在的角度考察自我实现，则自我实现包含以下三个基本层次：生存层次的自我实现、生活层次的自我实现、价值层次的自我实现；从系统成功的角度考察自我实现，则自我实现包含以下四项基本内容：健康自我形成的自我实现、幸福婚恋获取的自我实现、事业成功的自我实现、亲子教育成功的自我实现。

二、自我实现的层次

系统成功理论认为，自我实现并非一种终极的静止状态，而是一个不断发展的运动过程。随着自我的进一步成长，个人将会不断迈向更高层次的自我实现；个人有关成功的观念也会发生相应的改变。具体来说，正常人的自我实现将会历经以下三重境界：

（一）发展自我

自我实现首先意味着能够充分发展自我。发展自我是指充分发展并有效发挥自我潜能。系统成功的基本目标是要成长为一个独特化的“人”，而自我潜能是独特化的“人”的内在依据。因而，个人追求系统成功，首先要致力于充分地发展自我。

希望自我潜能能够得到不断发掘、展现或表达是人的一种内在基本诉求；同时，也是人性的一个有机组成部分。人的潜能十分巨大，自我实现就是要在顺应自我天性的基础上，不断发展并有效发挥自我潜能，最终实现自我内在的和谐、完整与自由，亦即最终形成一个独特的自我。事实上，正常人都希望能更好地发掘自身潜能、充分地利用自我天赋来实现自我理想，都希望自己的一生能够得到更大的发展，并取得更大的成功。虽然正常人都具有充分实现自我的潜力，但只有极少数人能充分发展并有效发挥自我潜能。究其原因，除了受到环境的严厉制约之外，没有充分意识到自身所蕴涵着的巨大潜能也是其中最重要原因。因此，个人追求自我实现，首先要求个人能够充分意识到自身所蕴藏着的巨大潜能，并在此基础上寻求适合自己的最有效方式来充分地发展自我。

要实现自我的全面发展，个人必须遵循自我本性，而非违背自我本性。“人的需要亦即人的本性”，人的自我全面发展隐含着人的需要能够得到有效满足这一基本前提。

自我潜能的充分发展与有效发挥最有益于健康自我的形成，而健康自我的形成反过来又会从根本上激发人的自我创造力，进而促进自我潜能的更充分发展与更有效发挥。这样，就在健康自我形成与自我发展之间形成了良性循环。事实

上，正是由于自我潜能的充分发展与自我创造力的充分表达为个人成功创造了有利条件，从而使得个人能够从自我成功中体验到一种存在的价值感和生命的意义感。也只有当自我潜能得到充分发展与有效发挥时，个人才能充分彰显自我存在的价值，并且最终取得个人成功。

（二）实现自我

实现自我是自我实现的第二个层次。所谓实现自我，就是指个人在发展自我的基础上，借助于某种方式充分地展现自我的存在价值。个人获取成功的人生，就是要在全面完善自我的基础上充分地实现自我。

个人确立自我价值体系是个人实现自我的基本前提。当自我成长到一定阶段时，个人最迫切的需要就是确立起一个自我价值体系。自我价值体系的确立同需要满足、存在状态改善、自我成长等密切相关，它是人的需要、存在状态与自我成长等多种因素综合作用的结果。自我价值体系是人的内在精神支柱，有了它，人的生命就不会再迷失方向，人的生活就不会再百无聊赖，人的精神就不会再无所依归。事实上，个人最大的痛苦莫过于自我精神支柱的缺失或崩溃。自我价值体系的确立将赋予个人以强烈的生活责任感和人生使命感，它能将个人的所有日常生活按照某种确定的内在逻辑有机地统一起来。

确立自我价值体系的过程是一个以个人偏好为导向的自我主观价值建构的过程：个人的特有潜质产生特有偏好，进而形成独特的自我价值观。显然，只有当自我价值体系的建构完全秉承于自我偏好而非受制于内、外强制力时，它才会真正契合于自我本性。也唯有如此，个人才会忠诚于自我价值观，并且才可能在自我成长过程中持续地体验到存在的价值与生命的意义，从而不断促进自我健康成长。在自我的实现过程中，或者说，在健康自我的形成过程中，个人还将充分地体验到当下生活的美好。亦即个人实现自我的过程不仅是一个不断确证自我存在价值的过程，同时还是一个享受美好生活的过程。

人类的价值创造活动是多种多样的。正是在价值创造的过程中，人类展现出了不同于动物的本质特征，并且确证了自身的本质力量与存在价值。个人通过不断展现自我本质力量能够不断彰显自我存在的价值，个人幸福感往往就来源于个人彰显自我存在价值的主观体验之中。

总之，实现自我以发展自我为基础，而自我的实现反过来又能进一步促进自我的发展。当个人确立起自我价值体系并专注于自我价值的实现时，他最能充分发展并有效发挥自我潜能，从而使得自我达到一种最少障碍、最有组织的最高效率状态，同时表现出极强的环境适应力，最终能够更加充分地实现自我。

(三) 超越自我

自我实现的最高境界，就是要实现对自我存在的不断超越。最高层次的自我实现意味着个人对自己的人生有了一种超越性的感悟与体认，并将这种超越性的感悟与体认转化成为了个人的一种自觉的生活实践与人生追求。所谓个人对自己的人生有了一种超越性的感悟与体认，是指个人已经获得了一种终极性的人生情怀——对生命的意义、存在的价值、人在宇宙中的地位等事关存在的一些根本性问题的追问获得了圆满的解答，并获得了一种终极性的感悟、体认、崇尚与慰藉。

人的最伟大之处就在于人能够不断地超越自己。个人实现对自我存在的超越，也就是要求个人能够跳出自我本身，并且超越自我本身——能够从整个世界乃至宇宙的视野来看待自我存在与人生命运，能够充分认识、尊重与欣赏他人乃至宇宙万物的存在性价值，能够将自我与整个世界乃至宇宙万物融为一体。也只有当个人能够真正超越狭隘的自我时，他才能真正地实现自我内在的和谐。而一个处处以自我为中心的人，其自我情怀势必因此而变得越来越狭隘、自私，其个人生活也必将因此而变得越来越单调、乏味。如果个人没有机会实现并超越自我，他就会越来越趋向于形成一个小我。小我实质上是各种形态的他人的内化，而非一个基于自我充分发展与充分实现基础上的独特的自我。

总之，为了充分发展并有效发挥自我潜能，个人必须首先忠实于自我本性，并且致力于形成一个独特的自我。为此，个人必须倾听自我内在的声音，并且勇于展现真实的自我。个人要努力弄清楚自己到底是什么样的人、自己到底喜欢什么与不喜欢什么、自己到底希望探索什么、自己到底希望成为什么等。在此基础上，选择自己真正偏好并且真正适合于自己的自我实现方式。只有这样，个人才算是遵从了自我本性，才能够从根本上确保自我的健康成长。对于任何一个正常人来讲，形成一个健康的自我是第一位的。因为只有形成了一个健康的自我，个人才会在生活的各个方面表现出创造力。也只有在形成了一个健康的自我，个人才不会绝对地以自我为中心，并且固执于自我；相反，他会不断地发展自我、不断地完善自我、不断地实现自我，并且不断地超越自我。

三、自我实现的内在机理

人的自我实现具有其内在的规律性（如图 6 - 2 所示）。首先，自我实现以自我责任意识的有效觉醒与充分表达为基本前提；其次，自我实现以持续的自我完善为基本方式。个人只有在自我责任意识的驱使下持续地完善自我，才可能最终达到自我成长的终极目标——自我实现。个人以自我实现为最终目的、以自我完

善为基本途径、以自我潜能的充分发展与有效发挥为主要方式的自我成长的过程，也就是个人本质力量得以不断确证的过程。

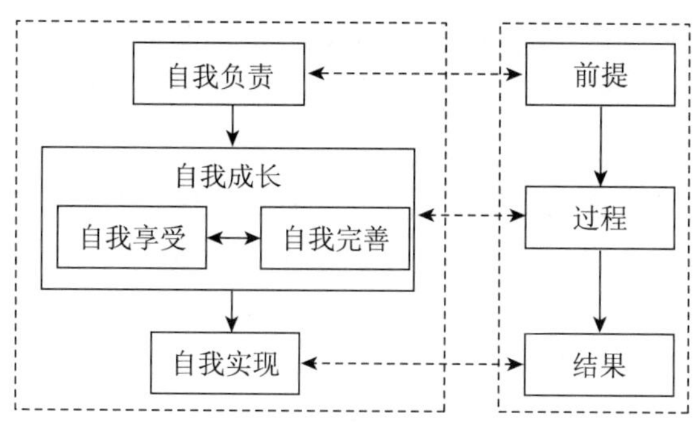

图 6－2 自我实现的内在机理

（一）自我实现的基本前提

责任意识的觉醒是自我实现的基本前提。只有当个人的责任意识充分觉醒之后，他才会去认真思考自己到底想要什么、自己到底想要成为什么、自己到底怎样去获取一个自己想要的成功人生等，并以此为据确立自己的目标，然后持续地去坚持自己的目标。只有自我负责者才敢于与命运抗争，而不是屈从于命运的安排；才会积极主动地去追求自己真正想要的生活，而不是被动地接受外界所强加给自己的生活。自我负责者主要依靠自我的内在法则而生活，而不是主要依靠外部认同而生活。他们按照自我确定的道路成长，并在走向成功的过程中坚定地自我导向、自我控制与自我完善。

自我实现是人的内在诉求，而并非为外界所强加，因而，自我实现必然是个人的一种主动的追求，而非被动的胁从。当个人度过自我成长外部主导期与过渡期而进入自我主导期之后，生活的主导权就完全掌握在自己手里了。此时，个人应该能够而且必须对自己的人生负责。

人天性爱好自由。然而，自由与责任是同一问题的两个方面。自由是人的基本权利，也是人的内在基本诉求，自我实现就建立在个人拥有充分自由的基础之上。然而，个人在享受自由权利的同时，也必须为自我选择所产生的一切后果承担自己相应的责任。个人自由选择自己的自我实现方式，并为自己的自由选择承担相应的责任，是人之所以为人的基本要义，也是自我实现的基本前提。

（二）自我实现的根本途径

自我完善是自我实现的根本途径。自我完善是指个人在不违背自我天性并遵循自我成长内在基本规律的前提下发挥自我内在的完善机制以形成健康自我的过程。尽管自我成长离不开环境支持，但自我成长的根本动力来源于自我内部。自我完善机制实质上是人的一种自我调控机制，同时，它又是自我成长的一种内在动力机制。自我成长的内在动力源于生命本身的健康成长与自我实现趋向，正是这一自我成长内在基本趋向引导着自我始终朝着自己最具潜力的方向发展，最终促成了一个独特化自我的形成。

事实上，人类具有远比现代心理学所估计的更强的自我调控能力。在自我成长过程中，个人或许会犯一些过错，但只要个人的基本需求能得到有效满足，只要个人能树立起自我责任意识，自我便会主动调适以维持其健康成长。这一内在的自我调适机制就是人的自我完善机制。人的成长潜力十分巨大，人的自我极具可塑性。人的成长潜力的充分发挥取决于个人能否有效地完善自我。因此，如果我们想要深入认识自我及自我成长内在基本规律，就必须深入探究并深刻理解自我的可塑性本质以及自我完善的内在机制。

自我完善的基本方式是通过有意义的内在学习，即个人在学习中发现自我、调整自我，并完善自我。有意义的内在学习是一种基于自我内在兴趣的学习。通过学习，个人在客观认识自我的基础上有效地整合自我，并持续地完善自我，同时构筑起一种自我与环境之间的建设性关系。有意义的内在学习的过程是一个终生自我提高的过程：不仅提高自我认知，而且提升内在心灵与自我心智。由于有意义的内在学习的实质是突破自我防御的重重包围而深入自我深处以探求真实的自我，因此，自我完善必先回归真实的自我。

自我完善总是会伴随着自我的积极变化：对成长的恐惧日益减少，对自我的信赖日益提高；自我接纳的同时接纳他人；意识不再像一个看守那样监视着自我内部的所有冲动，而是与情感冲动和谐相处；允许自己自我管理自己的情感冲动而不是刻意压抑和控制它们；鼓励那些以前被拒绝觉知的感受得到真实的体验，并将它们吸收进自我观念之中；外在评价取向逐渐降低，自我评价取向逐渐提高；自我防御逐渐减少，真实自我逐渐增多；攻击性行为逐渐减少，亲社会性行为逐渐增多；幼稚的行为逐渐减少，成熟的行为逐渐增多；现实自我与理想自我之间的差异逐渐减少，并最终趋于一致……所有这些变化都将不同程度地显现于个人的日常生活之中。由此可见，自我完善是一个愉快的自我促动或自我享受的过程。趋乐是人的天性，只有不违人的自我天性，自我才能健康地成长，个人才可能最终达到自我成长的终极目标：自我实现。

四、个人成功与自我实现

个人成功与自我实现之间存在着内在的、本质的、必然的联系。系统的个人

成功包括目标确定、目标坚持与目标实现三个基本要素，而自我实现体现为个人在自我责任意识的驱使下，通过持续地完善自我，最终达到自我成长的终极目标——自我实现。这样，个人成功基本要素与自我实现基本步骤之间就建立起了一一对应的关系（如图 6－3 所示）。

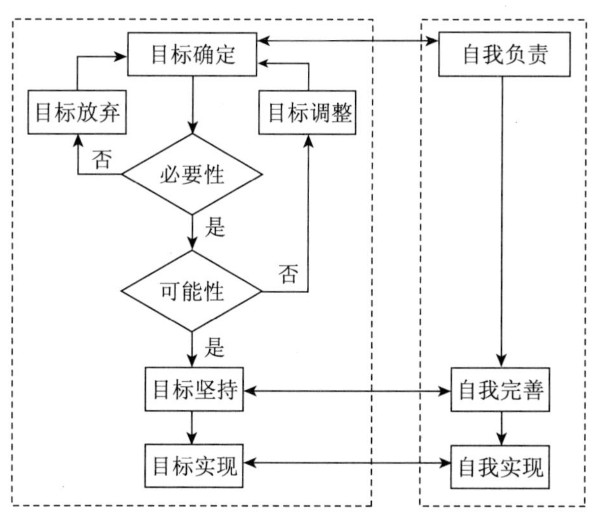

图 6－3　个人成功与自我实现

（一）自我负责与目标确定

个人成功以自我责任意识的有效觉醒与充分表达为基本前提。只有当个人真正能够自我负责时，他才可能真正地自我导向，也才可能达到自我成长的终极目标——自我实现。其实，在这个世界上，除了自己，没有任何人会对自己负责，也没有任何人能替自己负责。如果个人不想成功，没有任何人会逼迫自己成功；如果个人不想自我实现，也没有任何人能逼迫自己自我实现。事实上，唯有自己才能把自己带到成功人生与自我实现的彼岸。个人获取成功人生与自我实现的基本前提，就是个人要真正承担起自己生命的责任。

为此，个人必须首先确立起自己的人生目标。个人从自我偏好、自我价值观以及现实需要出发确立自己的人生目标，就是个人对自己的人生负责的根本体现。其次，个人需要围绕自己的人生目标制订出切实可行的人生计划。最后，个人必须坚定不移地实施自己的人生计划。只有当个人真正确立起自己的人生目标，并且制订出相应的人生计划之后，个人的人生努力才有了明确的指向，个人的自我完善才有了内在的依据，个人的生命活力才有了释放的空间，个人的自我潜能才有了充分发展与有效发挥的舞台。也只有这样，个人坚持目标与自我完善之间才可能建立起相互之间的内在有机联系，并实现相互之间的内在耦合。

从自我实现的角度来考察个人成功，则系统成功的基本目标包括确保自我生存、体验生活幸福、彰显自我价值三个方面。这三个方面是人生不同阶段或自我存在不同状态的基本目标，它们分别代表了系统成功的三重境界。如果个人能够在这三个方面都取得成功，那么，他就能够获得一个成功的人生。

（二）自我完善与目标坚持

个人成功的一个主要方面，就是强调关注自我的积极改变，并对自我进行有效管理。个人确立自我目标之后，接下来要做的，便是对目标的坚持。目标坚持是为了实现目标，为此，个人必须在目标坚持的过程中持续地完善自我。个人坚持目标的过程，实质上也就是不断完善自我的过程。自我完善十分困难，因为它意味着个人必须不断地挑战自我，并且不断地超越自我。然而，为了能够获得一个成功的人生，个人除了坚持持续地完善自我之外，也别无他法。

自我完善不仅是个人实现自我的根本途径，同时也是人类之所以能够不断进化的内在根本原因。人类正是通过自我完善以调节自我，从而不断地适应环境，最终才求得了人类自身的生存与进化。显然，任何不能自我调节的物种都难以最终生存下来。

自我完善是为了发展自我，并且最终实现自我。自我完善不是抽象的，而是具体的，它具体体现于个人为实现自己的人生目标所进行的每一个自我改变步骤之中。自我实现的主要标志是个人最终实现了自己的人生目标；而要最终实现自己的人生目标，个人必须紧紧围绕着自己的人生目标持续地完善自我。这样，自我完善目标与人生目标之间就建立起了内在关联，并实现了相互耦合。自我完善目标与人生目标相互耦合意味着个人的自我完善目标同个人偏好、自我价值观、自我需要之间实现了内在有机的统一。而一旦个人的自我完善目标同个人偏好、自我价值观、自我需要相契合，则个人的自我改变就会变得更加容易。

（三）自我实现与目标实现

成功包括目标确定、目标坚持与目标实现三个基本要素，或者说，个人成功需经历目标确定、目标坚持与目标实现三个阶段。在成功的三个基本要素中，个人更为看重的往往是最后一个要素——目标实现。因为只有当个人真正实现了自己的预定目标之后，他才算是真正获得了圆满的成功。目标实现是个人成功的根本标志。

个人成功或自我实现是过程与结果的内在有机的统一。目标实现意味着个人借由成功的过程获得了成功的结果。显然，只有现实的成功——目标实现才能真

正确证个人的自我能力，并彰显个人的存在价值。目标实现意味着个人的长期坚持与持续努力终于有了一个理想的结果或回报，因而，个人能够从目标的实现中获得一种自我实现感。也只有当个人真正实现了自己的预定目标之后，他才可能真正体验到一种基于成功的自我实现感。实际上，个人每实现一个目标，都是一次成功的自我实现。正是从这个意义上讲，我们说，目标实现与自我实现之间具有内在的同一性。

另外，系统成功（广义的成功）是由相互耦合的一系列成功（狭义的成功）所共同促成的。因此，每一次目标的实现不仅从结果上确证了个人的一次成功，而且还将为个人实现下一个目标提供良好的前提，并为个人对下一个目标的坚持提供直接的激励或强化。由于系统成功是由若干阶段性成功或局部性成功所共同促成的，而每一次阶段性成功或局部性成功都能让人从中体验到一种自我实现感，因而，个人努力获取系统成功的过程，同时也就是个人持续地自我实现的过程。

第七章　系统成功的环境观

个人成功取决于以下两类因素：自我因素与环境因素。只有将这两类因素视为一个有机的整体，并对它们进行系统思考，方能获得对于个人成功的准确理解与全面把握。

第一节　环境概述

人是环境（包括自然环境与社会环境）的产物，人的行为与活动自然要受到环境的影响与制约。人与环境的关系，就如同鱼与水的关系。因此，我们应对环境心存敬畏，应充分意识到环境的价值，并且充分尊重环境的价值。

一、环境的内涵

所谓环境，是指对个人需要满足、自我存在、自我成长、自我幸福、自我实现等产生直接或间接影响的所有外在因素的总和，其中既包括自然环境，也包括社会环境。

人类所面临的自然环境既是一个物理世界，又是一个生物世界。人类是自然环境长期演化的产物，人类的存在与发展自然离不开自然环境，或者从更高层次上讲，人类本身就是自然环境的一部分。人在自然环境中的存在是一种生物性存在。生物性存在遵循优胜劣汰的自然竞争法则，而人类是自然竞争的优胜者，并长期占据着生物世界的主导地位。然而，尽管如此，人类的存在与发展仍然必须依赖于自然环境，并且永远无法超越自然环境。

社会环境是除自然环境之外的另一类环境。社会环境的实质是社会个体之间所结成的各种社会关系。在社会环境中，人的存在是一种社会性存在。社会性存在是一种基于社会关系的存在。每个人都在社会关系中获得特定的社会身份，并以自己特定的社会身份参与各种社会事务、从事各项社会活动。事实上，在社会环境中，确定一个人身份的主要依据并非其体貌特征——体貌特征只是个人生物

性存在的外在标示，而是其社会身份——只有社会身份才能表征一个人的社会性存在。

人的存在是生物性存在与社会性存在的内在有机的统一。无论生物性存在还是社会性存在，人的存在都高于其他动物。人的存在之所以比其他动物的存在更为高级，主要因为人有高度发达的思维能力，并且结成了各种复杂的社会关系。因为人有高度发达的思维能力，所以人能主动感知并有效把握事物的本质及其规律，还能利用对规律的认识能动地改造环境，这是任何其他生物都无法做到的。这就决定了人的生物性存在必然要高于其他动物的生物性存在；人在社会性存在过程中结成各种社会关系，并按照复杂的机制来建立家庭、国家等社会组织，这同样是其他动物所无法做到的。这就决定了人的社会性存在必然要高于其他动物的"社会性存在"。

二、环境的价值

（一）系统的价值观

要正确理解环境的价值，必先搞清何谓"价值"。为了全面而准确地揭示价值的内涵，我们需从系统的角度来理解价值。系统的价值观是一种广义的价值观。系统的价值观认为，所谓价值，就是事物之间在相互联系、相互作用的关系中所产生的影响。当然，这里的"事物"是广义的，泛指世界上一切存在之物；这里的"影响"是双向的、多维的、多层次的，既有一事物对其他事物的影响，也有其他事物对该事物的影响，还有事物之间外部相互作用和内部相互作用而产生的对自身、外界的直接或间接的影响。

第一，价值存在于事物之间的相互关系之中，却又不限于这种关系。价值必然涉及事物之间的关系，涉及事物之间的相互作用。离开了事物之间的关系与事物之间的相互作用，也就谈不上影响与价值。从系统的观点来看，价值存在于系统内部与外部的相互作用关系之中，但又不限于这种关系。主、客体之间关系只是客观的相互作用关系中的一个特例，而并非全部。

第二，任何存在之物都必然具有其自身存在的价值——存在性价值。由于任何事物都处于普遍联系之中，都要在其内部与外部的相互关系中相互作用，并产生影响，因而，任何事物都具有价值，都是一个价值存在之物。哪里有事物存在，哪里有相互作用，哪里就有价值。存在即价值——任何存在物对其他存在物都有价值，同时，其自身也是一种价值性存在。因而，世界不仅是一个物质世界，也是一个价值世界。

第三，一切价值现象都是双向的、多维的、多层次的。由于事物都是以系统的方式存在，且都处于普遍联系与相互作用之中，因而，事物的价值是双向的、多维的、多层次的。正是这种双向、多维、多层次的价值关系的存在维持并决定了事物的存在，引领并促成了事物的发展。

第四，价值离不开相互作用，但又非相互作用本身，而是这种相互作用对事物所产生的实际效应——影响。只有这种基于相互作用而使事物产生变化的效应才是价值。

第五，价值作为相互作用关系中所产生的实际影响有优劣之分和正负之别。对于事物的存在与发展来说，相互作用所产生的影响既可能有利，也可能有害，因而，其价值既可能为正，也可能为负。当然，对价值性质的判断和价值大小的估价涉及多种因素，不能简单处理。

第六，一切事物既是价值主体，又是价值客体，并且这种关系是相对的。从系统的角度来看，价值主体的客观需要是判断价值客体有无价值以及价值大小的主要标准，但却不是唯一标准。就人类与环境的关系来说，一味追求人类主体的价值需要，而不顾环境客体的价值需要，这在理论上是错误的，在实践上是有害的，实际上也是行不通的——环境的持续恶化最终必将严重影响人类的生存与发展。从系统的角度来看待事物的价值，则最大的价值不是主体或客体单方面的价值，而是主、客体之间相互联系、相互作用的整个系统的价值。系统高于要素，要素隶属并服从于系统；相应地，系统的价值要高于要素的价值，而要素价值又是系统价值的基础。

（二）环境的价值层次

哲学领域的价值概念通常包含两层含义：一是价值通常与某种“目的性”相关。符合某种目的性要求的事物通常被认为具有正价值，与目的性无关的事物被认为无价值，与目的性背道而驰的事物被认为具有负价值；二是价值通常与某种“存在性”相关。事物的“存在”本身即具价值——存在性价值。

系统的环境观认为，环境与人是一个有机统一的整体。因而，环境除了具有工具性价值与存在性价值之外，还必然具有整体性价值。亦即人与环境都是价值的中心，或者说，两者之间互为价值。整体性环境价值观是对工具性环境价值观与存在性环境价值观的继承、发展与整合。

1. 工具性价值

人存在于特定环境之中。人的存在与成长建立在人与环境之间持续地进行物质、能量与信息交换的基础之上。人与环境持续地进行物质、能量与信息交换的过程，也就是维持人的存在与成长的过程。此时，环境的价值是作为实现人的存在与成长的目的来衡量的，亦即环境成了实现人的存在与成长目的的工具。我们

把这种价值，称为工具性价值。

环境的工具性价值包括主观价值和客观价值两个方面。首先，人对环境的价值必然具有某种主观评价。此时，价值作为人对对象评价的产物，使得“没有评价者就没有价值”的命题得以成立。其次，环境价值除了体现于主观价值之外，还体现为环境本身所具有的客观价值，并且人对环境价值的主观评价建立在其客观价值基础之上。因此，环境的工具性价值是主观价值与客观价值的内在统一。环境的工具性价值可从功能和关系两个方面进行诠释。

（1）功能性价值。功能性环境价值观从实用的角度出发视环境为满足人的需要的资源库。环境完全围绕人的需要而存在，并体现出其价值。此时，环境是满足人的需要的外在工具，环境价值是一种以人为中心的价值，它产生于人对它的评价过程之中，并且只有当人将自我需要与被观察到的环境对象相联系时，环境价值才会出现于人的意识之中。那些符合人的需要的对象被称为是好的或具有正价值，那些不符合人的需要的对象被称为是坏的或具有负价值，那些与人的需要无关的对象被称为是不好不坏的或无价值。

将价值看做是主观评价的产物，并不意味着人的需要是被评价满足的。评价满足不了需要，满足人的需要的是价值之物，也从来只能是有价值之物。在以人为中心的价值观看来，在人没有对对象物进行评价之前，它仅仅是“物”；只有在评价之后，它才成为“价值之物”。亦即在工具性价值层次，环境物的价值首先是由人对它进行评价而得到体现的，尽管这种主观评价建立在环境物本身所具有的客观价值基础之上。显然，“物”与“价值之物”是不同的，“价值之物”与“价值”也是不同的。

总之，正是从满足人的需要的角度，环境才体现出其价值——功能性价值。功能性环境价值观认为，人的生存环境是一个超多维的广域空间，它是一个供人类获取需要满足的资源库，它提供给人类活动以可能的拓展领域以及自我成长的可能活动空间。环境之于人的需要满足的功能性价值是多维的。

（2）关系性价值。价值既是一个功能范畴，又是一个关系范畴。价值关系主义从“价值是从主客体关系中产生的”这一基本命题出发，提出应将价值定义落脚于主客体关系之上。价值反映在主客体之间的相互关系之中，客体是否按主体的尺度满足主体的需要，是否对主体的发展具有肯定作用，即体现为价值。因此，价值是对主客体相互关系的一种主体性描述，它代表着客体主体化过程的性质和程度。同时，价值是指现实世界的“意义”，或某个主体加给世界之“有意义”的“规范”，它是包含主客体在内的“现实”世界以外的另一个王国。“存在”和“价值”的总和，便构成了世界。由此可见，哲学上的价值作为“意义”

体现的是一种主体和客体之间的关系——价值关系。

在关系性价值观看来，人与环境的关系本质上是一种价值关系。这种价值关系的演变与人类文明的演变密切相关，也与人的需要满足密切相关。自从地球上有了人类，也就开始了人与环境的价值关系的发展，人类自身的发展历史实际上也就是人与环境价值关系发展的历史。从关系性环境价值观出发，则人的需要满足既是一种主观体验，又是一种存在于环境之中的客观环境物与人相互作用的一种互动的关系或过程。

2. *存在性价值*

事物的价值依其存在依据可分为内在价值和外在价值。所谓内在价值，就是事物本身所固有的并且不因外在于它的其他事物的存在而存在或改变的价值；所谓外在价值，就是事物所具有的对于外在于它的其他事物的价值。外在价值因参照物的不同而不同。环境价值除体现于它对人“有用”的外在价值之外，还体现于它本身所固有的内在价值，亦即环境价值是内在价值与外在价值的有机统一。

任何客观存在着的事物都有其存在的理由，都具有其存在的价值或意义。环境的存在完全不依赖于人的意志与存在，因为在人类出现以前环境就已经存在了；相反，人的存在却完全依赖于环境，并且人类本身就是环境的产物。仅此一点就足以充分证明环境的存在价值。试想，创造了人类的环境，其价值怎么会反要人类来赋予呢？假如环境在过去和现在都没有赋予我们任何价值，那我们又怎能作为一种有价值的存在物而存在呢？这就如同没有史学家也同样有历史一样，没有人的主观评价，环境同样具有价值——存在性价值。当人存在时，环境具有价值（工具性价值）；当人不存在时，环境仍然具有价值（存在性价值）。

环境的存在性价值不仅具有客观性，而且具有多样性。环境价值的客观性与多样性要求我们不能仅仅将环境价值等同于符合人类自身利益的工具性价值，甚至狭隘地认为只有当它能够满足自我需要时才具有价值；而是应该从更广阔的视野，以更博大的胸怀来理解并欣赏环境价值的多样性。我们不应仅仅将环境视为只是供人类享用的资源库，而是应该将其视为价值的中心。我们理应将自我良知扩大到社会与自然界，乃至整个宇宙，因为人类社会、自然界，乃至整个宇宙，其本身就是一个相互联系、相互影响、相互依存的有机整体。人与环境之间从来都不是一种相互对立的关系，而是一种共生共荣的关系。事实上，人类的生存与繁衍、个人的存在与成长，均依赖于能否与环境形成良性互动的关系。唯有这样，我们才能深刻理解环境的价值，从而自发确立起一种能够确保人与环境和谐相处的新的环境价值观念、新的需要满足方式和新的自我发展模式。

3. 整体性价值

当我们理解人与环境的存在性价值时，我们不应将人与环境视为彼此孤立的

个体，而应将其视为一个有机的整体。工具性环境价值观从环境之于人的需要的实用观点出发看待环境的价值，自然有失偏颇。如果我们能够摆脱这种狭隘的自我中心主义的束缚，转而从整体性环境价值观来看待环境的价值，那么，环境价值的意义就完全不同了。此时，作为一个有机整体中的部分，环境与人实际上具有完全平等的地位。确立起这种整体性环境价值观并不会贬低或失去人作为独立存在物的价值，也无损于个人获取需要满足以形成健康自我的可能性，并且也不会妨碍个人为获取需要满足而对环境进行开发与利用。事实上，个人仍然可以成为自己行为的主体，仍然可以具有以需要满足为目的的目的性。当然，这种以需要满足为目的的目的性既不是仅仅以个人或某种纯粹的所谓人格（纯意识）为目的，也不是仅仅以环境（与人相对的环境）或某种纯粹的物质（纯客观）为目的，而是以人和环境所组成的有机整体的协调与和谐发展为目的。

整体性环境价值观并不与工具性环境价值观和存在性环境价值观相冲突，它只是在工具性环境价值观和存在性环境价值观的基础上，对其作了进一步的发展、完善与整合。整体性环境价值观接受而不是排除价值评价的目的性原则与存在性原则。正因为我们承认价值评价的目的性，我们才获得了一种意义的组织依据，从而获得了一种主观价值判断的标准，并可利用它来建立起某种主观价值体系；正因为我们承认事物的存在性价值，我们才获得了建立整体性价值观的客观基础。以主观价值评价的目的性为依据，我们仍可将凡是与人的自我存在与自我成长相一致或促进自我存在与自我成长的环境物评价为具有正的价值；仍可将凡是与人的自我存在与自我成长不相一致或削弱甚至毁坏自我存在与自我成长的环境物评价为具有负的价值；仍可将凡是与人自我存在与自我成长无关的环境物评价为没有价值。亦即自我目的性仍可作为一切环境物的主观价值的判断标准或评价依据。从这个意义上讲，作为统一体的人的价值自然不可能用环境物来衡量，亦即自我的价值是绝对的，或者说，自我具有内在价值。然而，如果我们从以自我为核心向外拓展，并将自我与环境作为一个有机整体来考察时，我们不难得出以下结论：既然人与环境物都是同一有机整体的组成部分，并且彼此之间相互价值依存、相互价值支持，那么，我们在承认人具有内在价值的同时，也必然应该承认环境具有内在价值。当然，人或环境的内在价值并不是作为一个孤立的个体而体现出其内在价值，而是作为一个有机整体的不可分割的部分而体现出其内在价值。顺此思路，我们还可进一步得出以下结论：既然人和环境都是同一有机整体的不可分割的组成部分，并且它们对于整体来说都具有不可或缺的重要意义，那么，人类在善待自己的同时，也应该善待与自己休戚相关的环境。然而，由于在这个有机整体中，只有人才是具有“自由意志”的能动者，人的行为应当或价值规定也就理所当然地成为了这一有机整体所共有的行为应当或价值规定。如果我们仅从狭隘的自我中心主义出发，我们自然会将环境仅仅视为满足自我需要的工具。然而，如果我们从整体性价值观来理解环境的价值，则人在将自己视为道德关怀的对象的同时，也应该将环境视为道德关怀的对象。

总之，人与环境是一个互为价值的有机整体。因此，人在环境中的活动不应只是一种单一的人的环境化的过程，也不应只是一种单一的环境的人性化的过程，而应该是一种人的环境化与环境的人性化辩证统一的双向互动的过程，亦即应该坚持主体客体化和客体主体化的辩证统一。坚持人与环境协调、和谐发展是整体性环境价值观的必然要求，因为人与环境的关系，本质上是一种共生共荣的关系。人与环境协调、和谐发展是一种求真、求善和求美的内在统一，一种本能回归与理性超越的内在统一，一种现实关怀与终极关怀的内在统一。

三、环境的类型

理论上讲，人们面临两类极端的环境：极为恶劣的环境与极为良好的环境。我们把极为恶劣的环境称为“丛林环境”，把极为良好的环境称为“和谐环境”。然而，个人所面临的实际环境通常介于这两类极端环境之间，我们把这种介于两类极端环境之间的环境称为现实环境。

（一）“丛林”环境

极为恶劣的环境，用马斯洛的话来说，是一种“丛林”（jungle）环境。“丛林”环境崇尚弱肉强食，人与人之间关系就如同处于极端恶劣的“丛林”环境中的野兽之间的关系，不是吃掉对方，就是被对方吃掉；不是畏惧对方，就是鄙视对方。这是一种极为恶劣的环境，如，我国“文化大革命”时期的社会环境就是一种“丛林”环境。“丛林”环境极易诱发人的攻击性，因为在这个“丛林”中，人的自私、邪恶、愚蠢等阴暗面得到了充分释放、鼓励与弘扬。在这样的环境里，暴力事件会经常发生，并且几乎所有人都难以自我实现。由于人与人之间都把对方看成是狼，并且相互争斗，整个世界都充满着危险、恐惧与残杀，因此，每个人心理都充满着不安全感、戒心、防范、猜疑等，个人将被迫把自己的绝大部分精力都耗费在寻求自身安全上。生活在这样的环境里，个人安全主要取决于自身力量，特别是统治权。如果自身不够强壮，个人的唯一选择就是寻找到一个更为强大的保护者。

（二）和谐环境

和谐环境是指人与人之间和睦相处，个人的自我存在价值能得到充分尊重与肯定的环境。在和谐的环境中，人与人之间在情感上相互支持，在利益上互惠互

利，在伦理上互尊互敬，因而和谐的环境最有利于个人的自我存在与自我成长。

和谐环境的形成以尊重并保障个人自由为前提，以维护人与人之间的平等为基础。和谐的环境能保证人的自由生活与自由探索的权利，并且崇尚公平、正义。显然，如果一个社会不能保障个人自由，并在制度上容忍以强凌弱，那么，这个社会就不可能和谐。

和谐的环境是一个有序的环境，并且整体上呈现出祥和、宁静。人们按照共同规则寻求自己的情感与利益，并以彼此认同的方式维持着良好的社会伦理关系。它扶植、鼓励、产生良好的人际关系，充分尊重个人需要。当然，有序并不一定必然导致和谐，因为在不平等关系中也会形成秩序，并且这种秩序往往比平等关系中的秩序更为严格。显然，基于不平等关系的秩序不可能导致和谐环境的形成。

和谐的环境是一个实现了多元融合的环境。人类社会历史早已证明，社会文化的多样性有利于促进社会的和谐与发展。2004 年联合国的人文发展年度研究报告指出，保持文化多样性和保护少数民族权利对于社会的持续发展与和谐稳定至关重要。如果不接受并促进文化的多样性发展，整个社会就可能陷入冲突，最终将会导致社会的停滞或倒退。当然，和谐的环境并非不存在人与人之间的矛盾与冲突。但是，这种矛盾与冲突不会危及个人的自由、自主与平等，也不会挑战社会的公平、正义与秩序。

伦理规范是指引和约束人们交往的规则之一。伦理规范是约定俗成的，它与社会习惯相融合，并且发挥着潜移默化的社会规制与教化功能。然而，并非所有伦理规范都尊重人性，都有助于和谐环境的形成。如，“存天理，灭人欲”、“三纲五常”这些儒家伦理就严重违背基本人性，虽然它们曾一度维持了社会的“稳定”，但无法促成一个和谐的社会环境。法律是另一类约束社会交往的规则。法律的约束力比伦理规范更为直接、强烈。然而，并非所有法律都有助于和谐社会的形成。只有当法律充分尊重人性，充分保障人权，充分尊重人的基本需求，并能有效维护自由、公平、正义时，它才会有助于和谐环境的形成。

总之，和谐的环境是一种理想的良好环境。它能充分保障个人自由，并能维持社会的公平与正义；它鼓励个人追求自己的合法权益，并为之创造有利条件；它维护人与人之间的平等，促进人们在利益和权利上保持大体平衡；它鼓励多元发展，并能实现多元融合；它维持融洽的社会伦理与法律秩序，并鼓励以合作与协商的方式解决人与人之间的冲突。在和谐环境中，人与人之间在伦理关系上互尊互敬，在利益关系上互惠互利，在情感关系上互让互爱。

(三) 现实环境

现实环境是一种介于“‘丛林’环境”与“和谐环境”之间的环境。一方面，除特定历史背景下的特定环境之外，现实环境极少是纯粹的“‘丛林’环境”；另一方面，就像不存在绝对完善的人一样，完全理想化的和谐环境也是不存在的。现实环境往往是一个容纳着真与假、善与恶、美与丑、自由与专制、公平与特权、正义与邪恶的复杂的混合体，只不过在不同社会文化中，或者说在同一社会文化的不同发展阶段，真与假、善与恶、美与丑、自由与专制、公平与特权、正义与邪恶所占比重不同而已。事实上，无论环境多么良好，也不可能完全排除致病性因素。如果威胁不来自于他人，也可能来自于自然灾害、疾病、死亡，甚至自身。因为人性本身也存在许多“恶”，也可能从无知、愚蠢和误解中酿出罪恶来。

第二节　环境与个人成功

环境对于个人成功意义重大。相对于自然环境，社会环境对于个人成功的影响更为明显，也更为直接。

第一，需要是个人确立目标的主要依据，个人需要能否满足，或者说，个人所确立的目标能否实现，很大程度上取决于个人所处环境。人的需要满足离不开环境。一方面，任何正常人的需要满足行为都是源于内在需要满足动机的行为；另一方面，个人所获取的需要满足物均来自外部环境。正因为如此，个人在寻求需要满足时将不可避免地要受到环境的影响、干扰、制约，甚至控制。显然，个人只能有限地影响环境，而永远不能主导或控制环境。在环境面前，个人无疑将总是被迫处于某种弱势地位。因此，环境状况从根本上决定了人的需要能否得到满足及其满足的程度，进而一定程度上主导着人的内在心理与外在行为。因而，任何需要理论不仅应该包括需要的主体——人，而且还应该包括需要主体所置身的环境。

第二，自我成长必须获得环境的支持。自我成长决定于个人的内在自我天性与外在环境条件。个人的内在自我天性决定了自我成长的可能方向与前途；而外在环境为个人提供了自我成长的舞台，它对自我成长起着某种促进或限制作用。实际上，个人社会化成长的过程，也就是实现个人与环境相耦合的过程，同时，也是个人不断拓展自我成长空间的过程。

第三，自我存在是在一定环境中的存在。为求得自身的生存和发展，个人必须不断与环境进行物质、能量与信息交换。个人在寻求自身需要满足以实现自我存在的过程中，环境起着至关重要的作用。个人的存在状态能否得到改善，很大

程度上取决于个人所处环境条件能否得到改善。

第四，环境条件影响个人幸福。个人幸福是由基因、行为与所处环境所综合决定的，三者之间相互联系、相互影响、相互作用。其中，环境影响人的基因表达及其行为方式。2007 年，美国洛杉矶加利福尼亚大学和芝加哥大学的研究人员发现，长期孤独的生活方式会对白细胞的基因表现造成影响，不过，这种影响只限于免疫体系。单身人群更易患某些疾病，这种结果可能与免疫力低下有关。于是，他们对一些志愿者的白细胞基因进行了分析，结果显示：与社交活跃的人相比，孤独感会让缺乏人际交流者的免疫系统活动发生改变，并导致炎症发生率的增加。研究表明，孤独与社交活跃两组人群的基因表现确实存在差异。这说明，孤独影响人的生理机能，乃至基因活动。此外，在良好环境中长大的人或者长期生活在良好环境中的人更有可能形成良好性格，从而导致其能感受到更多的幸福。这一结论已经得到相关研究的多方证明。

第五，环境为个人提供了自我实现的空间、舞台、外在条件与可能途径。自我实现以自我价值体系的成功构建为基本前提，而任何一种自我价值体系的构建都必须通过人与环境的良性互动才能完成。特别地，社会文化对于个人价值观的形成起到了某种催化、引导与规范的作用。自我实现以个人潜能的充分发展与有效发挥为基本方式，而自我潜能的充分发展与有效发挥以及任何有助于个人成功的自我积极品质的形成都离不开环境。特别地，个人的一切社会活动都是在特定社会环境中进行的，社会环境直接影响个人的社会交往与社会活动，最终将会影响个人的自我成长与自我实现。从长远来看，个人的自我实现依赖于个人能否与周围环境建立起一种建设性的交互关系。自我价值的确证必须得到外在环境的支持与承认，如果个人长期得不到外在的鼓励和肯定，或者生活在一种被持续否定的环境中，最终，个人也就真的会自我否定。

环境对于个人成功的作用效果主要体现在两个方面：促进与限制。然而，无论是从促进或限制的角度，我们都能看到环境的价值。一方面，环境提供给个人所需的一切满足物，并为个人的自我存在、自我成长、自我幸福与自我实现提供着必不可少的外部条件与外部支持。另一方面，即便是当个人在寻求需要满足或追求自我存在、自我成长、自我幸福与自我实现过程中遭遇到了环境的限制或制约，那么，这种限制或制约也并不是毫无意义的。环境的制约或限制有时最能激发个人的内在活力与自我潜能，从而调动个人的全部力量以致力于自我需要的满足，进而促进了自我的健康成长，确保了个人的自我存在、自我幸福与自我实现。总之，无论从何种角度分析，环境之于个人都深具价值。

当然，个人成功并非完全决定于环境。个人尽早确立自己真正想要的目标，并长期坚持自己的目标，同时在目标坚持过程中持续地完善自我，才是确保个人成功的决定性因素。因此，只要个人充分发挥自我主观能动性，并在此基础上充分利用环境的有利条件，同时尽量避开环境的不利因素，就能不断获得局部性成功或阶段性成功，最终将会获得一个成功的人生。

第三节　系统成功的环境观

系统成功理论认为，个人成功离不开环境；但个人成功并不决定于环境，而是决定于个人能否充分发挥自我主观能动性。

个人成功是由生物遗传、自我努力与外界环境所综合促成的，但个人成功的最终结果主要取决于自我努力。亦即从根本上来讲，人是自我决定的。人总是在不断地决定着自己的存在、自己的未来以及自己将会成为什么，等等。因而，我们既要认识到自己在环境面前的被动性的一面，更要认识到自身所具有的自主性、成长趋势和自我内在力量的一面。当然，不同的人，其内在的自主性、成长性和自我内在力量的大小存在着很大的差异。一般来说，自我健康水平越高，个人抵制不良环境影响的能力就会越强，个人的自主性与独立性程度就会越高。

正常人都具备从自我经历中学习的能力。随着自我的不断成长，个人不再简单地接受他人的观点，而是逐渐具备审视他人意见并确定他人意见是否有意义、是否应该接受的能力，或者说，逐渐具备自我判断、自我主导和自我选择的能力。虽然个人的早期成长受到外部环境的主导，但在后来的自我成长过程中，个人完全可以根据自我意愿重塑全新的自我。如果个人在自我成长早期形成了一些自己不太满意的品质（如胆怯、悲观、消极等）的话，个人也完全可以依靠自我力量去克服它们。自然，变化不会在一夜之间发生，正如自我形成是一个漫长的过程一样，对自我的重塑也是一个漫长的过程。但是，只要个人能够确定自我成长的新航程，并坚定地走下去，有意义的自我改变就一定会发生。

总之，为了获得系统成功，个人应努力争取环境支持；然而，更为重要的是，个人应努力学会适应环境、选择环境，并且不断超越环境。

一、适应环境

系统成功的环境观强调个人首先必须学会适应环境。适应环境意味着个人应将自我与环境视为一个有机的整体。事实上，宇宙间的任何事物都既是一个独立的个体，同时又从属于一个更大的整体。虽然人与环境一定程度上存在着对立，但是，如果个人能将自我视为环境的一部分，那么，这种对立感马上便会消失。事实上，个人的不成功往往源于个人与环境的分裂——个人未将自我与环境融为一体。

适应环境并非完全顺应环境。在追求个人成功的过程中，个人将不可避免地要面临诸多环境压力，并受到环境的诸多制约。然而，这并不意味着个人应该或必须顺应环境。完全顺应环境意味着个人放弃自主性、背弃真实的自我、漠视自我的内在需要等。显然，这是完全错误的。实际上，“适应”得太好的人往往根本没有认真思考过“自己是什么”“自己需要什么”“自己想要成为什么”等深层次问题。另外，个人又不能经常性与环境发生剧烈的冲突。因此，当面临环境压力或制约时，正确的态度应该是：适应环境而非顺应环境。

适应环境而非顺应环境意味着个人不接受一切试图强加于自身的有悖于自我本性的外在东西，而是勇敢地抵制环境的不良影响，并尽可能避开环境的所有负面限制；同时，个人又不会因为环境中存在诸多自己不愿意接受的东西而常心怀戚戚，而是泰然处之，并顺其自然。事实上，在走向成功的过程中，环境干扰始终存在。个人遭遇一些外部约束或环境障碍十分正常，有时甚至还有益于个人成功。个人追求成功的过程，实质上就是一个在一定环境条件约束下争取满足结果的过程。为此，个人应正视环境，但不应过分夸大环境的作用。毕竟，致力于自我成功的行为主体是个人自己，而非外在环境物。事实上，个人一定程度上创造了自己的障碍物或有价值的对象。或者说，当个人试图追求某种外在东西时，他不仅决定了追求对象的价值，同时也决定了障碍物之所以成其为障碍。总之，个人成功受环境影响，但并不完全决定于环境。

二、选择环境

人与动物的最大区别之一就在于，动物对环境是一种被动的适应，对自己是一种本能的盲从；而人在适应环境的同时，能够主动地选择环境，并超越环境。

选择既是一种有意识的行为，也是一种能力。个人走向成功的过程，实际上也就是一个不断做出自我选择的过程。个人虽然不能决定和改变环境，但可以在一定范围内选择环境。个人所处大环境一时难以改变，但个人完全可以自主选择一个更有利于自我成长与个人成功的生活小环境。

然而，并非所有自我选择都有助于个人成功。只有个人所做出的选择是完全基于自我意愿的自由选择时，这种选择才会有助于个人成功。因为只有基于自我意愿的自由选择才契合于人的自我本性，并且符合人的自我成长内在基本规律，因而这种选择能够最大限度地激发人的自我潜能，进而促进自我的健康成长。

（一）自由选择的基本前提

自我责任意识的充分觉醒与有效确立是个人自由选择的基本前提。人天性向往自由。真正的自由选择能够有效提高个人的生活质量，并改善个人的自我存在状况，进而促进自我变得更富创造力。既然自由的力量如此巨大，自由的价值如此崇高，那么，我们有充分理由相信：人们必定会热情地拥抱自由，并且热忱于自由选择。

然而，事实并非完全如此。人们通常并不完全照此逻辑行动，相反，人们有时还会刻意逃避自由。究其原因，乃是由于人们害怕承担责任。对责任的害怕是人们不愿意拥抱自由，有时甚至还刻意逃避自由的内在根本原因。

显然，个人在享受自由权利的同时，必须为自己的自由承担相应的责任。然而，对成功承担责任容易，对失败承担责任却很难。因而，每当失败时，人们总是刻意地逃避责任：或委责于他人，或将失败归咎于自己无法控制的环境力量。这样做的一个必然结果就是，以抱怨代替反思、以逃避代替承担，并且“合乎逻辑”地得出结论：是命运在主宰着自己，从而使得自己没有机会按照“自己的方式”去生活。此外，人们通常还会通过将自己想象成为一个受害者的方式来逃避自我责任。

然而，无论从哪个角度，个人都没有理由逃避责任，也无法逃避责任。事实上，个人目前的处境并非一夜之间形成，而是过去一系列自我选择所导致的必然结果；个人目前所受到的限制也都是自己过去的选择所直接造成的。显然，个人应该而且必须为自己过去的选择承担自己相应的责任。

逃避责任的代价是巨大的。逃避责任实际上意味着承认自己的怯懦与软弱，最终必将导致个人尊严与自由的彻底丧失。反之，如果个人不是选择逃避责任，而是选择勇敢地承认自己过去选择的失误，并在此基础上采取相应的补救措施，亦即重新进行选择，那么，一切仍可重新开始。个人仍可借此而重塑全新的自我，并重新创造自己美好的未来。

（二）自由选择的制约因素

影响个人自由选择的制约因素包括两类：外部强制力与内部强制力。

1. 外部强制力

在追求成功的过程中，个人将无可避免地要受到内、外因素的干扰与限制。因此，个人的选择并不是完全自由的。有时，个人的选择是在外部力量的鼓励、暗示甚至强迫之下做出的。这些来自外部的对于个人选择自由的限制力量，就是所谓的外部强制力。

外部强制力通常是一种社会文化力量。当然，不同的社会文化对于个人的选

择自由的限制不一样。在机会与资源稀缺的条件下，人们一般都会倾向于将别人视为对自己生存与发展的一种威胁。因此，为了避免别人产生这样的想法，个人应努力将自己的能力或才华用一种“谦逊、恭顺”的方式掩盖起来。尤其是在不尊重个人价值的社会文化里，优秀的个体首先必须学做的功课就是不锋芒毕露。刻意的“谦逊、恭顺”实质上是一种自我压抑，这种自我压抑确实可有效降低来自环境的压力；但与此同时，过度的自我压抑也会导致个人偏离真实的自我，甚至扭曲自我，严重的还可能导致自我人格的分裂——受到否定与压抑的自我潜能以另一种人格的形式逃离出来。在这类人格分裂病例中，分裂者一方面会表现得非常传统、服从、温顺和谦恭，似乎一无所求，毫无“生物性”的自私倾向；另一方面则会表现得极度自私、极度追求享乐、更易冲动、更难抗拒诱惑等。这类人格分裂症现象在权利争斗严重，且需刻意表演的职业中表现得尤为突出，如政客、娱乐明星等。实际上，许多神经症患者就是由于惧怕受到外在惩罚和招致外部敌意而过度压抑自己的人。一方面，他们希望维持自己与生俱有的完整人性，希望充分发挥自我潜能并充分实现自我；另一方面，他们又因惧怕遭受外部伤害而被迫极力掩饰或隐藏这种冲动，因而他们内心总是充满着矛盾、挣扎，总是感到极度紧张，甚至可能产生罪恶感。为了避免受到惩罚，他们被迫变得谦虚、逢迎、自我压抑，甚至自我贬损。然而，自我深层次本性又不可能完全被遏制住，如果它们不能直接、自发地表现出来，就会以一种隐秘、模糊甚至偷情似的方式表现出来，如在噩梦中、在令人焦虑的自由联想中、在奇怪的口误中、在难以解释的情感中等。实质上，这种神经症是自我成长内在冲动与内心恐惧感纠缠在一起所形成的一种心理疾症。有他们身上，自我成长是以一种扭曲、毫无欢乐的形式表现出来的。

2. 内部强制力

除外部强制力之外，对个人选择自由的强制力还包括内部强制力。事实上，源于自我内在的强制力对于个人的选择自由的限制更具挑战性。因为内部强制力不仅使得个人无法做出自由选择，而且当个人做出选择之后，他还会认为自己的选择就是自己的“自由选择”。这就使得个人始终无法意识到自己的选择是不自由的，最终也就放弃了考虑采取摆脱措施的可能性。

内外强制力之间往往相互影响、相互强化，并且融为一体。有的内部强制力实际上源于对自己有重要影响的人们的“期望”，只是个人无意之中将这些“期望”内化成为了自我的一部分，并且产生这种自我克制就是自己的“自由选择”的错误意识。其实，在一个较深的层次上，个人已经完全放弃了自己的自主与自由，而屈从于他人的“期望”或“要求”了。现实生活中，这种屈从于他人意志的所谓“自由选择”十分常见，如，基于希望得到接纳、赞赏、尊敬或爱而做出的某些适应性选择。虽然适应性行为的初始触发动机可能源自个人的某种需要，但适应性行为的产生并非完全出自自我意愿，而是源于内、外强制力的综合控制。

总之，内外强制力是限制个人选择自由的根本性因素。正是由于内外强制力的存在，才使得个人始终无法实现自己真正的自由选择。

(三) 自由选择的实现

真正的自由选择意味着个人已经成功地抵制住了内、外强制力的干扰或控制，亦即自己的选择真正反映了自我愿望。那么，到底怎样才能最大限度地消除内、外强制力的干扰或控制以实现真正的选择自由呢?

1. 个人必须充分意识到内外强制力的存在

这是个人实现自由选择的基本前提。显然，只有当个人意识到内、外强制力的存在时，他才可能去想办法解决这一问题。然而，人们常常难以充分意识到这一点。大多数人确信，只要自己不受到外部力量的过分驱使，自己的决定就是自己的。然而，这只是人们对自己存有的一个幻想。现实生活中的许多决定实际上并非出自个人意愿，而是源自外部“建议”，只不过人们由于害怕“孤独”“被孤立”等而成功地说服自己接受了这些“建议”罢了。因此，许多人自认为的许多所谓“自由选择”，实际上只不过是屈从于内、外强制力而做出的一种虚假的“自由选择”。正因为个人没有充分意识到内、外强制力的存在，才使得个人常常生活于某种玩偶般的幻觉之中而不自知，事实上，自己的每一项活动都受到看不见的提线的操控。

2. 要养成对自己的选择保持经常性反思的习惯

为了弄清自己的选择到底是出于真实的自我意愿还是屈从于内、外强制力的综合控制，个人在做出某项选择时，要反复诘问自己所做出的选择到底是否确实发自内心，是否真实地反映了自我意愿。如，个人可以尝试着向自己提出这样一些问题：真的没有更好的选择了吗？自己的选择真的没有受到一种不反映自我意愿的力量的支配吗？自己的选择真的丰富了自己的经历，并能为自己的生活增添幸福与成功的积极意义吗？自己的选择真的没有带来消极后果，并损害自己正在努力实现的目标吗？自己能给出一个为什么做出这种选择的有说服力的合理解释吗？……

3. 要培养自己批判性思考的意识、意愿、意志与能力

一个具有批判性思考精神的人往往是一个内在导向并且独立思考的人；而一个缺乏批判性思考的人常常是一个外在导向并且容易受到内、外强制力控制的

人。真正的自由选择要求我们必须具有一种批判性思考的意识、意愿、意志与能力，否则，个人就难以完全避免陷入虚假自我的危险境地之中。

此外，当个人开始自由选择时可能会一度感到不自信，甚至还可能会受到安全感缺失心理的困扰。这些情绪的产生往往源于自我成长早期安全、情感、尊严等基本需求严重匮乏的不幸经历。同时，某些情境因素（如失恋、离婚或求职遭拒等）也可能会对个人的自由选择带来暂时性的消极影响。但是，只要个人始终坚持自我导向，这些不良情绪与心理困扰都能在以后的自我成长过程中慢慢克服。

当然，自由并不意味着无限的自由或没有限制的自由。无限的自由或没有限制的自由只不过是一种不切实际的幻想。选择自由并不存在于真空之中，它总是表现为具体的、有限的、可能的选择自由。因此，自由选择意味着个人要正视现实环境，意味着个人必须从有限的条件中做出切实可行的现实选择。

三、超越环境

良好的环境对于个人成功确实至关重要，但我们是否就能因此而得出结论：个人成功一定需要一个完美的环境，并且只有当后者具备以后，前者才会成为可能呢?

事实表明，情况并非如此。现实生活中，我们确实可以找到许多成功者，尽管现实社会并不完美。当然，这些人也并非完人，但是，他们的确已经达到了我们现在所能设想到的一个正常人所能达到的理想的成功高度。之所以如此，并非他们所处环境良好，而在于他们具有一种超然于周围环境的能力。

良好的环境确实有助于个人成功，但是，个人成功并不必然决定于环境。个人成功的决定性因素并不在于环境，而在于个人自我负责前提下的自我完善的意识、意愿、意志与能力。在一个多元的社会环境中，只要个人行为不对他人或社会构成明显威胁，个人完全可以按照自我意愿与个人意志追求自我成功。事实上，成功者的过人之处，就在于他们具有超然于周围环境并维持自我内在心理自由的能力。成功者主要依靠自我内在法则而生活，而不是主要依靠外部认同而生活。他们不会为他人的赞扬或批评所动，而是按照自己所确定的道路前进，并在自我成长的过程中坚定地自我导向、自我控制、自我肯定与自我完善。

人是环境的产物，同时也是环境的创造者。人虽然包含于特定环境之中，同时又可以在一定程度上超越环境。个人成功很大程度上就决定于个人所具有的超越环境的意识、意愿、意志与能力。人对环境的超越可从以下几个方面得到体现：

第一，从个人对环境的态度上充分体现出个人对环境的超越。无论个人的生存环境状况如何，个人总是保留着自由的最后决定权——在既定环境条件下选择自己态度的权利。实际上，对于成功来说，这才是最为重要的因素。虽然现实环境无法改变，但个人完全可以选择自己看待现实环境的态度——完全可以选择不让那些不良的环境因素继续影响自己，而是超越它们，以便能够重塑全新的自我和美好的未来。

事实上，人更多地生活于一个主观环境之中，每个人的内心深处都存在着一个认知环境的主观图式。对于神经症患者来说，社会环境是病态的，因为神经症患者有关环境的主观认知图式决定了他们在其中领略到的是占压倒优势的危险、恐怖、攻击、自私、侮辱与冷漠等；而对于自我健康者来说，社会环境是正常的，因为自我健康者有关环境的主观认知图式决定了他们在其中领略到的是占压倒优势的安全、和谐、互助、无私、尊重与热情等。因此，只有内心真诚善良并情感美好的人才能体会到环境中的真、善、美；只有自我整合并内心和谐的人才能体察到外部世界的完整与和谐，进而产生接纳、欣赏、感恩的态度。而正是这些美好的内心体验最有益于自我的健康成长，并有助于个人成功。

第二，从个人对环境限制或制约的应对中充分体现出个人对环境的超越。实际上，个人成功是在不断克服环境限制或制约中实现的，个人获取成功的过程，实际上就是一个不断克服困难与危险的自强不息的自我完善的过程。在完全没有悲伤和痛苦、不幸和困苦的情况下，个人能够达到真正意义上的自我成长和自我实现是完全不可想象的。剥夺、挫折和痛苦体验一定程度上有助于净化人的心灵，并激发人的内在潜能。正是这些体验有益于确立自我控制感、自我力量感和自我成就感，进而培育出健康的自尊感和自信感；而缺少抵御、克服或战胜过任何困难经历的人难免会怀疑自己到底有没有这样的能力。既然悲伤和痛苦、不幸和困苦不可避免并有助于个人成功，那么，我们就应该学会坦然而勇敢地面对它们。父母对孩子的过度溺爱，不忍心让孩子经历任何悲伤和痛苦，客观上无益于孩子的健康成长。

第三，当个人处于不良环境之中时，为求得自我的生存与发展，个人尤其需要学会超越环境。为此，个人须立足于自我主导与自我独立；同时，善于发掘生活中所发生的每一事件的积极意义。如果我们能够在不良环境中学会不断发现生活的快乐与存在的意义，不良环境对于自我形成所造成的干扰与压力就会渐渐减轻，乃至完全消失。

总之，环境确实影响个人成功，但环境并不必然决定个人的命运。一方面，人性具有一定的弹性或可塑性；另一方面，个人确实可在一定程度上超越环境。因此，个人永远不应该也不需要完全寄希望于环境或他人，而是应该将自己的命运牢牢掌握在自己手里。成功永远要靠自己：机会就在自己手里，路就在自己脚下！

参考文献

[1] 伏羲，周文王．周易［M］．沈阳：万卷出版公司，2009.

[2] 黄帝，岐伯．黄帝内经［M］．沈阳：万卷出版公司，2009.

[3] 老子．道德经［M］．合肥：安徽人民出版社，1990.

[4] 孔子，等．四书五经［M］．沈阳：万卷出版公司，2009.

[5] 荀况．荀子校释（上、下册）［M］．王天海，校释．上海：上海古籍出版社，2005.

[6] 刘向．管子精解［M］．北京：海潮出版社，2012.

[7] 金观涛．系统的哲学［M］．北京：新星出版社，2005.

[8] 佘振苏，倪志勇．人体复杂系统科学探索［M］．北京：科学出版社，2012.

[9] 亚里士多德．形而上学［M］．苗力田，译．北京：中国人民大学出版社，2003.

[10] 普里戈金．从存在到演化［M］．曾庆宏，严士健，马本堃，等，译．北京：北京大学出版社，2007.

[11] 约翰·霍兰．隐秩序：适应性造就复杂性［M］．周晓牧，译．上海：上海科技教育出版社，2000.

[12] 郑志刚．耦合非线性系统的时空动力学与合作行为［M］．北京：高等教育出版社，2004.

[13] 休谟．人性论［M］．关文运，译．北京：商务印书馆，2010.

[14] 杜威．人的问题［M］．傅统先，等，译．上海：上海人民出版社，2006.

[15] 王海明．人性论［M］．北京：商务印书馆，2005.

[16] 王宗明．本性——人对自身的再认识［M］．北京：中国社会出版社，1999.

[17] 袁贵仁．对人的哲学理解［M］．北京：东方出版社，2008.

[18] 袁贵仁．马克思的人学思想［M］．北京：北京师范大学出版

社，1996.

[19] 赫胥黎．人类在自然界的位置［M］．蔡重阳，王鑫，傅强，译．北京：北京大学出版社，2010.

[20] 达尔文．物种起源［M］．舒德干，等，译．北京：北京大学出版社，2005.

[21] 达尔文．人类的由来及性选择［M］．叶笃庄，杨习之，译．北京：北京大学出版社，2009.

[22] 达尔文．人类和动物的表情［M］．周邦立，译．北京：北京大学出版社，2009.

[23] 摩尔根．基因论［M］．卢惠霖，译．北京：北京大学出版社，2007.

[24] 马斯洛．动机与人格［M］．3版．许金声，等，译．北京：中国人民大学出版社，2007.

[25] 马斯洛．马斯洛人本哲学［M］．成明，编译．北京：九州出版社，2003.

[26] 罗杰斯．个人形成论：我的心理治疗观［M］．杨广学，等，译．北京：中国人民大学出版社，2004.

[27] 罗杰斯．罗杰斯著作精粹［M］．刘毅，钟华，译．北京：中国人民大学出版社，2006.

[28] 罗杰斯．卡尔·罗杰斯论会心团体［M］．刘毅，张宝蕊，译．北京：中国人民大学出版社，2006.

[29] 威尔伯．性、生态、灵性［M］．李明，等，译．北京：中国人民大学出版社，2008.

[30] 威尔伯．万物简史［M］．许金声，等，译．北京：中国人民大学出版社，2006.

[31] 弗洛伊德．性欲三论［M］．赵蕾，宋景堂，译．北京：国际文化出版公司，2007.

[32] 弗洛伊德．弗洛伊德心理哲学［M］．杨韶刚，等，译．北京：九州出版社，2003.

[33] 弗洛伊德．精神分析引论［M］．谢敏敏，王春涛，编译．北京：中央编译出版社，2008.

[34] 霍妮．自我分析［M］．孙菊霞，等，译．上海：上海锦绣文章出版社，2009.

[35] 詹姆斯．心理学原理［M］．田平，译．北京：中国城市出版

社，2003.

［36］巴斯．进化心理学：心理的新科学［M］．熊哲宏，译．上海：华东师范大学出版社，2007.

［37］伯格．人格心理学［M］．6 版．陈会昌，等，译．北京：中国轻工业出版社，2004.

［38］郭永玉．人格心理学——人性及其差异的研究［M］．北京：中国社会科学出版社，2006.

［39］华生，夏普．自我导向行为［M］．9 版．陈侠，钟小族，陈丽，译．北京：中国人民大学出版社，2009.

［40］许金声．通心［M］．北京：北京航空航天大学出版社，2008.

［41］许金声．人格三要素改变命运［M］．北京：北京航空航天大学出版社，2008.

［42］戴尔·卡耐基．人性的弱点全集［M］．袁玲，译．北京：中国发展出版社，2008.

［43］戴尔·卡耐基．卡耐基人性的忠告全集［M］．袁勤，等，编译．杭州：浙江人民出版社，2007.

［44］孙庆和．乔瑟夫·摩菲博士潜意识成功学［M］．北京：中国物资出版社，1999.

［45］阿考斯，朗契尼克．病夫治国［M］．郭宏安，译．南京：江苏人民出版社，2005.

［46］斯腾伯格．超越 IQ——人类智力的三元理论［M］．俞晓琳，吴国宏，译．上海：华东师范大学出版社，2004.

［47］斯腾伯格，格里格伦科．成功智力教学——提高学生的学习能力与学习成绩［M］．张庆林，等，译．北京：中国轻工业出版社，2002.

［48］周芳．10Q 密码：决定人生成败的 10 把钥匙［M］．北京：人民邮电出版社，2011.

［49］乔顺．赢商：注定成为赢家的 10 项指标［M］．北京：北京邮电大学出版社，2007.

［50］罗宾．唤醒心中的巨人［M］．北京：中国城市出版社，2011.

［51］安东尼·罗宾．激发无限潜能［M］．杨茂蒙，译．北京：中国城市出版社，2012.

［52］丹尼尔·戈尔曼．情商：为什么情商比智商更重要［M］．杨春晓，译．北京：中信出版社，2010.

[53] 丹尼尔·戈尔曼．情商（实践版）[M]．杨春晓，译．北京：中信出版社，2012.

[54] 丹尼尔·戈尔曼．情商 2 [M]．魏平，等，译．北京：中信出版社，2010.

[55] 咸奎汀．情商决定孩子的未来 [M]．毛旦旦，译．武汉：武汉出版社，2012.

[56] 斯坦，布克．情商优势：情商与成功 [M]．3 版．陈晶，顾天天，译．北京：电子工业出版社，2012.

[57] 韦尔丁．情商 [M]．尧俊芳，译．天津：天津教育出版社，2009.

[58] 大卫·阿迪科特．营造环境而非控制孩子：情商教育新主张 [M]．卢文清，译．南京：江苏人民出版社，2013.

[59] 罗伯特·清崎，莎伦·莱希特．富爸爸穷爸爸 [M]．萧明，译．海口：南海出版社，2011.

[60] 陈泰中．逆商——通向成功的挫折教育 [M]．北京：中国经济出版社，2006.

[61] 龚勋．AQ 逆商 [M]．北京：华夏出版社，2013.

[62] 龚勋．MQ 德商故事 [M]．重庆：重庆出版社，2012.

[63] 梁勤．灵商——人类成功与幸福的缔造力 [J]．决策咨询通讯，2007 (3)：58-61.

[64] 达纳·佐哈，伊恩·马歇尔．灵商：人的终极智力 [M]．王毅，兆平，译．上海：上海人民出版社，2001.

[65] 李宗吾．厚黑学全书 [M]．南京：江苏文艺出版社，2011.

[66] 朱津宁．美国厚黑学——人生必胜之道 [M]．北京：中国友谊出版公司，1998.

[67] 朱津宁．新厚黑学之爱 Q [M]．北京：中国友谊出版公司，2004.

[68] 朱津宁．新厚黑学 [M]．3 版．郑锦来，译．北京：中国友谊出版公司，2005.

[69] 王极盛．心商 MQ——学生最新成功法宝 [M]．北京：中国工商出版社，1997.

[70] 王极盛．好心理好成绩 [M]．桂林：漓江出版社，2011.

[71] 谢华真．健商 HQ——健康高于财富 [M]．北京：中国社会出版社，2001.

[72] 谢华真．儿童健商 [M]．北京：中国社会出版社，2009.

[73] 李放．思维诊所…洗脑 [M]．北京：中国档案出版社，2004.

[74] 单宝，李放．最优者生存的能力 [M]．北京：中国档案出版社，2004.

[75] 何名申．创新思维与创新能力 [M]．北京：中国档案出版社，2004.

[76] 李全起．创造能力与创造思维 [M]．北京：中国档案出版社，2004.

[77] 李晓明．人的基本需求与自我成长 [M]．北京：中国财富出版社，2012.

[78] 李晓明．个人成功论 [M]．北京：中国财富出版社，2013.

[79] 冯俊科．西方幸福论 [M]．上海：中华书局，2011.

[80] 罗素．罗素说：快乐生活 [M]．吴默朗，译．北京：现代出版社，2010.

[81] 罗素．罗素说：幸福人生 [M]．吴默朗，译．北京：现代出版社，2010.

[82] 沙哈尔．幸福的方法 [M]．汪冰，刘骏杰，译．北京：当代中国出版社，2007.

[83] 王滟明，邹简．哈佛积极心理学笔记：哈佛教授的幸福处方 [M]．北京：中国言实出版社，2011.

[84] 郝宁．积极心理学：阳光人生指南 [M]．北京：北京大学出版社，2009.

[85] 郑雪，严标宾，邱林，等．幸福心理学 [M]．广州：暨南大学出版社，2004.

[86] 张兴贵．幸福与人格 [M]．广州：暨南大学出版社，2005.

[87] 格雷．男人来自火星，女人来自金星 [M]．于海生，译．长春：吉林文史出版社，2007.

[88] 伯纳姆，等．欲望之源 [M]．李存娜，译．北京：中信出版社，2003.

[89] 莎伦·布雷姆，罗兰·米勒，丹尼尔·珀尔曼，等．亲密关系[M]．3版．郭辉，等，译．北京：人民邮电出版社，2009.

[90] 托利．当下的力量 [M]．曹植，译．北京：中信出版社，2009.

[91] 乔纳森·布朗．自我 [M]．陈浩莺，等，译．北京：人民邮电出版社，2009.

[92] 班杜拉．自我效能：控制的实施 [M]．缪小春，译．上海：华东师范大学出版社，2003.

[93] 罗洛·梅．人的自我寻求［M］．郭本禹，方红，译．北京：中国人民大学出版社，2008.

[94] 弗罗姆．逃避自由［M］．刘林海，译．香港：国际文化出版社，2007.

[95] 约翰·穆勒．论自由［M］．严复，译．上海：上海三联书店，2009.

[96] 伯林．自由论［M］．胡传胜，译．南京：译林出版社，2011.

[97] 张华金．自由论［M］．上海：上海人民出版社，1994.

[98] 张爱卿．动机论：迈向二十一世纪的动机心理学研究［M］．武汉：华中师范大学出版社，1999.

[99] 萨特．自我的超越性［M］．杜小真，译．北京：商务印书馆，2010.

[100] 萨特．存在主义是一种人道主义［M］．周煦良，汤永宽，译．上海：上海译文出版社，2005.

[101] 萨特．存在与虚无［M］．陈宣良，等，译．北京：生活·读书·新知三联书店，2007.

[102] 里索，赫德森．九型人格：了解自我、洞察他人的秘诀［M］．徐晶，译．海口：南海出版公司，2009.

[103] 杜维明．儒家思想新论——创造性转换的自我［M］．南京：江苏人民出版社，1991.

[104] 张庆熊．自我、主体际性与文化交流［M］．上海：上海人民出版社，1999.

[105] 冉乃彦．真正的教育是自我教育［M］．北京：北京新世界出版社，2004.

[106] 张晓静．自我教育论［M］．哈尔滨：黑龙江教育出版社，2004.

[107] 魏运华．自尊的心理发展与教育［M］．北京：北京师范大学出版社，2004.

[108] 斯密．道德情操论［M］．谢宗林，译．北京：中央编译出版社，2008.

[109] 奥勒留．沉思录［M］．何怀宏，译．北京：中央编译出版社，2008.

[110] 爱比克泰德．沉思录Ⅱ［M］．陈思宇，译．北京：中央编译出版社，2008.

[111] 纳什．大自然的权利：环境伦理学史［M］．杨通进，译．青岛：青岛出版社，2005.

[112] 帅建华．论西方人学思想之发轫［J］．学术界，2007（2）：

129 - 133.

[113] 黄琳，黄颂．西方人学思想发展困境探析［J］．广西社会科学，2004（9）：26 - 28.

[114] 张光年．西方人学思想简论［J］．理论界，2005（1）：85 - 86.

[115] 夏从亚，盖立涛．从“认识你自己”到“成为你自己”——论人的生成维度、自由维度的开启［J］．学习论坛，2010，26（5）：60 - 63.

[116] 赵磊．人的问题研究理路简论［J］．山西师范大学学报：社会科学版，2008，35（4）：12 - 14.

[117] 肖群忠．儒家为己之学传统的现代意义［J］．齐鲁学刊，2002（5）：5 - 9.

[118] 冯川．儒家自我实现观在今天面临的挑战［J］．云南大学学报：哲学社会科学版，2002，1（1）：24 - 28.

[119] 张雨海，陈泽新．儒家人生价值观的认同与批判［J］．长春大学学报，2001，11（5）：47 - 50.

[120] 洪胜杓．先秦儒家人论的现代价值［J］．东岳论丛，2002，23（5）：127 - 129.

[121] 周耿，罗凤华．论孔子对原始人性和现实人性的看法［J］．伦理学研究，2010，45（1）：101 - 104.

[122] 孙锐．试论宗教的人生价值观［J］．学术探索，2003（6）：16 - 18.

[123] 王云．试论古希腊人生价值观的现世向度［J］．济南大学学报，2007，17（4）：57 - 60.

[124] 彭伟忠．人生价值的结构［J］．华南师范大学学报：社会科学版，2006（4）：129 - 131.

[125] 彭伟忠．人生价值的根据和本质探析［J］．华南理工大学学报：社会科学版，2006，8（4）：6 - 10.

[126] 葛巧玉．人生价值层次初探［J］．安阳大学学报，2002（2）：72 - 89.

[127] 康怀远．成功与成功学略说［J］．重庆教育学院学报，2004，17（6）：67 - 70.

[128] 康怀远．中国成语中的成功学阐释［J］．重庆三峡学院学报，2003，19（4）：28 - 32.

[129] 孙婧，张祥浩．中国哲学的成功论［J］．学海，2011（5）：183 - 186.

[130] 刘英杰．哲学本性与人的本性［J］．学习与探索，2004（3）：24－26.

[131] 邓先奇．从马克思的人性论解读人的幸福［J］．江汉论坛，2010（7）：62－65.

[132] 王德军．自然向人生成［J］．河南社会科学，2002，10（1）：14－16，19.

[133] 李全起．思维最省力原理试说［J］．发明与革新，1994（4）：14－15.

[134] 李全起．对创造与创新的再思考［J］．科学中国人，2001（7）：58－59.

[135] 许燕．21 世纪家庭教育主业：志商·情商·智商［J］．21 世纪，1997（6）：38－40.

[136] 许燕．让工作带来健康与幸福［J］．中国记者，2005（12）：63－64.

[137] 许燕，王芳，蒋奖．职业枯竭：研究现状与展望［J］．西南师范大学学报：人文社会科学版，2006，32（5）：7－11.

[138] 柳恒超，许燕．情绪研究的新趋向：从有意识情绪到无意识情绪［J］．北京师范大学学报：社会科学版，2008（6）：43－52.

[139] 崔自铎．人的意商：一个全新的概念［J］．理论前沿，1999（15）：6－7.

[140] 崔自铎．人生哲学论纲［J］．江汉论坛，2007（4）：49－50.

[141] 刘吉．胆商：人才素质的第三因素［J］．中国大学生就业，2002（9）：4－5.

[142] 曹峻．情商德商创商［J］．四川教育，2001（1）：12.

[143] 王本法，刘翠莲．从三元智力到成功智力——斯腾伯格对传统智力理论的两次超越［J］．南京师范大学学报：社会科学版，2008（4）：108－112，128.

[144] 单国华．美源于主体的需求［J］．社会科学，2007（1）：162－168.

[145] 李颖．人的需要与人的解放［J］．求实，2008（12）：30－32.

[146] 王孝哲．论人的需要及其社会作用［J］．江汉论坛，2008（5）：67－71.

[147] 董亚旎．人的需要——社会发展的原动力［J］．安徽文学，2009（12）：378－379.

[148] 岳广根．以人为本首先要研究人的需要［J］．商场现代化，2007

(4X)：398.

［149］王双桥．论人的需要的特征［J］．湘潭大学社会科学学报，2002，26（6）：37－42.

［150］彭晓辉．初论人的性需要多相系统层次结构说［J］．中国性科学，2004，13（4）：8－11.

［151］刘娟娟．动机理论研究综述［J］．内蒙古师范大学学报：教育科学版，2004（7）：68－70.

［152］马骁．从生理的角度看宗教需求的产生［J］．宗教学研究，2007（1）：206－208.

［153］康静梅，于冬，暴占光．心理问题的形成机理及社会文化在其中的作用［J］．东北师范大学学报：哲学社会科学版，2006（1）：128－132.

［154］孙晓敏，薛刚．自我管理研究回顾与展望［J］．心理科学进展，2008，16（1）：106－113.

［155］王益明，金瑜．自我管理研究述评［J］．心理科学，2002，25（4）：453－464.

［156］王益明，金瑜．两种自我（ego 和 self）的概念关系探析［J］．心理科学，2001（3）：363－364.

［157］刘艳，邹泓．自我建构理论的发展与评价［J］．心理科学，2007，30（5）：1272－1275.

［158］严标宾，郑雪，邱林．自我决定论对积极心理学研究的贡献［J］．自然辩证法通讯，2003，25（3）：94－99.

［159］苗元江，朱晓红．自我决定理论及其幸福感研究［J］．北京教育学院学报：自然科学版，2009，4（4）：6－9，49.

［160］崔彦群．自我理论及研究概述［J］．文教资料，2009（2）：121－123.

［161］詹启生，乐国安．百年来自我研究的历史回顾及未来发展趋势［J］．南开学报，2002（5）：27－33.

［162］郑和钧，郑卫东．中国自我心理学研究的现状与展望［J］．心理科学，2007（5）：1147－1150.

［163］辜垣尧．自我设限动力及相关研究［J］．学理论，2009（14）：62－63.

［164］杨荣华，陈中永．自我差异研究述评［J］．心理科学，2008（2）：411－414.

[165] 黄希庭，夏凌翔．人格中的自我问题［J］．陕西师范大学学报，2004 (2)：108-111.

[166] 贺岭峰．自我概念研究的概述［J］．心理学动态，1996，4 (3)：41-44.

[167] 王垒，栾胜华，张慧．自我复杂性与情绪关系的研究［J］．心理科学，2001，24 (1)：92-93.

[168] 陈建文，王滔．自尊与自我效能关系的辨析［J］．心理科学进展，2007，15 (4)：624-630.

[169] 赵婷婷，黄希庭，等．自我效能影响身心健康的研究回顾［J］．西南大学学报：社会科学版，2008，34 (2)：17-21.

[170] 王登峰，黄希庭．自我和谐与社会和谐［J］．西南大学学报：人文社会科学版，2007，33 (1)：1-7.

[171] 陈红，杨芳侠．论二元论的生存理念与人的身心和谐［J］．学理论，2011 (12)：35-36.

[172] 李翠荣．人性和谐问题探究［J］．社会科学家，2010 (12)：99-100，104.

[173] 刘翠娜．进化心理学地位追求模块的研究述评［J］．心理学探新，2008，28 (4)：18-21，40.

[174] 宋君卿，王鉴忠．职业生涯管理理论历史演进和发展趋势［J］．生产力研究，2008 (23)：129-131.

[175] 何建华．信仰的生存论根源及儒学的现代价值［J］．伦理学研究，2009 (4)：66-72.

[176] 皮家胜．论幸福是人生的终极目的［J］．江汉论坛，2003 (8)：34-37，101.

[177] 张方玉．幸福：人的全面发展的生活指向［J］．天府新论，2010 (1)：36-39.

[178] 万黎，夏凌翔．试论幸福感与健全人格的关系［J］．西南师范大学学报：人文社会科学版，2004，30 (6)：19-21.

[179] 曾飞，黄维德．收入和幸福间关系研究［J］．华东经济管理，2006，20 (7)：154-158.

[180] 邢占军，黄立清．西方哲学史上的两种主要幸福观与当代主观幸福感研究［J］．理论探讨，2004 (1)：32-35.

[181] 李儒林，张进辅，梁新刚．影响主观幸福感的相关因素理论［J］．中

国心理卫生杂志，2003，17（11）：783－785.

［182］徐维东，吴明证，邱扶东．自尊与主观幸福感关系研究［J］．心理科学，2005，28（3）：562－565.

［183］陈益．小成成于勤　大成成于嬉［J］．内蒙古师范大学学报：教育科学版，2005，18（10）：16－18.

［184］潘美意．个性全面发展理论与自我实现理论比较与评析［J］．广东广播电视大学学报，2001（3）：73－76.

［185］陈朝新，潘美意．“人的全面发展”学说和“自我实现”理论的比较研究［J］．玉林师范学院学报：哲学社会科学版，2005，26（6）：81－85.

［186］汪信砚．社会理想与人的全面发展［J］．社会科学，2003（2）：79－84.

［187］李新生．艺术教育与人的全面发展［J］．教育探索，2004（3）：76－78.

［188］郑剑虹，黄希庭．西方自我实现研究现状［J］．心理科学进展，2004，12（2）：296－303.

［189］卜长莉．自我实现的人——马斯洛的健康人格模型［J］．北华大学学报：社会科学版，2002，3（4）：36－39.

［190］张陆，佐斌．自我实现的幸福——心理幸福感研究述评［J］．心理科学进展，2007，15（1）：135－139.

［191］胡伟希．生命与休闲［J］．新视野，2003（5）：73－74.

［192］周帆，王登峰．人格特质与外显自尊和内隐自尊的关系［J］．心理学报，2005，37（1）：100－105.

［193］刘皓明，张积家．自尊结构研究的发展趋势［J］．心理科学进展，2004，12（4）：567－572.

［194］倪凤琨．自尊与攻击行为的关系述评［J］．心理科学进展，2005，13（1）：66－71.

［195］吴明证，梁宁建，孙晓玲，等．自尊水平与自尊稳定性的关系：完美主义的中介作用［J］．应用心理学，2008，14（4）：324－329.

［196］巨乃岐，邢润川．广义价值初探［J］．哈尔滨学院学报，2006，27（2）：13－16.

［197］韩东屏．人·元价值·价值［J］．湖北大学学报：哲学社会科学版，2003（3）：39－44.

［198］崔建霞．构建人与自然和谐关系的“两种尺度”——自然生态规律与

人的内在需求 [J]. 理论学刊，2009，183 (5)：68 - 71.

[199] 杨通进. 环境伦理学的三个理论焦点 [J]. 哲学动态，2002 (5)：26 - 30.

[200] LYUBOMIRSKYS，KINGL DIENERE. The Benefits of Frequent Positive Affect：Does Happiness Lead to Success [J]. Psychological Bulletin，2005，131 (6)：803 - 855.

[201] DIENER E，SUH E，LUCAS R，et al. Subject Well-being：Three Decades of Progress [J]. Psychological Bulletin，1999，125 (2)：276 - 302.

[202] LUOL. Gender and Conjugal Differences in Happiness [J]. Journal of Social Psychology，2000，140 (1)：132 - 142.

[203] EASTERLIN R A. Income and Happiness：Towards a Unified Theory [J]. Economic Journal，2001，111 (473)：465 - 484.

[204] SCHIMMACK U，DIENER E，OISHI S. Life-satisfaction is a Momentary Judgment and a Stable Personality Characteristic：The Use of Chronically Accessible and Stable Sources [J]. Journal of Personality，2002 (70)：345 - 385.

[205] SCHIMMACK U，RADHAKRISHNAN P，OISHI S，et al. Culture，Personality，and Subjective Well-being：Integrating Process Models of Life Satisfaction [J]. Journal of Psychology and Social Psychology，2002，82 (4)：582 - 593.

[206] DUNN D. Teaching about the Good Lift：Culture and Subjective Well-being [J]. Journal of Social and Clinical Psychology，2002，21 (2)：218 - 220.

[207] SUH E. Culture，Identity Consistency and Subjective Well-being [J]. Journal of Personality and Social Psychology，2002，83 (6)：1378 - 1390.

[208] RYAN R M，DECI E L. Self-determination Theory and the Facilitation of Intrinsic Motivation，Social Development and Well-being [J]. American Psychologist，2000，55 (1)：68 - 78.

[209] KWAN C M L，LOVE G D，RYFF C D，et al. The Role of Self-enhancing Evaluations in a Successful Life Transition [J]. Psychology and Aging，2003，18 (1)：3 - 12.

[210] ROBERT W L. Toward a Unifying Theoretical and Practical Perspective on Well-being and Psychosocial Adjustment [J]. Journal of Counseling Psychology，2004，51 (4)：482 - 509.

[211] BAUMEISTER R F, CAMPBELL J D, KRUEGER J I, et al. Does High Self-esteem Cause Better Performance, Interpersonal Success, Happiness or Healthier Life-styles [J] . Psychological Science in the Public Interest, 2003, 4 (1): 1-44.

[212] KERNIS M H. Toward a Conceptualization of Optimal Self-esteem [J] . Psychological Inquiry, 2003, 14 (1): 1-26.

[213] BOSSON J K, BROWN P P, ZEIGLER-HILL V, et al. Self-enhancement Tendencies Among People with High Explicit Self-esteem: The Moderating Role of Implicit Self-esteem [J] . Self and Identity, 2003 (2): 169-187.

[214] DONNELLAN M B, TRZESNIEWSKI K H, ROBINS R W, et al. Low Self-esteem is Related to Aggression, Antisocial Behavior and Delinquency [J] . Psychological Science, 2005, 16 (4): 328-335.

[215] SEERY M D, BLASCOVICH J, WEISBUCH M. The Relationship Between Self-Esteem Level, Self-Esteem Stability and Cardiovascular Reactions to Performance Feedback [J] . Journal of Personality and Social Psychology, 2004, 87 (1): 133-145.

[216] RAFAELI-MOR E, STEINBERG J. Self-Complexity and Well-Being: A Review and Research Synthesis [J] . Journal of Personality and Social Psychology, 2002, 6 (1): 31-58.

[217] RHODEWALT F, TRAGAKIS M W. Self-Esteem and Self-Regulation: Toward Optimal Studies of Self-Esteem [J] . Psychological Inquiry, 2003 (14): 66-70.

[218] GUIMOND S, CHATARD A, MARTINOR D, et al. Social Comparison, Self-stereotyping and Gender Differences in Self-Construal [J] . Journal of Personality and Social Psychology, 2006, 90 (2): 221-242.

[219] JORDAN C H, SPENCER S J, ZANNA M P, et al. Secure and Defensive High Self-esteem [J] . Journal of Personality and Social Psychology, 2003, 85 (5): 969-978.

[220] CAI H, YANG Z. The Stability of Implicit Self-esteem-the Effect of Manipulation of Success and Failure [J] . Chinese Psychological Science, 2003, 26 (3): 461-464.

[221] NORMAN P, LI. Mate Preference Necessities in Long-and Short-Term Mating: People Prioritize in Themselves What Their Mates Prioritize in

Them [J] . Acta Psychologica Sinica, 2007, 39 (3): 528 - 535.

[222] AVOLIO B J, GARDNER W L, WALUMBWA F O. Unlocking the Mask: A Look at the Process by Which Authentic Leaders Impact Follower Attitudes and Behaviors [J] . Leadership Quarterly, 2004, 15 (6): 801 - 823.

[223] VITTERSO J, NILSEN F. The Conceptual and Relational Structure of Subjective Well-being, Neuroticism and Extraversion: Once Again, Neuroticism is the Important Predictor of Happiness [J] . Social Indicators Research, 2002, 57 (1): 89.

[224] SHELDON K M, ELLIOT A J, et al. Self-concordance and Subjective Well-being in Four Cultures [J] . Journal of Cross-culture Psychology, 2004, 35 (2):209.

后　记

每一个正常人都天性向往并追求成功。目的性是一切生命活动的本质特性，人类活动更是一种由意识主导下的带有明确目的性的自主性活动。人类这种带有明确目的性的有意识的自主性行为，实质上就是一种追求成功的行为。

事实上，每一个正常人穷其一生都在努力追求成功，每一个正常人终其一生都会努力提升自己的生命质量或人生境界。虽然每一个正常人都在努力追求成功，然而，并不是每一个正常人都能深刻理解并能清楚地回答“自己为什么追求成功”“自己到底应该追求什么样的成功”“自己到底怎样才能获得成功”等这些有关个人成功的基本问题。正因为人们不能深刻理解并准确回答这些有关个人成功的基本问题，从而使得人们始终无法摆脱诸如“我是谁”“我到底需要什么”“我到底想要成为什么”等问题所带来的内心困惑与精神困扰；始终无法有效摆脱生活的盲目、消极与被动；最终也就难以成就一个成功的人生。

个人成功学就是研究个人这一特定行为主体追求成功这一现象及其内在基本规律，并且研究如何将个人成功的内在基本规律应用于个人追求成功的现实实践，从而帮助人们早日消除自我内心的困惑与困扰；帮助人们早日摆脱生活的盲目、消极与被动，从而实现自我的自由、自主与自觉的存在；帮助更多的人获取更多的成功，并且最终能够成就一个成功的人生。

然而，到目前为止，人们对于个人成功的理论思考仍然停留在零碎的、局部的、单项指标意义上的浅层次水平，而缺乏对于个人成功的整体的、全局的、指标体系意义上的深层次思考，这就必然导致目前所形成的成功思想往往过于偏重局部的、短期的、单项指标意义上的狭义的成功研究，而缺乏对于短期成功与长期成功内在统一、局部成功与整体成功有效耦合、技术层面成功与价值层面成功相互支持、各项成功指标有机整合意义上的广义的成功研究。也许正因为如此，才使得个人成功理论至今仍然无法形成一个逻辑严密、结构严谨、科学实用的学科体系，当然，最终也就难登大雅之堂。

个人成功理论必须全面而系统地回答以下三个基本理论问题：

（1）成功为了什么？

（2）成功是什么？

（3）怎样获得成功？

只有当个人成功理论能够全面而系统地回答上述三个基本理论问题之后，它才可能形成一个相对完整的理论体系。虽然以往的成功理论对这三个基本理论问题都做了一些研究，并且部分地回答了其中某些问题，但整体上缺乏对这些问题的系统思考，更没有形成一个科学、完善、成熟的理论体系。“系统成功学”系列专著的出版，就是旨在解决个人成功理论研究与发展所面临的这一严重问题。

本书是“系统成功学”系列专著的第三部。如果说“系统成功学”系列专著的第一部——《人的基本需求与自我成长》主要着眼于解决个人成功理论的第一个基本理论问题——“成功为了什么”、“系统成功学”系列专著的第二部——《个人成功论》主要着眼于解决个人成功理论的第二个基本理论问题——“成功是什么”的话，那么，“系统成功学”系列专著的第三部——《系统成功学导论》则旨在对个人成功理论的上述三个基本理论问题作出综合性的回答。

因此，本书既是对本人有关个人成功理论研究成果的一次总结、提炼与整合，同时，也是对个人成功学理论体系的一次尝试性建构。

李晓明

2014 年 1 月于苏州